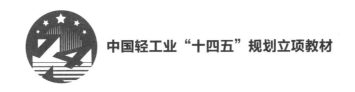

中国轻工业"十四五"规划立项教材

高等院校信息技术系列教材

数据库原理及技术

（第2版）

钱雪忠　宋威　主编
徐华　钱瑛　副主编

U0223237

清華大學出版社

北京

内 容 简 介

本书重点介绍了数据库系统的基本概念、基本原理和基本设计方法,同时以 MySQL 为背景介绍了数据库原理的技术应用(实验方式)。本书力求对传统的数据库理论和应用进行精炼,保留实用的部分,使其更为通俗易懂,更为简明与实用。

全书分为两部分,第一部分原理篇主要包括绪论,关系数据库,关系数据库标准语言 SQL,关系数据库设计理论,数据库设计,MySQL 简介。第二部分实验篇(基于 MySQL 8.0)主要包括 MySQL 数据库系统基础操作,MySQL 数据库基础操作,表、索引与视图的基础操作,SQL 语言,嵌入式 SQL 应用,存储过程的基本操作,触发器的基本操作,数据库安全性,数据库完整性,数据库并发控制,数据库备份与恢复,数据库应用系统设计与开发。

本书内容循序渐进、深入浅出、抓住要点,各章后有适量的习题或实验内容,以便于读者练习与巩固所学知识。

本书可作为高等院校计算机各专业及信息类、电子类等相关专业"数据库原理及技术"类课程的教材,同时也可以供参加自学考试人员、数据库应用系统开发设计人员、工程技术人员及其他相关人员参阅。

图书在版编目(CIP)数据

数据库原理及技术 / 钱雪忠,宋威主编. -- 2 版. --
北京 : 清华大学出版社,2024.8. -- (高等院校信息
技术系列教材). -- ISBN 978-7-302-66915-9

Ⅰ. TP311.13

中国国家版本馆 CIP 数据核字第 2024BZ1719 号

责任编辑:袁勤勇　杨　枫
封面设计:何凤霞
责任校对:申晓焕
责任印制:丛怀宇

出版发行:清华大学出版社
　　　　网　　　址:https://www.tup.com.cn,https://www.wqxuetang.com
　　　　地　　　址:北京清华大学学研大厦 A 座　　　　　　邮　　编:100084
　　　　社 总 机:010-83470000　　　　　　　　　　　　　邮　　购:010-62786544
　　　　投稿与读者服务:010-62776969,c-service@tup.tsinghua.edu.cn
　　　　质量反馈:010-62772015,zhiliang@tup.tsinghua.edu.cn
　　　　课件下载:https://www.tup.com.cn,010-83470236
印 装 者:天津鑫丰华印务有限公司
经　　销:全国新华书店
开　　本:185mm×260mm　　　　印　　张:19.25　　　　字　　数:448 千字
版　　次:2011 年 2 月第 1 版　　2024 年 8 月第 2 版　　印　　次:2024 年 8 月第 1 次印刷
定　　价:58.00 元

产品编号:104770-01

前言

思政材料

数据库技术是计算机科学技术中发展最快的领域之一,也是应用最广的技术之一,它已成为各类计算机应用系统的核心技术和重要基础。

随着计算机技术飞速发展及其应用领域的扩大,特别是计算机网络和 Internet 的发展,基于计算机网络和数据库技术的应用系统得到了飞速的发展。当前,计算模式已由单用户→主从式或主机/终端式结构→C/S 结构→B/S 结构(Web 网页)→手机 App 或微信小程序(公众号),而发展到了 Web 服务、云计算与集群大数据时代,然而数据库及其技术一直是它们的基础与后台支撑,并在发展中得到不断的完善改进与功能增强。目前,数据库技术已成为社会各行各业进行数据管理的必备技能。数据库技术相关的基本知识和基本技能必然是计算机及相关专业的必学内容。

"数据库原理及技术"类课程就是为学生全面掌握数据库技术而开设的专业基础课程,现已是计算机各专业、信息类、电子类等专业的必修课程。该课程的主要目的是使学生在较好掌握数据库系统原理的基础上,能理论联系实际使学生较全面、透彻地掌握数据库应用技术。本书追求的目标正是如此。

本书围绕数据库系统的基本原理与应用技术两个核心点展开。

第一部分原理篇共 6 章。第 1 章集中介绍了数据库系统的基本概念、基本知识与基本原理,内容包括数据库系统概述、数据模型、数据库系统结构、数据库系统的组成、数据库技术的研究领域及其发展;第 2 章借助数学的方法,较深刻、透彻地介绍了关系数据库理论,内容有关系模型、关系数据结构及形式化定义、关系的完整性、关系代数、关系演算;第 3 章介绍了实用的关系数据库标准语言 SQL,内容有 SQL 语言的基本概念与特点,SQL 数据定义、SQL 数据查询、SQL 数据更新、视图、SQL 数据控制等功能介绍及嵌入式 SQL 语言初步应用;第 4 章是关系数据库设计理论方面的内容,主要介绍了规范化问题的提出、规范化、数据依赖的公理系统等;第 5 章介绍数据库设计方面的概念与开发设计过程,包括数据库设计概述及规范化数据库开发设计六步骤等；第 6 章为 MySQL 简介，介绍了 MySQL 数据库特性及体系结构等。

第二部分实验篇共有 13 个实验(可根据课程实验要求与课时选做)：

实验 1　MySQL 数据库系统基础操作　　实验 2　MySQL 数据库基础操作

实验 3　表、索引与视图的基础操作　　实验 4　SQL 语言——SELECT 查询操作

实验 5　SQL 语言——数据更新操作　　实验 6　嵌入式 SQL 应用

实验 7　存储过程的基本操作　　　　　实验 8　触发器的基本操作

实验 9　数据库安全性　　　　　　　　实验 10　数据库完整性

实验 11　数据库并发控制　　　　　　　实验 12　数据库备份与恢复

实验 13　数据库应用系统设计与开发

本书内容精炼、核心实用，适合数据库原理及应用类课程教学需要。

本书原理篇每章除基本知识外，还有章节要点、小结、适量的练习题等，以配合对知识点的掌握。讲授时可根据学生、专业、课时等情况对内容适当取舍，带有"＊"的章节内容是取舍的首选对象。本套教材提供了 PPT 演示稿。

本书实验(操作技术)循序渐进、全面连贯，一个个实验使读者可以充分利用较新的 MySQL 数据库系统来深刻理解并掌握数据库概念与原理，能充分掌握数据库应用技术，还能利用 Java、Python、C♯ 或 C 语言等开发工具进行数据库应用系统的初步设计与开发，从而达到理论联系实践、学以致用的教学目的与教学效果。

本书可作为计算机各专业及信息类、电子类专业等的数据库相关课程教材，同时也可以供参加自学考试人员、数据库应用系统开发设计人员、工程技术人员及其他相关人员参阅。

本书由钱雪忠、宋威主编，徐华、钱瑛副主编，参编人员还有王燕玲、林挺等。另外，研究生段载鑫等参与了校稿、技术支持等相关工作。本书在编写过程中得到江南大学人工智能与计算机学院数据库课程组教师的大力协助与支持，使编者获益良多，谨此表示衷心的感谢。

由于时间仓促，编者水平有限，书中难免有错误、疏漏和欠妥之处，敬请广大读者与同行专家批评指正。

编者于江南大学蠡湖校区

2024 年 6 月

目录

Contents

第一部分 原 理 篇

第二部分　实　验　篇

第一部分

原理篇

第1章

chapter 1

绪 论

本 章 要 点

本章从数据库基本概念与知识出发,依次介绍数据库系统的特点、数据模型的三要素及其常见数据模型、数据库系统的内部体系结构等重要概念与知识。本章的另一重点是围绕 DBMS 介绍其功能、组成与操作,还介绍数据库技术的研究点及其发展变化情况。

1.1 数据库系统概述

思政材料

数据库技术自 20 世纪 60 年代中期产生以来,无论是理论还是应用方面都已变得相当重要和成熟,成为计算机科学的重要分支。数据库技术是计算机领域发展最快的学科之一,也是应用很广、实用性很强的一门技术。目前,数据库技术已从第一代的网状、层次数据库系统,第二代的关系数据库系统,发展到以面向对象模型为主要特征的第三代数据库系统。

随着计算机技术飞速发展及其应用领域的扩大,特别是计算机网络和 Internet 的发展,基于计算机网络和数据库技术的信息管理系统、各类应用系统得到了突飞猛进的发展。如事务处理系统(TPS)、地理信息系统(GIS)、联机分析系统(OLAP)、决策支持系统(DSS)、企业资源规划(ERP)、客户关系管理(CRM)、数据仓库(DW)和数据挖掘(DM)等系统都是以数据库技术作为其重要的支撑。可以说,只要有计算机的地方,就在使用数据库技术。因此,数据库技术的基本知识和基本技能正在成为信息社会人们的必备知识。

1.1.1 数据、数据库、数据库管理系统、数据库系统

数据(Data)、数据库(DataBase,DB)、数据库管理系统(DataBase Management System,DBMS)、数据库系统(DataBase System,DBS)是与数据库技术密切相关的 4 个基本概念,它们是我们首先要认识的。

1. 数据

1) 数据的定义

数据是用来记录信息的可识别的符号,是信息的具体表现形式。

2) 数据的表现形式

数据是数据库中存储的基本对象。数据在大多数人的第一印象中就是数字。其实数字只是其中一种最简单的表现形式,是数据的一种传统和狭义的理解。按广义的理解来说,数据的种类有很多,如文字、图形、图像、音频、视频、语言以及学校学生的档案等,这些都是数据,都可以转化为计算机可以识别的标识,并以数字化后的二进制形式存入计算机。

为了了解世界、交流信息,人们需要描述各种事物。在日常生活中,直接用自然语言描述。在计算机中,为了存储和处理这些事物,就要抽出对这些事物感兴趣的特征组成一个记录来描述。例如,在学生档案中,如果人们最感兴趣的是学生的姓名、性别、年龄、出生年月,那么可以这样来描述某一位学生:(赵一,女,23,1982.05)。目前,数据库中的数据主要是以这样的结构化记录形式存在的。

3) 数据与信息的联系

上面表示的学生记录就是一个数据。对于此记录来说,要表示特定的含义,必须对它给予解释说明,数据解释的含义称为数据的语义(即信息),数据与其语义是不可分的。可以这样认为:数据是信息的符号表示或载体,信息则是数据的内涵,是对数据的语义解释。

再如,"小明今年 12 岁了",数据"12"被赋予了特定的语义"岁",它才具有表达年龄信息的功能。

2. 数据库

数据库,从字面意思来说就是存放数据的仓库。具体而言就是长期存放在计算机内的、有组织的、可共享的数据集合,可供多用户共享,数据库中的数据按一定的数据模型组织、描述和储存,具有尽可能小的冗余度和较高的数据独立性和易扩展性。

数据库具有如下两个比较突出的特点。

(1) 把在特定的环境中与某应用程序相关的数据及其联系集中在一块并按照一定的结构形式进行存储,即集成性。

(2) 数据库中的数据能被多个应用程序的多个用户所使用,即共享性。

3. 数据库管理系统

数据库管理系统是数据库系统的核心组成部分,是对数据进行管理的大型系统软件,用户在数据库系统中的一些操作,如数据定义、数据操纵、数据查询和数据控制,这些操作都是由数据库管理系统来实现的。

数据库管理系统主要包括以下几个功能。

1) 数据定义

DBMS 提供数据定义语言(Data Definition Language,DDL),用户通过它可以方便地对数据库中的数据对象(包括表、视图、索引、存储过程等)进行定义。定义相关的数据库系统的数据结构和有关的约束条件。

2) 数据操纵

DBMS 提供数据操纵语言(Data Manipulation Language,DML),通过 DML 操纵数

据实现对数据库的一些基本操作,如查询、插入、删除和修改等。其中,国际标准数据库操作语言——SQL 语言,就是 DML 的一种。

3) 数据库的运行管理

这一功能是数据库管理系统的核心所在。DBMS 通过对数据库在建立、运用和维护时提供统一管理和控制,以保证数据安全、正确、有效地正常运行。DBMS 主要通过数据的安全性控制、完整性控制、多用户应用环境的并发性控制和数据库数据的系统备份与恢复 4 方面来实现对数据库的统一控制功能。

4) 数据库的建立和维护功能

数据库的建立和维护功能包括数据库初始数据的输入、转换功能,数据库的转储、恢复功能,重组织功能和性能监视、分析功能等。

5) 其他功能

DBMS 与网络中其他软件系统的通信;多个 DBMS 系统间的数据转换;异构数据库之间的互访和互操作;DBMS 开发工具的支持功能;DBMS Internet 网络功能等。

常用的数据库管理系统有 Oracle、MS SQL Server、DB2、MySQL、PostgreSQL、Sybase、Informix、Ingres、OceanBase、TiDB、openGauss、Kingbase ES、PBASE、EASYBASE、Openbase、Ipedo、Tamino、ACCESS、VFP 系列等。

4. 数据库系统

数据库系统是指在计算机系统中引入数据库后的完整系统,其构成主要有数据库(及相关硬件)、数据库管理系统及其开发工具、应用系统、数据库管理员和各级各类用户。其中,在数据库的建立、使用和维护的过程要有专门的人员来完成,这些人就被称为数据库管理员(DataBase Administrator,DBA)。

常用开发工具有 Java、Python、NET 平台及语言,如 C♯、C、PHP、VC++ 等。

数据库系统的组成图可以用图 1.1 表示。数据库系统的层次结构图如图 1.2 所示。

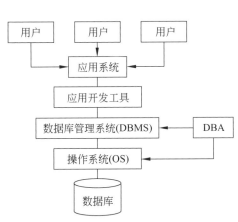

图 1.1　数据库系统的组成图

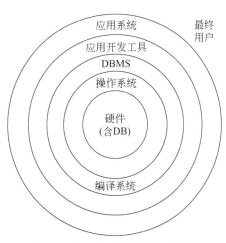

图 1.2　数据库系统的层次结构图

1.1.2 数据管理技术的产生和发展

谈数据管理技术,先要讲到数据处理,所谓数据处理是指对各种数据进行收集、存储、加工和传播的一系列活动的总和。数据管理则是数据处理的中心问题,为此,数据管理是指对数据进行分类、组织、编码、存储、检索和维护的管理活动的总称。就用计算机来管理数据而言,数据管理是指数据在计算机内的一系列活动的总和。

随着计算机技术的发展,特别是在计算机硬件、软件与网络技术发展的前提下,人们对数据处理的要求不断提高,在此情况下,数据管理技术也随之不断改进。人们借助计算机来进行数据管理虽只有七十多年的时间,然而数据管理技术已经历了人工管理、文件系统及数据库系统 3 个发展阶段。这 3 个阶段的特点及其比较如表 1.1 所示。

表 1.1　数据管理 3 个阶段的比较

比 较 项 目		人工管理阶段	文件系统阶段	数据库系统阶段
背景	应用背景	科学计算	科学计算、管理	大规模管理
	硬件背景	无直接存取存储设备	磁盘、磁鼓	大容量磁盘
	软件背景	没有操作系统	有文件系统	有数据库管理系统
	处理方式	批处理	联机实时处理、批处理	联机实时处理、分布处理、批处理
特点	数据的管理者	用户(程序员)	文件系统	数据库管理系统
	数据面向的对象	某一应用程序	某一应用	现实世界
	数据的共享程度	无共享,冗余度极大	共享性差,冗余度大	共享性高,冗余度小
	数据的独立性	不独立,完全依赖于程序	独立性差	具有高度的物理独立性和一定的逻辑独立性
	数据的结构化	无结构	记录内有结构、整体无结构	整体结构化,用数据模型描述
	数据控制能力	应用程序自己控制	应用程序自己控制	由数据库管理系统提供数据安全性、完整性、并发控制和恢复能力

1. 人工管理阶段

20 世纪 50 年代中期以前,计算机主要用于科学计算。硬件设施方面,外存只有纸带、卡片、磁带,没有磁盘等直接存取设备;软件方面,没有操作系统和管理数据的软件;数据处理方式是批处理。

人工管理数据具有以下几个特点。

(1)数据不保存。由于当时计算机主要用于科学计算,数据保存上并不做特别的要求,只是在计算某一个题目时将数据输入,用完就退出,对数据不做保存,有时对系统软件也是这样。

（2）应用程序管理数据。数据没有专门的软件进行管理，需要应用程序自己进行管理，应用程序中要规定数据的逻辑结构和设计物理结构（包括存储结构、存取方法、输入输出方式等）。因此程序员负担很重。

（3）数据不共享。数据是面向应用的，一组数据只能对应一个程序。如果多个应用程序涉及某些相同的数据，则由于必须各自进行定义，无法进行数据的参照，因此程序间有大量的冗余数据。

（4）数据不具有独立性。数据的独立性包括数据的逻辑独立性和数据的物理独立性。当数据的逻辑结构或物理结构发生变化时，必须对应用程序做相应的修改。

在人工管理阶段，应用程序与数据之间的对应关系可用图 1.3 表示，可见两者间是一对一的紧密依赖关系。

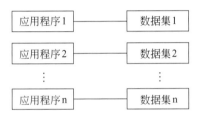

图 1.3　人工管理阶段应用程序与数据之间的对应关系

2. 文件系统阶段

20 世纪 50 年代后期到 60 年代中期，这时计算机已大量用于数据的管理。硬件方面，有了磁盘、磁鼓等直接存取存储设备；软件方面，操作系统中已经有了专门的管理软件，一般称为文件系统；处理方式有批处理、联机实时处理。

文件系统阶段具有以下几个特点。

（1）数据长期保存。由于计算机大量用于数据处理，数据需要长期保留在外存上反复进行查询、修改、插入和删除等操作。

（2）文件系统管理数据。由专门的软件即文件系统进行数据管理，文件系统把数据组织成相互独立的数据文件，利用"按文件名访问，按记录进行存取"的管理技术，可以对文件进行修改、插入和删除的操作。文件系统实现了记录内的结构性，但大量文件之间整体无结构。程序和数据之间由文件系统提供存取方法进行转换，使应用程序与数据之间有了一定的独立性，程序员可以不必过多地考虑物理细节，将精力集中于应用程序算法。而且数据在存储上的改变不一定反映在程序上，大大节省了维护程序的工作量。

（3）数据共享性差，冗余度大。在文件系统中，一个文件基本上对应于一个应用程序，即文件仍然是面向应用的。当不同的应用程序具有部分相同的数据时，也必须建立各自的文件，而不能共享相同的数据，因此数据的冗余度大，浪费存储空间。同时，由于相同数据的重复存储、各自管理，容易造成数据的不一致性，给数据的修改和维护带来了困难。

（4）数据独立性差。文件系统中的数据文件是为某一特定应用服务的，数据文件的逻辑结构对该应用程序来说是优化的，因此要想对现有的数据文件增加一些新的应用会很困难,系统不容易扩充。一旦数据的逻辑结构改变,必须修改应用程序,修改文件结构的定义。应用程序的改变,如应用程序改用不同的高级语言等,也将引起文件的数据结构的改变。因此,数据与程序之间仍缺乏独立性。可见,文件系统仍然是一个不具有弹性的整体无结构的数据集合,即文件之间是孤立的,不能反映现实世界事物之间的内存联系。在文件系统阶段,应用程序与数据之间的关系如图 1.4 所示,可见两者间仍有固定的对应关系。

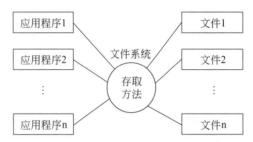

图 1.4   文件系统阶段应用程序与数据之间的对应关系

3. 数据库系统阶段

20 世纪 60 年代后期以来,计算机用于管理的规模更为庞大,数据量急剧增长,硬件已有大容量磁盘,硬件价格下降;软件则价格上升,使得编制、维护软件及应用程序成本相对增加;处理方式上,联机实时处理要求更多,分布处理也在考虑之中。介于这种情况,文件系统的数据管理满足不了应用的需求,为解决共享数据的需求,随之从文件系统中分离出了专门软件系统——数据库管理系统,用来统一管理数据。

数据库系统阶段应用程序与数据之间的对应关系可用图 1.5 表示,可见两者间已没有固定的对应关系。

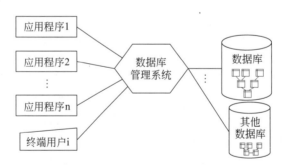

图 1.5   数据库系统阶段应用程序与数据之间的对应关系

综上所述,如图 1.6 所示,随着数据管理技术的不断发展,应用程序不断从底层的、低级的、物理的数据管理工作中解脱出来,能独立地、以较高逻辑级别地轻松处理数据库数据,从而极大地提高了应用软件的生产力。

数据库技术从 20 世纪 60 年代中期产生到现在仅仅 60 余年的历史,但其发展速度之快,使用范围之广是其他技术所不及的。20 世纪 60 年代末出现了第一代数据库——层次数据库、网状数据库,70 年代出现了第二代数据库——关系数据库。目前,关系数据库系统已逐渐淘汰了层次数据库和网状数据库,成为当今最流行的商用数据库系统。

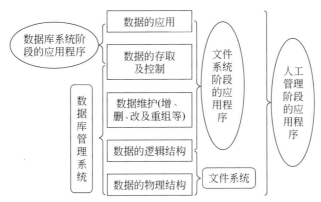

图 1.6　3 个阶段应用程序与数据管理的工作任务划分示意图

1.1.3　数据库系统的特点

与其他两个数据管理阶段相比,数据库系统阶段数据管理有其自己的特点,主要体现在以下几个方面。

1. 数据结构化

数据结构化是数据库系统与文件系统的根本区别。

在文件系统中,相互独立的文件的记录内部是有结构的。传统文件的最简单形式是等长同格式的记录集合。例如,一个教师人事记录文件,每个记录都有如图 1.7 所示的记录格式。

教师人事记录

| 教师号 | 姓名 | 性别 | 年龄 | 政治面貌 | 籍贯 | 家庭出身 | 职称 | 所在系 | 家庭成员 | 奖惩情况 |

图 1.7　教师人事记录格式示例

其中,前 9 项数据是任何教师必须具有的,而且基本上是等长的,而各教师的后 2 项数据其信息量大小变化较大。如果采用等长记录形式存储教师数据,为了建立完整的教师档案文件,每个教师记录的长度必须等于信息量最多的教师记录的长度,因而会浪费大量的存储空间。所以最好是采用变长记录或主记录与详细记录相结合的形式建立文件。例如,将教师人事记录的前 9 项作为主记录,后 2 项作为详细记录,则教师人事记录变为如图 1.8 所示的记录格式,教师王名的记录如图 1.9 所示。

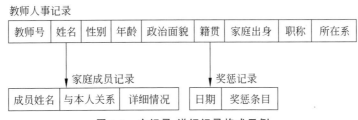

图 1.8　主记录-详细记录格式示例

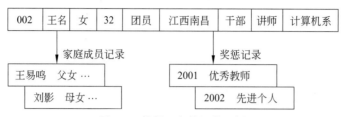

图 1.9　教师王名的记录示例

这样就可以节省许多存储空间,灵活性也相对提高。

但这样建立的文件还有局限性,因为这种结构上的灵活性只是针对一个应用而言。一个学校或一个组织涉及许多应用,在数据库系统中不仅要考虑某个应用的数据结构,还要考虑整个组织各种应用的数据结构。例如,一个学校的信息管理系统中不仅要考虑教师的人事管理,还要考虑教师的学历情况、任课管理,同时还要考虑教员的科研管理等应用,可按图 1.10 所示的方式为该校的信息管理系统组织其中的教师数据,该校信息管理系统中的学生数据、课程数据、专业数据、院系教研室数据等都要类似组织,它们以某种方式综合起来就能得到该校信息管理系统之整体结构化的数据。

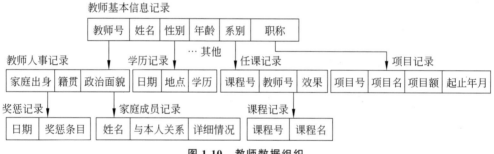

图 1.10　教师数据组织

这种数据组织方式为各部分的管理提供了必要的记录,并使数据结构化了。这就要求在描述数据时不仅要描述数据本身,还要描述数据之间的联系。

在文件系统中,尽管其记录内已经有了某些结构,但记录之间没有联系。

数据库系统实现整体数据的结构化,是数据库的主要特征之一,也是数据库系统与文件系统的本质区别。

在数据库系统中,数据不再针对某一应用,而是面向全组织,是整体结构化的。不仅数据是结构化的,而且存取数据的方式也是很灵活的,可以存取数据库中的某一个数据项(或字段)、一组数据项、一个记录或是一组记录。而在文件系统中,数据的最小单位是记录(一次一记录地读写),粒度不能细到数据项。

数据库系统数据整体结构化是由数据库管理系统支持的数据模型(见 1.2 节)来描述而体现出来的。为此,数据库的数据及其联系是无须应用程序自己来定义和解释的,这是数据库系统的重要优点之一。

2. 数据的共享性高,冗余度低,易扩充

数据库系统从整体角度看待和描述数据,数据不再面向某个应用而是面向整个系

统,因此数据可以被多个用户、多个应用共享。数据共享可以大大减少数据冗余,节约存储空间。数据共享还能够避免数据之间的不相容性与不一致性。

所谓数据的不一致性是指同一数据有不同拷贝,而它们的值不完全一致。采用人工管理或文件系统管理时,由于数据被重复存储,当不同的应用使用和修改不同的拷贝时就容易造成数据的不一致。在数据库中数据唯一而共享,减少了由于数据冗余造成的不一致现象。

由于数据面向整个系统,是有结构的数据,不仅可以被多个应用共享,而且易于增加新的应用,这就使得数据系统弹性大,易于扩充,可以适应各种用户的要求。可以取整体数据的各种子集用于不同的应用系统,当应用需求改变或增加时,只要重新选取不同的子集或加上一部分新增数据便可以满足新的需求。

3. 数据独立性高

数据独立性包括数据的物理独立性和数据的逻辑独立性两方面。

物理独立性是指用户的应用程序与存储在磁盘上的数据库中数据是相互独立的。也就是说,数据在磁盘上的数据库中怎样存储是由 DBMS 管理的,用户程序不需要了解。应用程序要处理的只是数据的逻辑结构,这样,当数据的物理存储改变时,应用程序不用改变。

逻辑独立性是指用户的应用程序与数据库的整体逻辑结构是相互独立的,也就是说,数据的整体逻辑结构改变了,用户程序也是无须修改的。

数据独立性是由 DBMS 的三级模式结构与二级映像功能来保证的,将在后面介绍。

数据与程序的独立,把数据的定义从程序中分离出去,加上数据的存取又由 DBMS 负责,从而简化了应用程序的编制,大大减少了应用程序的维护和修改。

4. 数据由 DBMS 统一管理和控制

数据库的共享是并发的共享,即多个用户可以同时存取数据库中的数据,甚至可以同时存取数据库中的同一块数据。

为此,DBMS 还必须提供以下几方面的数据控制功能。

(1) 数据的安全性控制。

数据的安全性是指保护数据以防止不合法的使用造成数据的泄密和破坏。数据的安全性控制使每个用户只能按规定,对某些数据以某些方式进行使用和处理。

(2) 数据的完整性约束。

数据的完整性是指数据的正确性、有效性和相容性。完整性约束将数据控制在有效的范围内,或保证数据之间满足一定的关系。

(3) 并发控制。

当多个用户的并发进程同时存取、修改数据库时,可能会发生相互干扰而得到错误的结果或使得数据库的完整性遭到破坏,因此必须对多用户的并发操作加以控制和协调。

（4）数据库恢复。

计算机系统的硬件故障、软件故障、操作员的失误以及故意的破坏等都会影响数据库中数据的安全性与正确性，甚至造成数据库部分或全部数据的丢失。DBMS 必须具有将数据库从错误状态恢复到某一已知的正确状态的能力，这就是数据库的恢复功能。

综上所述，数据库是长期在计算机内有组织的、大量的、可共享的数据集合。它可以供各种用户共享，具有最小冗余度和较高的数据独立性。DBMS 在数据库建立、运用和维护时对数据库进行统一控制，以保证数据的完整性、安全性，并在多用户同时使用数据库时进行并发控制，在发生故障后对系统进行恢复。

数据库系统的出现使信息系统从以加工数据的程序为中心转向以可共享的数据库为中心的新阶段。这样既便于数据的集中管理，又有利于应用程序的研制和维护，提高了数据的利用率和相容性，提高了决策的可靠性。

目前，数据库已经成为现代信息系统中不可分离的重要组成部分。具有数百万甚至数十亿字节信息的数据库已经普遍存在于科学技术、工业、农业、商业、服务业和政府部门的信息系统中。20 世纪 80 年代后期，不仅在大型机上，而且在多数个人计算机上也配置了 DBMS，使数据库技术得到更加广泛的应用和普及。

数据库技术是计算机领域中发展最快的技术之一，数据库技术的发展是沿着数据模型发展的主线展开的。

1.2　数　据　模　型

模型这个概念，人们并不陌生，它是现实世界特征的模拟和抽象。数据模型也是一种模型，它能实现对现实世界数据特征的抽象与表示，借助它能实现全面数据管理。现有的数据库系统均是基于某种数据模型的。因此，了解数据模型的基本概念是学习数据库的基础。

数据模型应满足 3 方面的要求：一是能比较真实地模拟现实世界；二是容易为人所理解；三是便于在计算机上实现。一种数据模型要很好地满足这 3 方面的要求在目前尚有一定难度。在数据库系统设计过程中，针对不同的使用对象和应用目的，往往采用不同类型的数据模型。

不同的数据模型实际上是提供模型化数据和信息的不同工具。根据模型应用的不同目的，可以将这些模型粗分为两类，它们分别属于两个不同的抽象层次。

第一类模型是概念模型，也称为信息模型，它是按用户的观点来对数据和信息建模的，主要用于数据库设计。概念模型一般应具有以下能力。

（1）具有对现实世界的抽象与表达能力，能对现实世界本质的、实际的内容进行抽象，而忽略现实世界中非本质的和与研究主题无关的内容。

（2）完整、精确的语义表达力，能够模拟现实世界中本质的、与研究主题有关的各种情况。

（3）易于理解和修改。

（4）易于向 DBMS 所支持的数据模型转换，现实世界抽象成信息世界，是为了便于用计算机处理现实世界中的信息。

概念模型,作为从现实世界到机器(或数据)世界转换的中间模型,它不考虑数据的操作,而只是用比较有效的、自然的方式来描述现实世界的数据及其联系。

最著名、最实用的概念模型设计方法是 P.P.S.Chen 于 1976 年提出的"实体-联系模型"(Entity-Relationship Approach,E-R 模型)。

另一类模型是数据模型,主要包括层次模型、网状模型、关系模型、面向对象模型等,它是按计算机系统对数据建模,主要用于在 DBMS 中对数据的存储、操纵、控制等的实现。

数据模型是数据库系统的核心和基础,各种机器上实现的 DBMS 软件都是基于某种数据模型的。本书后续内容将主要围绕数据模型展开。

为了把现实世界中的具体事物抽象、组织为某一 DBMS 支持的数据模型,人们常常首先将现实世界抽象为信息世界,然后将信息世界转换(或数据化)为机器世界。也就是说,首先把现实世界中的客观对象抽象为某一种信息结构,这种信息结构并不依赖于具体的计算机系统,不是某一个 DBMS 支持的数据模型,而是概念级的模型;然后再把概念模型转换为计算机上某一 DBMS 支持的数据模型。而无论是概念模型还是数据模型,都要能较好地刻画与反映现实世界,要与现实世界保持一致。这一过程如图 1.11 所示。

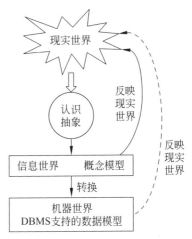

**图 1.11　现实世界中客观
对象的抽象过程**

1.2.1　数据模型的组成要素

数据模型(机器世界 DBMS 支持的数据模型)是模型中的一种,是现实世界数据特征的抽象与机器实现,它描述了系统(数据)的 3 方面:静态特性、动态特性和完整性约束条件。因此,数据模型一般由数据结构、数据操作和数据完整性约束 3 部分组成,是严格定义的一组概念的集合。

1. 数据结构

数据结构用于描述系统(数据)的静态特性,是所研究对象类型的集合。数据模型按其数据结构分为层次模型、网状模型、关系模型和面向对象模型。其所研究的对象是数据库的组成部分,它们包括两类,一类是与数据类型、内容、性质有关的对象,如网状模型中的数据项、记录,关系模型中的域、属性、实体关系等;另一类是与数据之间联系有关的对象,如网状模型中的系型、关系模型中反映联系的关系等。

通常按数据结构的类型来命名数据模型,有 4 种结构类型:层次结构、网状结构、关系结构和面向对象结构,它们所对应的数据模型分别命名为层次模型、网状模型、关系模型和面向对象模型。

2. 数据操作

数据操作用于描述系统(数据)的动态特性,是指对数据库中各种对象(型)及对象的实例允许执行的操作的集合,包括对象(型)的创建、修改和删除,及对象实例的检索和更新(如插入、删除和修改)两大类操作及其他有关的操作等。数据模型必须定义这些操作的确切含义、操作符号、操作规则(如优先级)以及实现操作的语言及语法规则等。

3. 数据完整性约束

数据完整性约束是一组完整性约束规则的集合。完整性约束规则是给定的数据模型中数据及其联系所具有的制约和依存规则,用以限定符合数据模型的数据库状态以及状态的变化,以保证数据的正确、有效、相容。

数据模型应该反映和规定本数据模型必须遵守的基本的、通用的完整性约束条件。例如,在关系模型中,任何关系必须满足实体完整性和参照完整性两类条件(第 2 章将详细讨论)。

此外,数据模型还应该提供自定义完整性约束条件的机制,以反映具体应用所涉及的数据必须遵守的特定的语义约束条件。例如,在某学校数据库中规定大学本科生入学年龄不得超过 40 岁,硕士研究生入学年龄不得超过 45 岁,学生累计成绩不得有 3 门以上不及格等,这些应用系统数据的特殊约束要求,用户能在数据模型中自己来定义(所谓自定义完整性)。

数据模型的三要素紧密依赖相互作用形成一个整体,示意图如图 1.12 所示,如此才能全面、正确、抽象地描述,以反映现实世界数据的特征。这里对基于关系模型的三要素示意图说明 3 点。

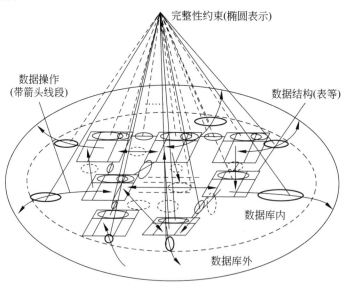

图 1.12 数据模型的三要素示意图

(1) 内圈(虚线椭圆)中的表及表间连线,代表着数据结构;

(2) 带操作方向的线段代表着动态的各类操作(包括数据库内的更新,数据库内外间的插入、删除及查询等操作),代表着数据模型的数据操作要素;

(3) 静态的数据结构及动态的数据操作要满足的制约条件(以小椭圆表示)是数据模型的数据完整性约束条件。

还要说明的是图 1.12 是简单化、逻辑示意的图,数据模型的三要素在数据库中都是严格定义的一组概念的集合。在关系数据库中,数据模型可以简单理解为:数据结构是表结构定义及其他数据库对象定义的命令集;数据操作是数据库管理系统提供的数据操作(如操作命令、命令语法规定与参数指定等)命令集;数据完整性约束是各关系表约束的定义及动态操作约束规则等的集合。在关系数据库中,数据模型三要素的信息(严格定义的概念的集合)是由一系列系统(或视图)表来表达与体现的。为此,数据模型的三要素并不抽象,读者需细细感受与领会。

1.2.2　概念模型

概念模型是现实世界到机器世界的一个中间层次。现实世界的事物反映到人的头脑中,人们把这些事物抽象为一种既不依赖于具体的计算机系统,又不为某一 DBMS 支持的概念模型,然后再把概念模型转换为计算机上某一 DBMS 支持的数据模型。概念模型针对抽象的信息世界,为此先来看信息世界中的一些基本概念。

1. 信息世界中的基本概念

信息世界是现实世界在人们头脑中的反映。信息世界中涉及的概念主要有如下几个。

(1) 实体。实体是指客观存在并可以相互区别的事物。实体可以是具体的人、事、物、概念等,如一个学生,一位老师,一门课程,一个部门;也可以是抽象的概念或联系,如学生的选课、老师的授课等也可看成实体(或称联系型实体)。

(2) 属性。属性是指实体所具有的某一特性。例如,教师实体可以由教师号、姓名、年龄、职称等属性组成。

(3) 码。码是指唯一标识实体的属性或属性集。例如,教师号在教师实体中就是码。

(4) 域。域是指属性的取值范围,是具有相同数据类型的数据集合。例如,可以假设教师号的域为 10 位数字组成的数字编号集合,姓名的域为所有可为姓名的字符串的集合,大学生年龄的域为 15 到 45 的整数等。

(5) 实体型。具有相同属性的实体必然具有共同的特征和性质。用实体名及其属性名集合组成的形式,称为实体型。例如,教师(教师号,姓名,职称,年龄)就是一个教师实体型。

(6) 实体集。实体集是指同型实体的集合。实体集用实体型来定义,每个实体是实体型的实例或值。例如,全体教师就是一个实体集,即教师实体集={('2015010001','张

三','教授',55),('2015010002','李四','副教授',35),······}

(7) 联系。在现实世界中,事物内部以及事物之间是有关联的。在信息世界中,联系是指实体型与实体型之间(实体之间)、实体集内实体与实体之间以及组成实体的各属性间(实体内部)的关系。

两个实体型之间的联系有以下3种。

(1) 一对一联系。

如果实体集 A 中的每一个实体,至多有一个实体集 B 的实体与之对应;反之,实体集 B 中的每一个实体,也至多有一个实体集 A 的实体与之对应,则称实体集 A 与实体集 B 具有一对一联系,记作 1∶1。

例如,在学校里,一个系只有一个系主任,而一个系主任只在某一个系中任职,则系型与系主任型之间(或说系与系主任之间)具有一对一联系。

(2) 一对多联系。

如果实体集 A 中的每一个实体,实体集 B 中有 n(n≥0)个实体与之相对应;反之,如果实体集 B 中的每一个实体,实体集 A 中至多只有一个实体与之相对应,则称实体集 A 与实体集 B 具有一对多联系,记作 1∶n。

例如,一个系中有若干名教师,而每个教师只在一个系中任教,则系与教师之间具有一对多联系。

多对一联系与一对多联系类似,读者可自己给出其定义。

(3) 多对多联系。

如果实体集 A 中的每一个实体,实体集 B 中有 n 个实体与之相对应;反之,如果实体集 B 中的每一个实体,实体集 A 也有 m(m≥0)个实体与之相对应,则称实体集 A 与实体集 B 具有多对多的联系,记作 m∶n。

例如,一门课程同时有若干教师讲授,而一个教师可以同时讲授多门课程,则课程与教师之间具有多对多联系。

其实,3 个联系之间有着一定的关系,一对一联系是一对多联系的特例,即一对多联系可以用多个一对一联系来表示,而一对多联系又是多对多联系的特例,即多对多联系可以通过多个一对多联系来表示。

两个实体型之间的三类联系可以用图 1.13 和图 1.14 来示意说明。

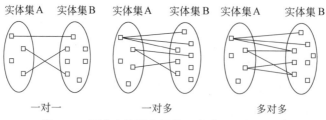

图 1.13   两个实体型之间的三类联系示意图(1)

单个或多个实体型之间也有类似于两个实体型之间的 3 种联系类型。

例如,对于教师、课程与参考书 3 个实体型,如果一门课程可以有若干教师讲授,使

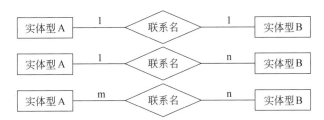

图 1.14 两个实体型之间的三类联系示意图(2)

用若干参考书,而每个教师只讲授一门课程,每一本参考书只供一门课程使用,则课程与教师、参考书三者之间的联系是一对多的,如图 1.15(a)所示。

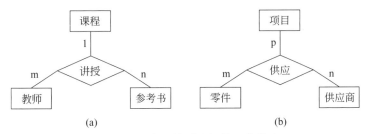

(a)   (b)

图 1.15 3 个实体型之间的 3 类联系

又如,有 3 个实体型,项目、零件和供应商,每个项目可以使用多个供应商供应的多种零件,每种零件可由不同供应商供应于不同项目,一个供应商可以给多个项目供应多种零件。为此,这 3 个实体型之间是多对多联系的,如图 1.15(b)所示。

要注意的是,3 个实体型之间多对多联系与 3 个实体型两两之间的多对多联系(共有 3 个)的语义及 E-R 图是不同的。请读者自己参照图 1.15(b) 陈述 3 个实体型两两之间的多对多联系的语义及 E-R 图。

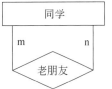

图 1.16 一个实体集内实体之间的多对多联系

同一个实体型对应的实体集内的各实体之间也可以存在一对一、一对多、多对多的联系(可以把一个实体集逻辑上看成两个与原来一样的实体集来理解)。例如,同学实体集内部同学与同学之间老朋友的关系可能是多对多的,如图 1.16 所示,这是因为每位同学的老朋友往往有多位。

2. 概念模型的表示

概念模型的表示方法有多种,最常用的是实体-联系方法。该方法用 E-R 图来描述现实世界的概念模型。E-R 图提供了表示实体型、属性和联系的方法。

E-R 图是体现实体型、属性和联系之间关系的表现形式。

实体型:用矩形表示,矩形框内写明实体名。

属性:用椭圆表示,椭圆形内写明属性名,并用无向边将其与相应的实体或联系连接起来。特别注意,联系也有属性,联系的属性更难以确定。

联系:用菱形表示,菱形框内写明联系名,并用无向边分别与有关实体型连接起来,同时在无向边旁标上联系的类型(1:1、1:n 或 m:n)。

图 1.17 所示是一个班级、学生的概念模型(用 E-R 图表示),班级实体型与学生实体型之间很显然是一对多关系。请读者针对某实际情况,试着设计反映实际内容的实体及实体联系的 E-R 图。

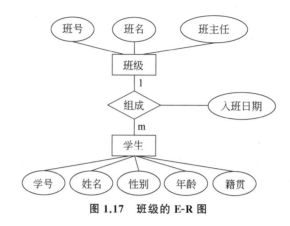

图 1.17 班级的 E-R 图

3. E-R 模型的变换

E-R 模型在数据库概念结构设计过程中根据需要可进行变换,包括实体类型、联系类型和属性的分裂、合并和增删等,以满足概念模型的设计、优化等的需要。

实体类型的分裂包括垂直分裂和水平分裂两方面。

例如,把教师分裂成男教师与女教师两个实体类型,这是水平分裂;也可以把教师中经常变化的属性组成一个实体类型,而把固定不变的属性组成另一个实体类型,这是垂直分裂,如图 1.18 所示。但要注意,在垂直分裂时,键必须在分裂后的每个实体类型中出现。

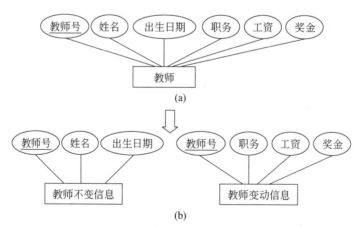

图 1.18 实体类型的垂直分裂

实体类型的合并是分裂的逆操作,垂直合并要求实体有相同的键,水平合并要求实体类型相同或相容(对应的属性来自相同的域)。

联系类型也可分裂,如教师与课程间的"担任"教学任务的联系,可分裂为"主讲"和

"辅导"两个新的联系类型,如图 1.19 所示。

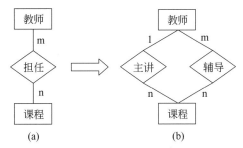

图 1.19　联系类型的分裂

联系类型的合并是分裂的逆操作,要注意,在联系类型合并时,所合并的联系类型必须是定义在相同的实体类型上的。

实体类型、联系类型和属性的增加与删除是系统管理信息的取舍问题,依赖于管理问题的管理需要。

1.2.3　基本 E-R 模型的扩展 *

本节内容可扫描下方二维码获取。

1.2.4　层次模型概述

在数据库领域中,有 4 种最常用的数据模型,它们是被称为非关系模型的层次模型、网状模型、关系模型和面向对象模型。本章简要介绍它们。

层次模型是数据库系统中最早出现的数据模型,它用树形结构表示各类实体以及实体间的联系。层次模型数据库系统的典型代表是 IBM 公司的 IMS(Information Management Systems)数据库管理系统,这是一个曾经广泛使用的数据库管理系统。现实世界中有一些实体之间的联系本来就呈现出一种很自然的层次关系,如家庭关系、行政关系。

1. 层次模型的数据结构

在数据库中,对满足以下两个条件的**基本层次联系**的集合称为层次模型。

(1) 有且仅有一个结点无双亲,这个结点称为"根结点"。

(2) 其他结点有且仅有一个双亲。

所谓基本层次联系是指两个记录类型以及它们之间一对多的联系。

在层次模型中,每个结点表示一个记录类型,记录之间的联系用结点之间的连线表示,这种联系是父子之间的一对多的联系。这就使得数据库系统只能处理一对多的实体联系。每个记录类型可包含若干字段,这里,记录类型描述的是实体,字段描述的是实体的属性。各个记录类型及其字段都必须命名,并且名称要求唯一。每个记录类型可以定义一个排序字段,也称为码字段,如果定义该排序字段的值是唯一的,则它能唯一标识一个记录值。

一个层次模型在理论上可以包含任意有限个记录型和字段,但任何实际的系统都会因为存储容量或实现复杂度而限制层次模型中包含的记录型个数和字段的个数。

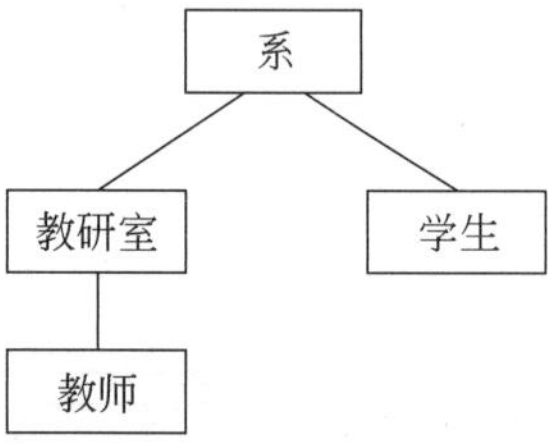

若用图来表示,层次模型是一棵倒立的树。结点层次(Level)从根开始定义,根为第一层,根的子女为第二层,根称为其子女的双亲,同一双亲的子女称为兄弟。

图 1.20 给出了一个系的层次模型。

层次模型对具有一对多的层次关系的描述非常自然、直观、容易理解,这是层次数据库的突出优点。

图 1.20　一个系的层次模型的示例

层次模型的一个基本的特点是,任何一个给定的记录值只有按其路径查看时,才能显出它的全部意义,没有一个子女记录值能够脱离双亲记录值而独立存在。

图 1.21 所示为图 1.20 的具体化,为一个教师-学生层次数据库模型。该层次数据库有 4 个记录类型。记录类型系是根结点,由系编号、系名、办公地 3 个字段组成。它有两个子女结点:教研室和学生。记录类型教研室是系的子女结点,同时又是教师的双亲结点,它由教研室编号、教研室名两个字段组成。记录类型学生由学号、姓名、年龄 3 个字段组成。记录类型教师由教师号、姓名、研究方向 3 个字段组成。学生与教师是叶结点,它们没有子女结点。由系到教研室、教研室到教师、系到学生均是一对多的联系。

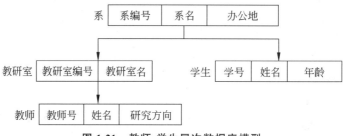

图 1.21　教师-学生层次数据库模型

图 1.22 所示为图 1.21 数据库模型的一个值。

2. 多对多联系在层次模型中的表示

前面的层次模型只能直接表示一对多的联系,那么另一种常见联系——多对多联系,能否在层次模型中表示呢?答案是肯定的,但是用层次模型表示多对多联系,必须首先将其分解为多个一对多联系。分解的方法有两种:冗余结点法和虚拟结点法(具体略)。

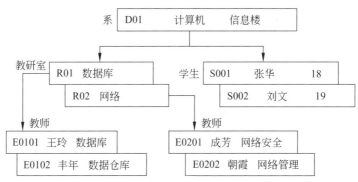

图 1.22　教师-学生数据库模型的一个值

3. 层次模型的数据操纵与约束条件

层次模型的数据操作有查询、插入、删除和修改。进行插入、修改、删除操作时要满足层次模型的完整性约束条件。

进行插入操作时,如果没有相应的双亲结点值就不能插入子女结点值。例如,在图 1.22 所示的层次数据库中,若调入一名新教师,但尚未分配到某个教研室,这时就不能将新教师插入数据库中。

进行删除操作时,如果删除双亲结点值,则相应的子女结点值也被同时删除。例如,在图 1.22 所示的层次数据库中,若删除数据库教研室,则该教研室所有教师的记录数据将全部丢失。

进行修改操作时,应修改所有相应记录,以保证数据的一致性。

4. 层次模型的存储结构

层次数据库中不仅要存储数据本身,还要存储数据之间的层次联系,层次模型数据的存储常常是和数据之间联系的存储结合在一起的,其常用的实现方法有两种。

1) 邻接法

按照层次树前序的顺序(即数据结构中树的先根遍历顺序)把所有记录值依次邻接存放,即通过物理空间的位置相邻来体现层次顺序。例如,对于图 1.23(a) 所示的数据库,按邻接法存放图 1.23(b) 中以记录 A1 为首的层次记录实例集,则应用如图 1.24 所示的方法存放。

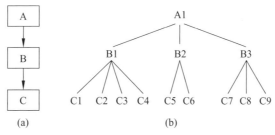

图 1.23　层次数据库及其实例

A1	B1	C1	C2	C3	C4	B2	C5	C6	B3	C7	C8	C9	…	…

图 1.24　邻接法

2）链接法

用指引元来反映数据之间的层次联系。如图 1.25 所示,其中图 1.25(a)每个记录设两类指引元,分别指向最左边的子女和最近的兄弟,这种链接方法称为子女-兄弟链接法;图 1.25(b)按树的前序顺序链接各记录值,这种链接方法称为层次序列链接法。

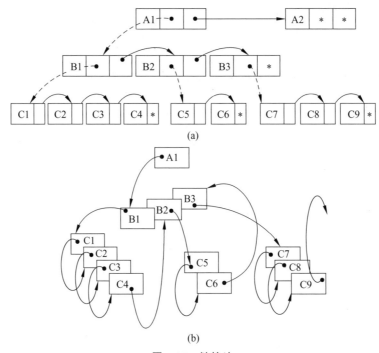

图 1.25　链接法

5. 层次模型的优缺点

层次模型的优点如下。

（1）层次模型本身比较简单。

（2）对于实体间联系是固定的,且预先定义好的应用系统,采用层次模型来实现,其性能较优。

（3）层次模型提供了良好的完整性支持。

层次模型的缺点如下。

（1）现实世界中很多联系是非层次性的,如多对多联系,一个结点具有多个双亲等,层次模型表示这类联系的方法很笨拙,只能通过引入冗余数据或创建非自然的数据组织来解决。

（2）对插入和删除操作的限制太多,影响太大。

（3）查询子女结点必须通过双亲结点,缺乏快速定位机制。

（4）由于结构严密，层次模型命令趋于程序化。

1.2.5　网状模型

网状数据模型的典型代表是 DBTG 系统，也称为 CODASYL 系统，是 20 世纪 70 年代数据系统语言研究会（Conference On Data Systems Language，CODASYL）下属的数据库任务组（Data Base Task Group，DBTG）提出的一个系统方案。若用图表示，网状模型是一个网络。图 1.26 给出了一个抽象的、简单的网状模型。

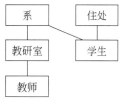

图 1.26　抽象的、简单的网状模型

在现实世界中，事物之间的联系更多的是非层次关系的。用层次模型表示非树形结构是很不直接的，网状模型则可以克服这一弊病。

1. 网状模型的数据结构

在数据库中，把满足以下两个条件的基本层次联系集合称为网状模型。

（1）允许一个以上的结点无双亲；

（2）一个结点可以有多于一个的双亲。

网状模型是一种比层次模型更具有普遍性的结构，它去掉了层次模型的两个限制，允许多个结点没有双亲结点，允许结点有多个双亲结点，此外，还允许两个结点之间有多种联系。因此，网状模型可以更直接地描述现实世界。而层次模型实际上是网状模型的一个特例。

与层次模型一样，网状模型中的每个结点表示一个记录类型，每个记录类型可以包含若干字段，结点之间的连线表示记录类型之间的一对多的父子联系。

从定义可看出，层次模型中子女结点与双亲结点的联系是唯一的，而在网状模型中这种联系可以不唯一。

下面以教师授课为例，看看网状数据库模式是怎样组织数据的。

按照常规语义，一个教师可以讲授若干门课程，一门课程可以由多个教师讲授，因此教师与课程之间是多对多联系。这里引进一个教师授课的联结记录，它由教师号、课程号、教学效果等数据项组成，表示某个教师讲授一门课程的情况。

这样，教师授课数据库可包含 3 个记录：教师、课程和授课。

每个教师可以讲授多门课程，显然对教师记录中的一个值，授课记录中可以有多个值与之联系，而授课记录中的一个值，只能与教师记录中的一个值联系。教师与授课之间联系是一对多的联系，联系名为 T-TC。同样，课程与授课之间的联系也是一对多的联系，联系名为 C-TC。图 1.27 所示为教师授课的网状数据库模型。

2. 网状模型的数据操作与完整性约束

网状模型一般来说没有层次模型那样严格的完整性的约束条件，但具体的网状数据库系统对数据操纵都加了一些限制，提供了一定的完整性约束。

DBTG 在模式 DDL 中提供的定义 DBTG 数据库完整性的若干概念和语句如下。

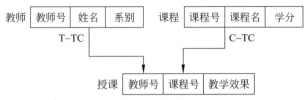

图 1.27　教师授课的网状数据库模型

（1）支持记录码的概念，码即唯一标识记录的数据项的集合。例如，学生记录的学号就是码，因此数据库中不允许学生记录中学号出现重复值。

（2）保证一个联系中双亲记录和子女记录之间是一对多的联系。

（3）可以支持双亲记录和子女记录之间某些约束条件。例如，有些子女记录要求双亲记录存在才能插入，双亲记录删除时也连同删除。

3. 网状模型的存储结构

网状模型的存储结构的关键是如何实现记录之间的联系。常用的方法是链接法，包括单向链接、双向链接、环状链接、向首链接等，此外还有其他实现方法，如指引元阵列法、二进制阵列法、索引法等，依具体系统不同而不同。

教师任课数据库中教师、课程和任课3个记录的值可以分别按某种文件组织方式存储，记录之间的联系用单向环状链接法实现，如图1.28所示。

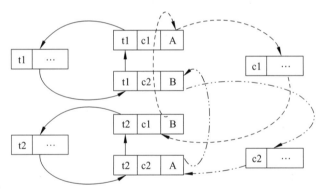

图 1.28　教师-课程-任课的网状数据库实例

4. 网状模型的优缺点

网状模型的优点如下。

（1）能够更为直接地描述现实世界，如一个结点可以有多个双亲。

（2）具有良好的性能，存取效率较高。

网状模型的缺点如下。

（1）结构比较复杂，而且随着应用环境的扩大，数据库的结构就变得越来越复杂，不利于最终用户掌握。

（2）其 DDL、DML 语言复杂，用户不容易使用。

由于记录之间联系是通过存取路径实现的,应用程序在访问数据时必须选择适当的存取路径,因此,用户必须了解系统结构的细节,加重了编写程序的负担。

1.2.6 关系模型

关系模型是目前最重要的模型之一。美国 IBM 公司的研究员 E.F.Codd 于 1970 年发表题为《大型共享系统的关系数据库的关系模型》的论文,文中首次提出了数据库系统的关系模型。20 世纪 80 年代以来,计算机厂商新推出的数据库管理系统几乎都支持关系模型,非关系系统的产品也大多加上了关系接口。数据库领域当前的研究工作都是以关系方法为基础的。本书的重点放在关系数据模型上。这里先简单介绍一下关系模型。

关系模型也有数据模型的 3 个组成要素,主要体现如下。

1. 关系模型的数据结构

关系模型与层次模型和网状模型不同,关系模型中数据的逻辑结构是一张二维表,它由行和列组成。每一行称为一个元组,每一列称为一个属性(或字段)。下面通过图 1.29 所示的教师登记表来介绍关系模型中的相关术语。

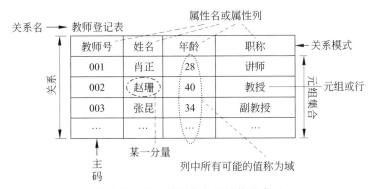

图 1.29 关系模型的数据结构及术语

关系:一个关系对应一张二维表,图 1.29 表示的教师关系就是一张教师登记表。

元组:二维表中的一行称为一个元组。

属性:二维表中的一列称为一个属性,对应每一个属性的名字称为属性名。如图 1.29 中的表有 4 列,对应 4 个属性(教师号,姓名,年龄,职称)。

主码:如果二维表中的某个属性或属性组可以唯一确定一个元组,则称为主码,也称为关系键,图 1.29 中的教师号,可以唯一确定一个教师,也就成为本关系的主码。

域:属性的取值范围称为域,如人的年龄一般在 1～120 岁,大学生的年龄属性的域可以是 14～38 岁,性别的域是男和女等。

分量:元组中的一个属性值。例如,教师号对应的值'001'、'002'、'003'都是分量。

关系模式:表现为关系名和属性的集合,是对关系的具体描述。一般表示为

关系名(属性 1,属性 2,…,属性 N)

例如,上面的关系可描述为教师(教师号,姓名,年龄,职称)。

在关系模型中,实体以及实体间的联系都是用关系来表示的。例如,教师、课程、教师与课程之间的多对多联系在关系模型中表示如下。

教师(教师号,姓名,年龄,职称)
课程(课程号,课程名,学分)
授课(教师号,课程号,教学效果)

关系模型要求关系必须是规范化的,即要求关系必须满足一定的规范条件,这些规范条件中最基本的一条就是,关系的每一个分量必须是一个不可分的数据项,也就是说,不允许表中还有子表或子列。图 1.30 中的出产日期是可分的数据项,可以分为年、月、日 3 个子列。因此,图 1.30 的表就不符合关系模型的要求,必须对其规范化后才能称其为关系。规范化方法为,要么把出产日期看成整体作为 1 列;要么把出产日期分为分开的出产年份、出产月份、出产日 3 列。

产品号	产品名	型号	出产日期		
			年	月	日
032456	风扇	A134	2004	05	12
…	…	…	…	…	…

图 1.30　表中有表的示例

2. 关系模型的数据操纵与约束条件

关系模型的操作主要包括查询、插入、删除和修改 4 类。这些操作必须满足关系的完整性约束条件,即实体完整性、参照完整性和用户定义完整性。

在非关系模型中,操作对象是单个记录,而关系模型中的数据操作是集合操作,操作对象和操作结果都是关系,即若干元组的集合。另外,关系模型把对数据的存取路径向用户隐蔽起来,用户只要指出"干什么",不必详细说明"怎么干",从而大大提高了数据的独立性。

3. 关系模型的存储结构

在关系数据模型中,实体及实体间的联系都用表来表示。在数据库的物理组织中,表以文件形式存储,每一个表通常对应一种文件结构,也有多个表对应一种文件结构的情况。

4. 关系模型的优缺点

关系模型具有如下优点。

(1)关系模型与非关系模型不同,它有较强的数学理论基础(详见第 2 章)。

(2)数据结构简单、清晰,用户易懂易用,不仅用关系描述实体,而且用关系描述实体间的联系。

(3)关系模型的存取路径对用户透明,从而具有更高的数据独立性、更好的安全保密性,也简化了程序员的工作和数据库开发和建立的工作。

关系模型有查询效率不如非关系模型效率高的缺点,但目前关系模型查询效率已大有改善。为了提高性能,DBMS 会对用户的查询进行系统级优化运行,这种优化功能对开发数据库管理系统提出了更高的要求。

1.2.7　面向对象模型*

计算机应用对数据模型的要求是多种多样的,是层出不穷的。与其根据不同的新需要,提出各种新的数据模型,还不如设计一种可扩展的数据模型。由用户根据需要定义新的数据类型及相应的约束和操作。面向对象数据模型(Object-Oriented data model,O-O data model)就是一种可扩展的数据模型。它又称为对象数据模型(object data model),以面向对象数据模型为基础的 DBMS 称为 O-O DBMS 或对象数据库管理系统(ODBMS)。面向对象数据模型提出于 20 世纪 70 年代末、80 年代初。它吸收了语义数据模型和知识表示模型的一些基本概念,同时又借鉴了面向对象程序设计语言和抽象数据类型的一些思想。面向对象数据模型及其数据库系统依然在不断发展成熟中,其相关的概念与术语仍不统一。

虽然关系模型比层次模型、网状模型简单灵活,但它还不能很好地表达现实世界中存在的许多复杂的数据结构,如 CAD 数据、图形数据、嵌套递归数据等,它们需要如面向对象模型这样的新模型来表达。

面向对象模型中,基本的概念是对象(object)、类(class)及其实例(instance)、类的层次结构和继承、对象的标识等。

1. 对象

对象是现实世界中实体的模型化,与记录概念相仿,但远比记录复杂。每个对象有一个唯一的标识符,把状态(state)和行为(behavior)封装(encapsulate)在一起。其中,对象的状态是该对象属性值的集合,对象的行为是在对象状态上操作的方法集。

在面向对象模型中,所有现实世界中的实体都可模拟为对象,小到一个整数、字符串,大到一架飞机,一个公司的全面管理,都可以看成对象。

一个对象包含若干属性,用以描述对象的状态、组成和特征。属性甚至也是一个对象,它还可能包含其他对象作为其属性。这种递归引用对象的过程可以继续下去,从而组成各种复杂的对象,而且同一对象可以被多个对象所引用。由对象组成对象的过程称为聚集。

对象的方法定义包含两部分:一是方法的接口,说明方法的名称、参数和结果的类型等,一般称为调用说明;二是方法的实现部分,是用程序设计语言编写的一个程序过程,以实现方法的功能。

对象中还可附有完整性约束检查的规则或程序。

对象是封装的,外界与对象的通信一般只能借助于消息(message)。消息传送给对象,调用对象的相应方法,进行相应的操作,再以消息形式返回操作的结果。外界只能通过消息请求对象完成一定的操作,是 O-O 数据模型的主要特征之一。封装能带来两个好处:一是把方法的调用接口与方法的实现(即过程)分开,过程及其所用数据结构的修改,可以不致影响接口,因而有利于数据的独立性;二是对象封装以后,成为一个自含的单元。对象只接受对象中所定义的操作,其他程序不能直接访问对象中的属性,从而避免许多不希望的副作用,这有利于提高程序的可靠性。

2. 类和实例

一个数据库一般包含大量的对象。如果每个对象都附有属性和方法的定义说明,则会有大量的重复。为了解决这个问题,同时也为了概念上的清晰,常常把类似的对象归并为类。类中每个对象称为实例。同一类的对象具有共同的属性和方法,这些属性和方法可以在类中统一说明,而不必在类的每个实例中重复。消息传送到对象后,可以在其所属的类中找到相应的方法和属性说明。同一类中的对象的属性虽然是一样的,但这些属性所取的值会因各个实例而各不相同。因此,属性又称为实例变量。有些变量的值在全类中是共同的,这些变量称为类变量。例如,在定义某类桌子中,假设桌腿数都是 4,则桌腿数就是类变量。类变量没有必要在各个实例中重复,可以在类中统一给出值。

将类的定义和实例分开,有利于组织有效的访问机制。一个类的实例可以簇集存放。每个类设有一个实例化机制,实例化机制提供有效的访问实例的路径,如索引。消息送到实例机制后,通过其存取路径找到所需的实例,通过类的定义查到属性及方法说明,以实现方法的功能。

3. 类层次结构和继承

类的子集也可以定义为类,称为这个类的子类,而该类称为子类的超类(superclass)。子类还可以再分为子类,如此可以形成一个层次结构。图 1.31 是一个类层次结构的例子,一个子类可有多个超类,有直接的,也有间接的。上述类之间的关系,用自然语言可以表达为"研究生是学生""学生是个人"……。因此,这种关系也称为 IS-A 联系,或称为类属联系。从概念上说,自下而上是一个普遍化、抽象化的过程,这个过程叫作普遍化。反之,由上而下是一个特殊化、具体化的过程,这个过程叫作特殊化。这些概念与扩展 E-R 数据模型中所介绍的概念是一致的。

一个对象既属于它的类,也属于它的所有超类。为了在概念上区分,在 O-O 数据模型中,对象与类之间的关系有时用不同的名词。对象只能是它所属类中最特殊化的那个子类的实例,但可以是它的所有超类的成员。例如,在图 1.31 中,一名在职研究生是研究生这个子类的实例,是学生、人这两个类的成员。因此,一个对象只能是一个类的实例,但可以成为多个类的成员。

一个类可以有多个直接超类,如在职研究生这个子类有两个直接超类,即教师和研究生,如图 1.32 中虚线所示。这表示一名在职研究生是在职研究生这个子类的实例,同时又是教师和研究生这两个类的成员。由于允许一个类可以有多个超类,类层次结构不再是一棵树。若把超类与子类的关系看成一个偏序关系(严格地说,这个关系不是自反的),则由具有多个直接超类的子类及其所有超类所组成的子图是代数中的格。在有些文献中,又称类层次结构为类格(class lattice)。例如,由在职研究生这个子类与其所有超类所组成的子图如图 1.32 所示,它是一个格结构。而图 1.31 所示的类层次结构并不

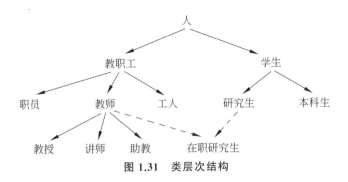

图 1.31   类层次结构

是一个格结构,而是一个有根无圈连通有向图。

子类可以继承所有超类中的属性和方法。在类中集中定义属性和方法,子类继承超类中的属性和方法,这是 O-O 数据模型中两个避免重复定义的机制。如果子类限于超类中的属性和方法,则有失定义子类的意义。子类除继承超类中的属性和方法外,还可用增加和取代的方法,定义子类中的特殊的属性和方法。所谓增加就是定义新的属性和方法;所谓取代就是重新定义超类的属性和方法。如果子类有多个直接超类,则子类要从多个直接超类继承属性和方法,这叫作多继承(multiple inheritance)。

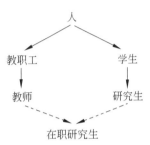

图 1.32   由子类及其超类所组成的格结构

由于同样的方法名在不同的类中可能代表不同的含义,同样一个消息送到不同对象中,可能执行不同的过程,也就是消息的含义依赖于其执行环境。例如,在“图”这个类中,可以定义一个 display(显示)方法;但不同的图需要不同的显示过程,只有当消息送到具体对象时,才能确定采用何种显示过程。这种一名多义的做法叫作多态(polymorphism)。在此情况下,同一方法名代表不同的功能,也就是一名多用,这叫作重载(overloading)。消息中的方法名,在编译时还不能确定它所代表的过程,只有在执行时,当消息发送到具体对象后,方法名和方法的过程才能结合。这种“名”与“义”的推迟结合叫作滞后联编(late binding)。

4. 对象的标识

在 O-O 数据模型中,每个对象都有一个在系统内唯一的和不变的标识符,称为对象标识符(Object Identifier,OID)。OID 一般由系统产生,用户不得修改。两个对象即使属性值和方法都一样,若 OID 不同,则仍被认为是两个相等而不同的对象。“相等”与“同一”是两个不同的概念,如在逻辑图中,一种型号的芯片可以用在多个地方,这些芯片是相等的,但不是同一个芯片,它们仍被视为不同的对象。在这一点上,O-O 数据模型与关系数据模型不同。在关系数据模型中,如果两个元组的属性值完全相同,则被认为是同一元组;而在 O-O 数据模型中,对象的标识符是区别对象的唯一标志,而与对象的属性值无关。前者称为按值识别,后者称为按标识符识别。在原则上,对象标识符不应依赖于它的值。一个对象的属性值修改了,只要其标识符不变,则仍认为是同一对象。因此,

OID 可以看成对象的替身。

　　面向对象数据模型已经用作 O-O DBMS 的数据模型。由于其语义丰富,表达比较自然,适合作为数据库概念结构设计的数据模型(即概念模型)。随着面向对象程序设计的广泛应用和数据库新应用的不断涌现。面向对象数据模型可望在计算机科学技术领域中得到普遍的认可。

　　上述 4 种数据模型的比较如表 1.2 所示。

表 1.2　数据模型比较表

比较项	层 次 模 型	网 状 模 型	关 系 模 型	面向对象模型
创始	1968 年 IBM 公司的 IMS 系统	1969 年 CODASYL 的 DBTG 报告(1971 年通过)	1970 年 E.F.Codd 提出关系模型	20 世纪 80 年代
典型产品	IMS	IDS/Ⅱ,IMAGE/3000,IDMS 等	Oracle,SQL Server,MySQL,DB2,openGauss 等	ONTOS DB
盛行时期	20 世纪 70 年代	20 世纪 70 年代到 80 年代中期	20 世纪 80 年代至今	20 世纪 90 年代至今
数据结构	复杂(树形结构),要加树形限制	复杂(有向图结构),结构上无须严格限制	简单(二维表),无须严格限制	复杂(嵌套、递归),无须严格限制
数据联系	通过指针连接记录类型,联系单一	通过指针连接记录类型,联系多样,较复杂	通过联系表(含外码)联系,联系多样	通过对象标识联系
查询语言	过程式,一次一记录,查询方式单一(双亲到子女)	过程式,一次一记录,查询方式多样	非过程式,一次一集合,查询方式多样	面向对象语言
实现难易	在计算机中实现较方便	在计算机中实现较困难	在计算机中实现较方便	在计算机中实现有一定难度
数学理论基础	树(研究不规范,不透彻)	无向图(研究不规范,不透彻)	关系理论(关系代数、关系演算),研究深入、透彻	连通有向图(研究还不透彻)

　　3 个世界术语对照如表 1.3 所示。

表 1.3　现实世界、信息世界、机器世界/关系数据库间术语对照表

现 实 世 界	信 息 世 界	机器世界/关系数据库
	抽象 →	数据化 →
事物	实体	记录/元组(或行)
若干同类事物	实体集	记录集(即文件)/元组集(即关系)
若干特征刻画的事物	实体型	记录型/二维表框架(即关系模式)
事物的特征	属性	字段(或数据项)/属性(或列)
事物之间的关联	实体型(或实体)之间的联系	记录型之间的联系/联系表(外码)
事物某特征的所有可能值	域	字段类型/域
事物某特征的一个具体值	一个属性值	字段值/分量
可区分同类事物的特征或若干特征	码	关键字段/关系键(或主码)

1.3　数据库系统结构

可以从多种不同的层次或不同的角度来考察数据库系统的结构。从数据库外部的体系结构看,数据库系统的结构分为单机结构、主从式结构、分布式结构、客户机/服务器结构(C/S 结构)、浏览器/服务器结构(B/S 结构)或多层(n-tier)结构、并行式结构等。

1.3.1　数据库系统的外部体系结构

数据库系统典型的外部体系结构如下。

1. 单机结构

最简单的体系结构就是单机结构。在单机结构中,所有东西都是运行在同一机器上。这个机器可以是一台大型机、一台小型的 PC 机或者中型机。由于应用程序、数据库管理系统和数据等都是安装和运行在同一机器上,它们之间可以通过非常快的内部通信线路来进行通信与操作。不同机器上的单机数据库系统不能共享数据。单机结构如图 1.33 所示。

2. 主从式结构

主从式结构是大型主机带多终端、多用户结构的数据库系统,又称为主机/终端模式。主从式结构的结构简单,易于管理、控制与维护。但终端数目太多时,主机的任务会过分繁重,成为系统瓶颈;系统的可靠性依赖主机,当主机出现故障时,整个系统都不能使用。主从式结构如图 1.34 所示。

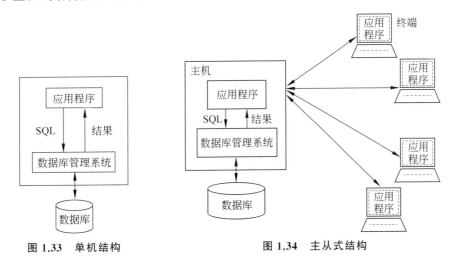

图 1.33　单机结构　　　　　　　图 1.34　主从式结构

3. 分布式结构

分布式结构的数据库系统是分布式网络技术与数据库技术相结合的产物,数据库分布存储在计算机网络的不同结点上。数据在物理上是分布的,所有数据在逻辑上是一个整体,结点上分布存储的数据相对独立。优点:多台服务器并发地处理数据,能发挥效率,适应于地理上分散的公司、团体和组织对于数据库应用的需求;缺点:数据的分布式存储给数据处理任务协调与维护带来困难,当用户需要经常访问远程数据时,系统效率会明显地受到网络传输的制约。分布式结构如图 1.35 所示。

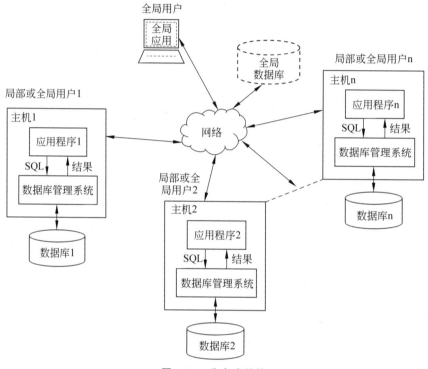

图 1.35　分布式结构

4. 客户机/服务器结构

在客户机/服务器体系结构中,应用程序运行的机器和数据库管理系统运行的机器不同,就是把 DBMS 与应用程序分开。如图 1.36 所示,可分为数据库服务器(Server)与(胖)客户机(Client),这就是所谓的远程数据库管理系统。内部通信通常通过局域网进行。其优点是网络运行效率大大提高;缺点是维护升级很不方便。

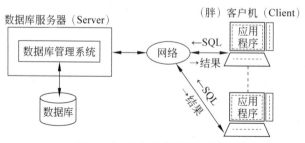

图 1.36　客户机/服务器结构

5. 浏览器/服务器结构或多层结构

在这种体系结构中,把客户机/服务器体系结构中的客户机上运行的应用程序划分成两部分,如图 1.37 所示。一部分客户机应用程序,如浏览器(Browse),负责用户界面或用户操作应用,运行在客户机上。另一部分服务器运行程序和数据库管理系统进行交互,在服务器上运行,充当中介。浏览器/服务器体系结构可以看成三层体系结构((瘦)客户机、Web 服务器/应用服务器、数据库服务器)的一种,这时浏览器作为客户机。

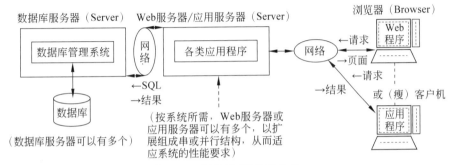

图 1.37 浏览器/服务器结构

浏览器/服务器体系结构(Browser/Server)是随着 Internet 技术的兴起,对客户机/服务器体系结构的一种变化或者改进的结构。在这种结构下,用户工作界面是通过 Web 浏览器来实现,极少部分事务逻辑在前端(Browser)实现,主要事务逻辑在服务器端(Server)实现,形成所谓三层结构。这样就大大简化了客户端载荷,减轻了系统维护与升级的成本和工作量,降低了用户的总体成本。

就三层体系结构而言,瘦客户机可以是除浏览器以外的其他形式,应用服务器也可以扩展组成串或并行结构的多个应用服务器,这就是所谓的 n 层体系结构的数据库系统。

6. 并行式结构

并行式结构的数据库系统(Parallel Database,PDB)是新一代高性能数据库系统,是在大规模并行处理器(Massively Parallel Processor,MPP)计算机和集群并行计算环境的基础上提出的数据库结构。

根据所在的计算机的处理器、内存及存储设备的相互关系,并行数据库可以归纳为 3 种基本的体系结构:共享内存(Shared-Memory,SM)、共享磁盘(Shared-Disk,SD)、无资源共享(Shared-Nothing,SN),如图 1.38 所示,图中 P_i($1 \leqslant i \leqslant n$)表示处理器。

(1) SM 结构又可称为完全共享型(share-everything),所有处理机存取一公共全局内存和所有磁盘,IBM/370、VAX 是其代表。

(2) SD 结构中每个处理机有自己的私有内存,但能访问所有磁盘,IBM 的 Sys plex 和早期的 VAx 簇是其代表。

(3) SN 结构中所有磁盘和内存分散给各处理机,每个处理机只能直接访问其私有内存和磁盘,各自都是一个独立的整体,处理机间由一公共互联网络连接,Teradata 的 DBC/1012、Tandem 的 Nonstop SQL 是典型代表。

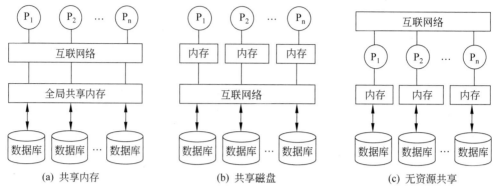

图 1.38　3 种结构的 PDB 示意图

对这三种结构,长期以来人们争论不休,直到近期才逐渐趋于一致,普遍认为 PDB 越来越趋向于 S-N 结构。这是因为在这样的系统结构下,可望在复杂 DB 的查询和联机执行处理上达到线性加速比(speedup)和伸缩比(scaleup)。

熟悉分布式数据库(DDB)的人也许会觉得 SN 结构的 PDB 与 DDB 的硬件结构非常相似,因为 DDB 的硬件结构也是由网络连接若干计算机而组成(见图 1.35)。的确,物理上它们是十分相似的。但逻辑上,PDB 系统中的 n 个结点并不平等。其中只有一个结点与用户有接口,接受用户请求,输出处理结果,制定执行方案,而其余结点只具有执行操作和彼此之间的通信能力,但不具备与用户的交互能力,就是操作运行能力方面有并行性、协作性、整体性要求。

然而,从数据库系统的内部系统结构看,数据库系统通常采用三级模式结构。

1.3.2　数据库系统的三级模式结构

数据库系统的内部系统结构可以认为是采用了三级模式结构。这里,所谓"模式"是指对数据的逻辑或物理的结构(包括数据及数据间的联系)、数据特征、数据约束等的定义和描述,是对数据的一种抽象、一种表示。

例如,关系模式是对关系的一种定义和描述,学生(学号,姓名,性别,年龄)是一个学生关系模式,而('200401','李立勇','男',20) 是学生关系模式的一个值,称为模式的实例。

模式反映的是数据的本质、核心或型的方面,模式是静态的、稳定的、相对不变的。数据的模式表示的是人们对数据的一种把握与认识手段。数据库系统的三级模式结构只是对模式型方面的结构表示,而模式的实例是依附于三级模式结构的,是动态不断变化的。

数据库系统的三级模式结构是指外模式、模式(或概念模式)和内模式,如图 1.39 所示。数据库系统的三级模式是人们从三个不同层次或角度对数据的定义和描述,其具体含义如下。

1. 外模式

外模式(external schema)也称子模式(sub schema)或用户模式,是三级模式的最外

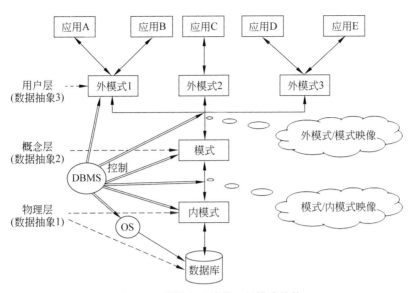

图 1.39　数据库系统的三级模式结构

层,它是数据库用户能够看到和使用的局部数据的逻辑结构和特征的描述。

普通用户只对整个数据库的一部分感兴趣,可根据系统所给的模式,用查询语言或应用程序去操作数据库中的那部分数据。因此,可以把普通用户看到和使用的数据库内容称为视图。视图集也称为用户级数据库,对应于外模式。外模式通常是模式的子集。一个数据库可以有多个外模式。由于它是各个用户的数据视图,如果不同的用户在应用需求、看待数据的方式、对数据保密性要求等方面存在差异,则其外模式描述就是不同的,即使对模式中同一数据,在外模式中的结构、类型、长度、保密级别等都可以有所不同。另外,同一外模式也可以为某一用户的多个应用系统所用,但一个应用程序一般只能使用一个外模式。

DBMS 提供子模式描述语言(子模式 DDL)来定义子模式。

2. 模式

模式(schema)又称为概念模式,也称为逻辑模式,是数据库中全体数据的逻辑结构和特征的描述,是所有用户的公共数据视图,是数据视图的全部。它是数据库系统三级模式结构的中间层,既不涉及数据的物理存储细节和硬件环境,也与具体的应用程序和所使用的应用开发工具及高级程序设计语言等无关。

概念模式实际上是数据库数据在逻辑级别上的视图。一个数据库只有一个模式。数据库模式以某一种数据模型为基础,统一、综合地考虑了所有用户的需求,并将这些需求有机地结合成一个逻辑整体。定义模式时不仅要定义数据的逻辑结构,如数据记录由哪些数据项构成,数据项的名字、类型、取值范围等,而且要定义数据之间的联系、定义与数据有关的安全性、完整性要求等。

DBMS 提供模式描述语言(模式 DDL)来定义模式。

3. 内模式

内模式(internal schema)也称为存储模式,一个数据库只有一个内模式。它是数据物理结构和存储方式的描述,是数据在数据库内部的表示方式。例如,记录的存储方式是顺序存储、按照 B 树结构存储还是按 HASH 方法存储;索引按照什么方式组织与实现;数据是否压缩存储,是否加密;数据的存储记录结构有何规定等。

DBMS 提供内模式描述语言(内模式 DDL)来严格地定义内模式。

数据库系统三级模式结构概念比较如表 1.4 所示。

表 1.4 数据库系统三级模式结构概念比较

比 较	外 模 式	模 式	内 模 式
定义	也称为子模式或用户模式,还称为用户级模式	也称为逻辑模式,还称为概念级模式	也称为存储模式,还称为物理级模式
	是数据库用户能够看见和使用的局部数据的逻辑结构和特征的描述	是数据库中全体数据的逻辑结构和特征的描述,它包括数据的逻辑结构、数据之间的联系和与数据有关的安全性、完整性要求	它是数据物理结构和存储方式的描述
特点 1	是各个具体用户所看到的数据视图,是用户与 DB 的接口	是所有用户的公共数据视图。一般只有 DBA 能看到全部	数据在数据库内部的表示方式
特点 2	可以有多个外模式	只有一个模式	只有一个内模式
特点 3	针对不同用户,有不同的外模式描述。每个用户只能看见和访问所对应的外模式中的数据,数据库中其余数据是不可见的。所以外模式是保证数据库安全性的一种有力措施	数据库模式以某一种数据模型(层状、网状、关系)为基础,统一、综合地考虑所有用户的需求,并将这些需求有机地结合成一个逻辑整体	以前由 DBA 定义,现基本由 DBMS 定义
特点 4	面向应用程序或最终用户	由 DBA 定义与管理	由 DBA 定义或由 DBMS 预先设置
DDL	DBMS 提供三种模式的描述语言(DDL)来严格定义三种模式,如子模式 DDL、模式 DDL 和内模式 DDL。子模式 DDL 和用户选用的程序设计语言具有相容的语法,如 Cobol 子模式 DDL。关系数据库三种模式的描述语言统一于 SQL 语言中		

数据库系统的三级模式结构是对数据的三个抽象级别。它把数据的具体组织留给DBMS 去做,各级用户只要抽象地看待与处理数据,而不必关心数据在计算机中的表示和存储,这样就减轻了用户使用数据库系统的负担。

1.3.3 数据库系统的二级映像功能与数据独立性

为了能够在内部实现这三个抽象层次的联系和转换,数据库系统在这三级模式之间提供了两层映像:外模式/模式映像,模式/内模式映像。

这两层映像保证了数据库系统的数据能够具有较高的逻辑独立性和物理独立性。

1. 外模式/模式映像

模式描述的是数据的全局逻辑结构,外模式描述的是数据的局部逻辑结构。对应于同一个模式可以有任意多个外模式,每个外模式数据库系统都有一个外模式/模式映像,它定义了该外模式与模式之间的对应关系。这些映像定义通常包含在各自外模式的描述中。

当模式改变时,由数据库管理员对各个外模式/模式映像做相应改变,可以使外模式保持不变。应用程序是依据数据的外模式编写的,不必修改,从而保证了数据与程序的逻辑独立性,简称为数据逻辑独立性。

2. 模式/内模式映像

数据库中只有一个模式,也只有一个内模式,所以模式/内模式映像是唯一的,它定义了数据库全局逻辑结构与存储结构之间的对应关系。例如,说明逻辑记录和字段在内部是如何表示的。该映像定义通常包含在模式描述中。当数据库的存储结构改变了,由数据库管理员对模式/内模式映像做相应改变,可以使模式保持不变,从而应用程序也不必改变,保证了数据与程序的物理独立性,简称为数据物理独立性。

在数据库系统的三级模式结构中,数据库模式即全局逻辑结构是数据库的中心与关键,它独立于数据库的其他层次。因此,设计数据库模式时应首先确定数据库的逻辑模式。

数据库的内模式依赖于它的全局逻辑结构,但独立于数据库的用户视图即外模式,也独立于具体的存储设备。它是将全局逻辑结构中所定义的数据结构及其联系按照一定的物理存储策略进行组织,以实现较好的时间与空间效率。

数据库的外模式面向具体的应用程序,它定义在逻辑模式之上,但独立于内模式和存储设备。当应用需求发生较大变化时,可修改外模式以适应新的需要。

数据库系统的二级映像保证了数据库外模式的稳定性,从而从根本上保证了应用程序的稳定性,使得数据库系统具有较高的数据与程序的独立性。数据库系统的三级模式与二级映像使得数据的定义和描述可以从应用程序中分离出去。又由于数据的存取由DBMS 管理,用户不必考虑存取路径等细节,从而简化了应用程序的编制,大大减少了应用程序的维护和修改。

1.3.4 数据库管理系统的工作过程

当数据库建立后,用户就可以通过终端操作命令或应用程序在 DBMS 的支持下使用数据库。数据库管理系统控制的数据操作过程基于数据库系统的三级模式结构与二级映像功能,总体操作过程能从其读或写一个用户记录的过程大体反映出来。

下面就以应用程序从数据库中读取一个用户记录的过程(见图 1.40)来说明。

下面按照步骤解释运行过程。

(1) 应用程序 A 向 DBMS 发出从数据库中读用户数据记录的命令。

(2) DBMS 对该命令进行语法检查、语义检查,并调用应用程序 A 对应的子模式,检

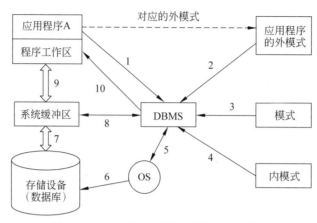

图 1.40　DBMS 读取用户记录的过程示意图

查 A 的存取权限,决定是否执行该命令。如果拒绝执行,则转(10)向用户返回错误信息。

　　(3)在决定执行该命令后,DBMS 调用模式,依据子模式/模式映像的定义,确定应读入模式中的哪些记录。

　　(4)DBMS 调用内模式,依据模式/内模式映像的定义,决定应从哪个文件、用什么存取方式、读入哪个或哪些物理记录。

　　(5)DBMS 向操作系统发出执行读取所需物理记录的命令。

　　(6)操作系统执行从物理文件中读数据的有关操作。

　　(7)操作系统将数据从数据库的存储区送至系统缓冲区。

　　(8)DBMS 依据内模式/模式(模式/内模式映像的反方向看待,并不是另一种新映像,模式/子模式映像也是类似情况)、模式/子模式映像的定义,导出应用程序 A 所要读取的记录格式。

　　(9)DBMS 将数据记录从系统缓冲区传送到应用程序 A 的用户工作区。

　　(10)DBMS 向应用程序 A 返回命令执行情况的状态信息。

　　至此,DBMS 就完成了一次读用户数据记录的过程。DBMS 向数据库写一个用户数据记录的过程经历的环节类似于读,只是过程基本相反而已。由 DBMS 控制的大量用户数据的存取操作,可以理解为就是由许许多多这样的读或写的基本过程组合完成的。

1.4　数据库系统的组成

　　数据库系统是指计算机系统中引入数据库后的整个人机系统。为此,数据库系统应由硬件平台、数据库、软件及用户组成。

1. 硬件平台

　　数据库系统对硬件资源提出了较高的要求:要有足够大的内存存放操作系统、DBMS 的核心模块、数据缓冲区和应用程序;要有足够大而快速的磁盘等直接存储设备存放数据库;要有足够的磁盘空间做数据备份;要求系统有较高的数据通道能力,以提高数据传送率。

2. 数据库

数据库是存放数据的地方,是存储在计算机内有组织的大量可共享的数据集合,可以供多用户同时使用,具有尽可能少的冗余和较高的数据独立性,从而其数据存储的结构形式最优,并且数据操作起来容易,有完整的自我保护能力和数据恢复能力。这里,数据库主要是指物理存储设备中有效组织的数据集合。

3. 软件

数据库系统的软件主要包括如下几种。
(1) 支持 DBMS 运行的操作系统;
(2) DBMS 可以通过操作系统对数据库的数据进行存取、管理和维护;
(3) 具有与数据库接口的高级语言及其编译系统;
(4) 以 DBMS 为核心的应用开发工具,为特定应用环境开发的数据库应用系统。

4. 用户

用户主要有以下几种:用于进行管理和维护数据库系统的人员——数据库管理员;用于数据库应用系统分析设计的人员——系统分析员和数据库设计人员;用于具体开发数据库系统的人员——数据库应用程序员;用于使用数据库系统的人员——最终用户。

其各自的职责分别如下。

1) 数据库管理员(DBA)

在数据库系统环境下,有两类共享资源。一类是数据库,另一类是数据库管理系统软件。因此需要有专门的管理机构来监督和管理它们。DBA 则是这个机构的一个或一组人员,负责全面管理和控制数据库系统。具体职责如下。

(1) 决定数据库中的信息内容和结构。数据库中要组织与存放哪些信息,DBA 要全程参与决策,即决定数据库的模式与子模式,甚至于内模式。

(2) 决定数据库的存储结构和存取策略。DBA 要综合各用户的应用要求,与数据库设计人员共同决定数据的存储结构和存取方法等,以寻求最优的数据存取效率和存储空间利用率,即决定数据库的内模式。

(3) 定义数据的安全性要求和完整性约束条件。DBA 的重要职责是保证数据库的安全性与完整性。因此,DBA 负责确定各类用户对数据库的存取权限、数据的保密等级和各种完整性约束要求等。

(4) 监控数据库的使用和运行。DBA 要做好日常运行与维护工作,特别是系统的备份与恢复工作。保证系统万一发生各类故障而遭到不同程度破坏时,能及时恢复到最近的某种正确状态。

(5) 数据库的改进和重组重构。数据库运行一段时间后,随着大量数据在数据库中变动,会影响系统的运行性能。为此,DBA 要负责定期对数据库进行数据重组织,以期获得更好的运行性能。

当用户的需求增加和改变时,DBA 负责对数据库各级模式进行适当的改进,即数据库的重构造。

2) 系统分析员和数据库设计人员

系统分析员负责应用系统的需求分析和规范说明,要和最终用户及 DBA 相配合,分析确定系统的软硬件配置,并参与数据库系统的总体设计。

数据库设计人员负责数据库中数据的确定、数据库各级模式的设计。为了合理而良好地设计数据库,数据库设计人员必须深入实践,参加用户需求调查和系统分析。中小型系统中该人员往往由 DBA 兼任。

3) 应用程序员

应用程序员负责设计和编写应用系统的程序模块,并进行调试和安装。

4) 最终用户

最终用户可以分为如下 3 类。

(1) 偶然用户。这类用户不经常访问数据库,但每次访问数据库时往往需要不同的数据库信息,这类用户一般是企业或是组织结构中的高、中级管理人员。

(2) 简单用户。数据库的多数用户都是这类,其主要的工作是查询和修改数据库,一般都是通过应用程序员精心设计并具有良好界面的应用程序存取数据库。银行职员和航空公司的机票出售、预订工作人员都是这类人员。

(3) 复杂用户。复杂用户包括工程师、科学家、经济学家、科学技术人员等具有较高科学技术背景的人员。这类用户一般都比较熟悉数据库管理系统的各种功能,能够直接使用数据库语言访问数据库,甚至能够基于数据库管理系统的 API 自己编制具有特殊功能的应用程序。

1.5 数据库技术的研究领域及其发展 *

1.5.1 数据库技术的研究领域

数据库技术的研究领域十分广泛,概括而言,包括以下 3 方面。

思政材料

1. DBMS 系统软件的研制

DBMS 是数据库应用的基础,DBMS 的研制包括研制 DBMS 本身及以 DBMS 为核心的一组相互联系的软件系统,包括工具软件和中间件。研制的目标是提高系统的可用性、可靠性、可伸缩性;提高系统运行性能和用户应用系统开发设计的生产率。

现在使用的 DBMS 主要是国外的产品,国产 DBMS 产品或原型系统,如 OceanBase、TiDB、openGauss 等,在商品化、成熟度、性能等方面正在逐步提升,部分性能指标或已赶超国外的产品。

目前,通过墨天轮网站(官网: https://www.modb.pro/)数据库排行来看,2023 年 5 月国产数据库排行榜 TOP10 的产品依次是 OceanBase、TiDB、openGauss、达梦、人大金仓、GaussDB、PolarDB、TDSQL、GBase、AnalyticDB。

华为 openGauss 数据库学习资源可扫描下方二维码获取。

2. 数据库应用系统设计与开发的研制

数据库应用系统设计与开发的主要任务是在 DBMS 的支持下,按照应用的具体要求,为某单位、部门或组织设计一个结构合理有效、使用方便高效的数据库及其应用系统。研究的主要内容包括数据库设计方法、设计工具和设计理论研究,数据模型和数据建模的研究,数据库及其应用系统的辅助与自动设计的研究,数据库设计规范和标准的研究等。这一方向可能是今后大部分读者要从事的研究与应用方向。

3. 数据库理论的研究

数据库理论的研究主要集中于关系的规范化理论、关系数据理论等方面。近年来,随着计算机其他领域的不断发展及其与数据库技术的相互渗透与融合,产生了许多新的应用与理论研究方向,如数据库逻辑演绎和知识推理、数据库中的知识发现、并行数据库与并行算法、分布式数据库系统、多媒体数据库系统、AI 数据库系统等。

1.5.2　数据库技术的发展

数据库技术产生于 20 世纪 60 年代中期,由于其在商业领域的成功应用,在 20 世纪 80 年代后,得到迅速推广,新的应用对数据库技术在数据存储和管理方面提出了更高的要求,从而进一步推动了数据库技术的发展。

1. 数据模型的发展和三代数据库系统

数据模型是数据库系统的核心和基础,数据模型的发展带动着数据库系统不断更新换代。

数据模型的发展可以分为 3 个阶段。第一阶段为格式化数据模型,包括层次数据模型和网状数据模型,第二阶段为关系数据模型,第三阶段则是以面向对象数据模型为代表的非传统数据模型。按照上述的数据模型 3 个发展阶段,数据库系统也可以相应地划分为三代。第一代数据库系统为层次与网状数据库系统,第二代数据库系统为关系数据库系统,这两代也常称为传统数据库系统。新一代数据库系统(即第三代)的发展呈现百花齐放的局面,其基本特征包括①没有统一的数据模型,但所用数据模型多具有面向对象的特征;②继续支持传统数据库系统中的非过程化数据存取方式和数据独立性;③不仅更好地支持数据管理,而且能支持对象管理和知识管理;④系统具有更高的开放性。

2. 数据库技术与其他相关技术的结合

将数据库技术与其他相关技术相结合,是当代数据库技术发展的主要特征之一,并由此产生了许多新型的数据库系统。

1) 面向对象数据库系统

面向对象数据库系统是数据库技术与面向对象技术相结合的产物。其核心是面向对象数据模型。在面向对象数据模型中,现实世界里客观存在且相互区别的事物被抽象为对象,一个对象由 3 部分构成,即变量集、消息集和方法集。变量集中的变量是对事物特性的数据抽象,消息集中的消息是对象所能接收并响应的操作请求,方法集中的方法是操作请求的实现方法,每个方法就是一个执行程序段。

面向对象数据模型的主要优点如下。

(1) 消息集是对象与外界的唯一接口,方法和变量的改变不会影响对象与外界的交互,从而使应用系统的开发和维护变得容易;

(2) 相似对象的集合构成类,而类具有继承性,从而使程序复用成为可能;

(3) 支持复合对象,即允许在一个对象中包含另一个对象,从而使数据间诸如嵌套、层次等复杂关系的描述变得更为容易。

2) 分布式数据库系统

分布式数据库系统是数据库技术与计算机网络技术相结合的产物,具有三大基本特点,即物理分布性、逻辑整体性和场地自治性。物理分布性指分布式数据库中的数据分散存放在以网络相连的多个结点上,每个结点中所存储的数据的集合即为该结点上的局部数据库。逻辑整体性指系统中分散存储的数据在逻辑上是一个整体,各结点上的局部数据库组成一个统一的全局数据库,能支持全局应用。场地自治性指系统中的各个结点上都有自己的数据库管理系统,能对局部数据库进行管理,响应用户对局部数据库的访问请求。

分布式数据库系统体系结构灵活,可扩展性好,容易实现对现有系统的集成,既支持全局应用,也支持局部应用,系统可靠性高,可用性好,但存取结构复杂,通信开销较大,数据安全性较差。

3) 并行数据库系统

并行数据库系统就是在并行计算机上运行的具有并行处理能力的数据库系统,它是数据库技术与并行计算机技术相结合的产物,其产生和发展源于数据库系统中多事务对数据库进行并行查询的实际需求,而高性能处理器、大容量内存、廉价冗余磁盘阵列以及高带宽通信网络的出现则为并行数据库系统的发展提供了充分的硬件支持,同时,非过程化数据查询语言的使用也使系统能以一次一集合的方式存取数据,从而使数据库操作蕴含了 3 种并行性,即操作间独立并行、操作间流水线并行和操作内并行。

并行数据库系统的主要目标是通过增加系统中处理器和存储器的数量,以提高系统的处理能力和存储能力,使数据库系统的事务吞吐率更高,对事务的响应速度更快。理想情况下,并行数据库系统应具有线性扩展和线性加速能力。线性扩展是指当任务规模扩大 N 倍,而系统的处理和存储能力也扩大 N 倍时,系统的性能保持不变。线性加速是指任务规模不变,而系统的处理和存储能力扩大 N 倍时,系统的性能也提高 N 倍。

4) 多媒体数据库系统

多媒体数据库系统是数据库技术与多媒体技术相结合的产物。多媒体数据库中的数据不仅包含数字、字符等格式化数据，还包括文本、图形、图像、声音、视频等非格式化数据。非格式化数据的数据量一般都比较大，结构也比较复杂，有些数据还带有时间顺序、空间位置等属性，这就给数据的存储和管理带来了较大的困难。

对多媒体数据的查询要求往往也各不相同，系统不仅应当能支持一般的精确查询，还应当能支持模糊查询、相似查询、部分查询等非精确查询。

各种不同媒体的数据结构、存取方法、操作要求、基本功能、实现方法等一般也各不相同，系统应能对各种媒体数据进行协调，正确识别各种媒体数据之间在时间、空间上的关联，同时还应提供特种事务处理和版本管理能力。

5）主动数据库系统

主动数据库系统是数据库技术与人工智能技术相结合的产物。传统数据库系统只能被动地响应用户的操作请求，而实际应用中可能希望数据库系统在特定条件下能根据数据库的当前状态，主动地做出一些反应，如执行某些操作，或显示相关信息等。

6）模糊数据库系统

模糊数据库系统是数据库技术与模糊技术相结合的产物。传统数据库系统中所存储的数据都是精确的，但事实上，客观事物并不总是确定的，不但事物的静态结构方面存在着模糊性，而且事物间互相作用的动态行为方面也存在着模糊性。要真实地反映客观事物，数据库中就应当支持对带有一定模糊性的事物及事物间联系的描述。

模糊数据库系统就是能对模糊数据进行存储、管理和查询的数据库系统，其中，精确数据被看成模糊数据的特例来加以处理。在模糊数据库系统中，不仅所存储的数据是模糊的，而且数据间的联系、对数据的操作等也都是模糊的。

模糊数据库系统有广阔的应用前景，但其理论和技术尚不成熟，在模糊数据及其间模糊联系的表示、模糊距离的度量、模糊数据模型、模糊操作和运算的定义、模糊语言、模糊查询方法、实现技术等方面均有待改进。

3. 数据库技术的新应用

数据库技术在不同领域中的应用，也导致了一些新型数据库系统的出现，这些应用领域往往无法直接使用传统数据库系统来管理和处理其中的数据对象。

1）数据仓库系统

传统数据库系统主要用于联机事务处理，在这样的系统中，人们更多关心的是系统对事务的响应时间及如何维护数据库的安全性、完整性、一致性等问题，系统的数据环境正是基于这一目标而创建的，若以这样的数据环境支持分析型应用，则会带来一些问题，如：①原数据环境中没有分析型处理所需的集成数据、综合数据和组织外部数据，如果在执行分析处理时再进行数据的抽取、集成和综合，则会严重影响分析处理的效率；②原数据环境中一般不保存历史数据，而这些数据却是分析型处理的重要处理对象；③分析型处理一般花费时间较多且需访问的数据量大，事务处理每次所需时间较短而对数据的访问频率则较高，若两者在同一环境中执行，事务处理效率会大打折扣；④若不加限制地允许数据层层抽取，则会降低数据的可信度；⑤系统提供的数据访问手段和处理结果表达方式远远不能满足分析型处理的需求。

数据仓库是面向主题的、集成的、随时间变化的、非易失的数据的集合,用于支持管理层的决策过程。数据仓库系统中另一重要组成部分就是数据分析工具,包括各类查询工具、统计分析工具、联机分析处理工具、数据挖掘工具等。

2) 工程数据库系统

工程数据库就是用于存储和管理工程设计所需数据的数据库,一般应用于计算机辅助设计、计算机辅助制造、计算机集成制造等工程领域。

1.5.3 数据库行业发展趋势

目前,数据库行业出现了互为补充的三大阵营:OldSQL 数据库、NoSQL 数据库和 NewSQL 数据库。

(1) OldSQL 数据库,即传统关系数据库,可扩展性差,支持事务处理为主;OldSQL 主要为 Oracle、IBM、Microsoft 等国外数据库厂商所垄断,国产数据库厂商还处于追赶或部分赶超状态。

(2) NoSQL 数据库,旨在满足分布式体系结构的可扩展性需求和(或)无模式数据管理需求;NoSQL 数据库系统有基于 Hadoop 架构的 Apache 的 HBase、Google 的 Bigtable、Amazon 的 Dynamo、Facebook 的 Cassandra 及 Membase、MongoDB、Hypertable、Redis、CouchDB、Neo4j、Berkeley DB XML、BaseX 等。

(3) NewSQL 数据库,旨在满足分布式体系结构的需求,或提高性能以便不必再进行横向扩展,如 EMC Greenplum、南大通用的 GBase 8a、HP Vertica。

1. NoSQL

NoSQL(NoSQL＝Not Only SQL),意即"不仅仅是 SQL",是一项全新的数据库革命性运动。NoSQL,泛指非关系的数据库,NoSQL 的拥护者提倡运用非关系的数据存储,相对于铺天盖地的关系数据库,这一概念无疑是一种全新思维的注入。

随着互联网 Web 2.0 网站的兴起,传统的关系数据库在应付 Web 2.0 网站,特别是超大规模和高并发的社交网站(SNS)类型的 Web 2.0 纯动态网站,已经显得力不从心,主要表现在灵活性差、扩展性差、性能差等方面,而非关系的数据库则由于其本身的特点,适应这种需求而得到了非常迅速的发展。

1) NoSQL 数据模型

NoSQL 数据模型可划分为如下几类:Key-Value 存储模型、类 BigTable 存储模型、文档型存储模型、全文索引存储模型、图数据库存储模型和 XML 数据库存储模型等。下面对这几种数据模型进行简单描述。

(1) Key-Value 存储模型。Key-Value 模型是最简单,也是最方便使用的数据模型,它支持简单的 Key 对应 Value 的键值存储和提取。Key-Value 模型的一个大问题是它通常是由 HashTable 实现的,无法进行范围查询,因此,有序 Key-Value 模型就出现了,有序 Key-Value 可以支持范围查询。虽然有序 Key-Value 模型能够解决范围查询和问题,但是其 Value 值依然是无结构的二进制码或纯字符串,通常只能在应用层解析相应的结构。

（2）类 BigTable 存储模型。本质上说，Bigtable 是一个键值（Key-Value）映射。Bigtable 是一个稀疏的、分布式的、持久化的、多维的排序映射。而类 BigTable 的数据模型，能够支持结构化的数据，包括列、列簇、时间戳以及版本控制等元数据的存储。Bigtable 不支持完整的关系数据模型，与之相反，Bigtable 为客户提供了简单的数据模型，利用这个模型，客户可以动态控制数据的分布和格式。Bigtable 将存储的数据都视为字符串，但是 Bigtable 本身不去解析这些字符串，客户程序通常会把各种结构化或者半结构化的数据串行化到这些字符串里。

（3）文档型存储模型。而文档型存储相对到类 BigTable 存储又有两个大的提升。一是其 Value 值支持复杂的结构定义，二是支持数据库索引的定义。

（4）全文索引存储模型。全文索引存储模型与文档型存储模型的主要区别在于文档型存储模型的索引主要是按照字段名来组织的，而全文索引存储模型是按字段的具体值来组织的。

（5）图数据库存储模型。图数据库存储模型也可以看作从 Key-Value 模型发展出来的一个分支，不同的是，它的数据之间有着广泛的关联，并且这种模型支持一些图结构的算法。

（6）XML 数据库存储模型。该模型能高效地存储 XML 数据，并支持 XML 的内部查询语法，如 XQuery、Xpath。

NoSQL 与关系数据库设计理念是不同的，关系数据库中的表都是存储一些格式化的数据结构，每个元组字段的组成都一样，即使不是每个元组都需要所有的字段，但数据库会为每个元组分配所有的字段，这样的结构便于表与表之间进行连接等操作，但从另一个角度来说，它也是关系数据库性能瓶颈的一个因素。而非关系数据库以键值对存储，它的结构不固定，每一个元组可以有不一样的字段，每个元组可以根据需要增加一些自己的键值对，这样就不会局限于固定的结构，可以减少一些时间和空间的开销。

2）NoSQL 的特点

（1）易扩展。NoSQL 数据库种类繁多，但是一个共同的特点都是去掉关系数据库的关系特性。数据之间无关系，这样就非常容易扩展。无形之间，在架构的层面上带来了可扩展的能力。

（2）大数据量、高性能。NoSQL 数据库都具有非常高的读写性能，尤其在大数据量下，同样表现优秀。这得益于它的无关系性，数据库的结构简单。一般 MySQL 使用 Query Cache，每次表的更新 Cache 就失效，是一种大粒度的 Cache，在针对 Web 2.0 的频繁交互应用，Cache 性能不高。而 NoSQL 的 Cache 是记录级的，是一种细粒度的 Cache，因此，NoSQL 在这个层面上来说性能就要高很多了。

（3）灵活的数据模型。NoSQL 无须事先为要存储的数据建立字段，随时可以存储自定义的数据格式。而在关系数据库里，增删字段是一件非常麻烦的事情。如果是非常大数据量的表，增加字段简直就是一个噩梦。这点在大数据量的 Web 2.0 时代尤其明显。

（4）高可用。NoSQL 在不太影响性能的情况下，就可以方便地实现高可用的架构。如 Cassandra、HBase 模型，通过复制模型也能实现高可用。

3）NoSQL 的缺点

虽然 NoSQL 数据库提供了高扩展性和灵活性，但是它也有自己的缺点，主要有如下几点。

（1）数据模型和查询语言没有经过数学验证。SQL 这种基于关系代数和关系演算的查询结构有着坚实的数学保证，即使一个结构化的查询本身很复杂，但是它能够获取满足条件的所有数据。由于 NoSQL 系统都没有使用 SQL，而使用的一些模型还没有完善的数学基础。这也是 NoSQL 系统较为混乱的主要原因之一。

（2）不支持 ACID 特性。这为 NoSQL 带来优势的同时也是其缺点，毕竟事务在很多场合下还是需要的，ACID 特性使系统在中断的情况下也能够保证在线事务准确执行。

（3）功能简单。大多数 NoSQL 系统提供的功能都比较简单，这就增加了应用层的负担。例如，如果在应用层实现 ACID 特性，那么编写代码的程序员一定极其痛苦。

（4）没有统一的查询模型。NoSQL 系统一般提供不同查询模型，这使得应用程序接口很难规范，一定程度上增加了开发者的负担。

2. NewSQL

NewSQL 是对各种新的可扩展、高性能数据库的简称，这类数据库不仅具有 NoSQL 对海量数据的存储管理能力，还保持了传统数据库支持 ACID(事务的原子性（Atomicity）、一致性（Consistency）、隔离性（Isolation）、持久性（Durability）)和 SQL 等特性。

NewSQL 在保持了关系模型的基础上，对存储结构、计算架构和内存使用等数据库技术的核心要素进行了有深度的改变和创新。NewSQL 普遍采用列存储技术，NewSQL 系统虽然在内部结构上变化很大，但是它们有两个显著的共同特点：①它们都支持关系数据模型；②它们都使用 SQL 作为其主要的接口。已知的第一个 NewSQL 系统叫作 H-Store，它是一个分布式并行内存数据库系统。

NewSQL 厂商的共同之处在于研发新的关系数据库产品和服务，通过这些产品和服务，把关系模型的优势发挥到分布式体系结构中，或者将关系数据库的性能提高到一个不必进行横向扩展的程度。目前 NewSQL 系统大致分为如下 3 类。

1) 新架构

这一类是完全新的数据库平台，均采取了不同的设计方法。设计方法大致可分为如下两类。

（1）这类数据库工作在一个分布式集群的结点上，其中每个结点拥有一个数据子集。SQL 查询被分成查询片段发送给数据所在的结点上执行。这些数据库可以通过添加额外的结点来线性扩展。现有的这类数据库有 Google Spanner、VoltDB、Clustrix、NuoDB 等。

（2）这类数据库系统通常有一个单一的主结点的数据源。它们有一组结点用来做事务处理，这些结点接到特定的 SQL 查询后，会把它所需的所有数据从主结点上取回来后执行 SQL 查询，再返回结果。

2) MySQL 引擎

第二类是高度优化的 SQL 存储引擎。这些系统提供了与 MySQL 相同的编程接口，但扩展性比内置的引擎 InnoDB 更好。这类数据库系统有 TokuDB、MemSQL 等。

3）透明分片

这类系统提供了分片的中间件层，数据库自动分割在多个结点运行。这类数据库包括 ScaleBase、dbShards、ScaleArc 等。

现有的 NewSQL 系统厂商还有 GenieDB、Schooner、RethinkDB、ScaleDB、Akiban、CodeFutures、Translattice 和 NimbusDB，以及 Drizzle、带有 NDB 的 MySQL 集群和带有 HandlerSocket 的 MySQL。较新的 NewSQL 系统还包括 Tokutek 和 JustOne DB。相关的"NewSQL 作为一种服务"类别包括亚马逊关系数据库服务，微软 SQL Azure，Xeround 和 FathomDB。

新一轮的数据库开发风潮展现出了向 SQL 回归的趋势，只不过这种趋势并非是在更大、更好的硬件上（甚至不是在分片的架构上）运行传统的关系型存储，而是通过 NewSQL 解决方案来实现。

在市场被 NoSQL（一开始叫作 No more SQL，后来改为 Not only SQL）逐步蚕食后，近一段时间以来，传统的 SQL 开始回归。其中广为传颂的一个解决方案就是分片，不过对于某些情况来说这还远远不够。因此，人们推出了新的方式，有些方式结合了 SQL 与 NoSQL 这两种技术，还有些方式是通过改进关系型存储的性能与可伸缩性来实现，人们将这些方式称作 NewSQL。虽然 NoSQL 因其性能、可伸缩性与可用性而广受赞誉，但其开发与数据重构的工作量要大于 SQL 存储。因此，有些人开始转向了 NewSQL，它将 NoSQL 的优势与 SQL 的能力结合了起来，最为重要的是使用了能够满足需要的解决方案。

3. NewSQL 与 NoSQL

NewSQL 相比 NoSQL，在实时性、复杂分析、即席查询和开发性等方面表现出独特的优势。具体来说，NewSQL 整体优化较好，实时性较强，而 NoSQL 实时性较差；NewSQL 采用多种索引和分区技术保证多表关联，效率较高，而 NoSQL 缺少高效索引和查询优化，复杂分析差；NewSQL 采用列存储和智能索引保证了即席查询性能，而 NoSQL 只能做精确查询不能做关联查询；NewSQL 是基于标准的成熟商业软件，对用户的研发能力要求相对较低，而 NoSQL 属于平台型的模块、没有标准，对用户的研发能力要求较高。

NoSQL 和 NewSQL 在面对海量数据处理时都表现出较强的扩展能力，NoSQL 现有优势在于对非结构化数据处理的支持上，但 NewSQL 对于全数据格式的支持日趋成熟。而在一些方面，NewSQL 相比 NoSQL 表现出较大优势，如实时性、复杂分析、即席查询、可开发性。

传统关系数据库（OldSQL）不易扩展与并行，对海量数据处理不利限制了其应用。当前大量公有云和私有云数据库往往基于 NoSQL 技术，如 Hbase、Bigtable 等，其本身的非线性、分布式、水平可扩展，非常适合云计算和大数据处理，但应用趋于简单化。而云数据库主要解决的是行业大数据应用问题，Hadoop 在面对传统关系数据复杂的多表关联分析、强一致性要求、易用性等方面，与分布式关系数据库还存在较大差距。这种需求推动了基于云架构的新型数据库技术的诞生，其在传统数据库基础上支持 Shared-

Nothing 集群,提高了系统伸缩性,如 EMC 的 Greenplum、南大通用的 GBase 8a MPP Cluster、HP 的 Vertica 都属于类似产品。

从技术角度看,OldSQL 的典型特征是行存储、关系型和 SMP(对称多处理架构)。OldSQL 的代表产品包括 TimesTen、Altibase、SolidDB 和 Exadata 等。OldSQL 所代表的传统关系数据库已经不能满足大数据对大容量、高性能和多数据类型的处理要求。为了更好地满足云计算和大数据的需求,NewSQL 和 NoSQL 脱颖而出,并且大有后来居上的架势。

NoSQL 的技术主要源于互联网公司,如 Google、Yahoo、Amazon、Facebook 等。NoSQL 产品普遍采用了 Key-Value、MapReduce、MPP(大规模并行处理)等核心技术。在互联网大数据应用中,NoSQL 占据了主导地位。

4. 不同架构数据库的混合应用

在大数据时代,"多种架构支持多类应用"成为数据库行业应对大数据的基本思路,数据库行业出现互为补充的三大阵营,适用于事务处理应用的 OldSQL、适用于数据分析应用的 NewSQL 和适用于互联网应用的 NoSQL。但在一些复杂的应用场景中,单一数据库架构都不能完全满足应用场景对海量结构化和非结构化数据的存储管理、复杂分析、关联查询、实时性处理和控制建设成本等多方面的需要,因此不同架构数据库混合部署应用成为满足复杂应用的必然选择。不同架构数据库混合使用的模式可以概括为 OldSQL+NewSQL、OldSQL+NoSQL、NewSQL+NoSQL 三种主要模式。

行业技术的发展趋势是由"一种架构支持所有应用"转变为用"多种架构支持多类应用"。在大数据和云计算的背景下,这一理论导致了数据库市场的大裂变:数据库市场分化为三大阵营,包括 OldSQL(传统数据库)、NewSQL(新型数据库)和 NoSQL(非关系数据库)。

NewSQL 和 NoSQL 将打破 OldSQL 服务于所有应用而一统天下的局面,与 OldSQL 三分天下形成三类产品各自拥有最适用的应用类型和客户群的局面。同时,NoSQL 和 NewSQL 都表现出了面对海量数据时较强的扩展能力。NoSQL 另外一方面优势在于对非结构化数据的处理支持上,而 NewSQL 作为新一代数据库产品,产品对于全数据格式的支持已经日趋成熟。

说明:要了解最新某 NewSQL 或 NoSQL 数据库的情况,请尝试通过类似"http://www.某数据库名.com/"的网址去了解,例如,NoSQL 数据库 mongodb 的网址是 http://www.mongodb.com/;NewSQL 数据库 Clustrix 的网址是 http://www.clustrix.com/。

1.6　小　　结

本章概述了数据库的基本概念,介绍了数据管理技术发展的 3 个阶段及各自的优缺点,说明了数据库系统的优点。

数据模型是数据库系统的核心和基础。本章介绍了组成数据模型的三要素及其内涵、概念模型和 4 种主要的数据库模型。

概念模型也称为信息模型,用于信息世界的建模,E-R 模型是这类模型的典型代表,E-R 方法简单、清晰,应用十分广泛。数据模型包括非关系模型(层次模型和网状模型)、关系模型和面向对象模型。本章简要地讲解了这 4 种模型,而关系模型将在后续章节中作更详细的介绍。

数据库系统结构可以从数据库系统的外部系统结构与内部系统结构两个角度来认识。

数据库系统的内部系统结构包括三级模式和两层映像。数据库系统三级模式和两层映像的系统结构保证了数据库系统具有较高的逻辑独立性和物理独立性。数据库系统不仅是一个计算机系统,而且是一个人-机系统,人的作用,特别是 DBA 的作用最为重要。

本章概念较多,要深入而透彻地掌握这些基本概念和基本知识还需有个循序渐进的过程。读者可以在后续章节的学习中,不断加深对本章知识的理解与掌握。

习 题

一、选择题

1. ( )是位于用户与操作系统之间的一层数据管理软件。数据库在建立、使用和维护时由其统一管理、统一控制。

A. DBMS　　　　B. DB　　　　C. DBS　　　　D. DBA

2. 文字、图形、图像、声音、学生的档案记录、货物的运输情况等,这些都是( )。

A. DATA　　　　B. DBS　　　　C. DB　　　　D. 其他

3. 目前,( )数据库系统已逐渐淘汰了网状数据库和层次数据库,成为当今最为流行的商用数据库系统。

A. 关系　　　　B. 面向对象　　　　C. 分布　　　　D. 对象-关系

4. ( )是刻画一个数据模型性质最重要的方面。因此在数据库系统中,人们通常按它的类型来命名数据模型。

A. 数据结构　　B. 数据操纵　　C. 完整性约束　　D. 数据联系

5. ( )属于信息世界的模型,实际上是现实世界到机器世界的一个中间层次。

A. 数据模型　　B. 概念模型　　C. 非关系模型　　D. 关系模型

6. 当数据库的( )改变了,由数据库管理员对( )映像作相应改变,可以使( )保持不变,从而保证了数据的物理独立性。

(1) 模式　(2) 存储结构　(3) 外模式/模式　(4) 用户模式　(5) 模式/内模式

A. (1)、(3)和(4)　B. (1)、(5)和(3)　C. (2)、(5)和(1)　D. (1)、(2)和(4)

7. 数据库系统的三级模式体系结构即子模式、模式与内模式是对( )的三个抽象级别。

A. 信息世界　　　　　　　　　B. 数据库系统

C. 数据　　　　　　　　　　　D. 数据库管理系统

8. 英文缩写 DBA 代表(　　)。
　　A. 数据库管理员　　　　　　　B. 数据库管理系统
　　C. 数据定义语言　　　　　　　D. 数据操纵语言

9. 模式和内模式(　　)。
　　A. 只能各有一个　　　　　　　B. 最多只能有一个
　　C. 至少两个　　　　　　　　　D. 可以有多个

10. 在数据库中存储的是(　　)。
　　A. 数据　　　　　　　　　　　B. 信息
　　C. 数据和数据之间的联系　　　D. 数据模型的定义

二、填空题

1. 数据库就是长期储存在计算机内_____、_____的数据集合。

2. 数据管理技术已经历了人工管理阶段、_____和_____三个发展阶段。

3. 数据模型通常都是由_____、_____和_____三个要素组成。

4. 数据库系统的主要特点：_____、数据冗余度小、具有较高的数据程序独立性、具有统一的数据控制功能等。

5. 用二维表结构表示实体以及实体间联系的数据模型称为_____数据模型。

6. 在数据库系统的三级模式体系结构中,外模式与模式之间的映像,实现了数据库的_____独立性。

7. 数据库系统是以_____为中心的系统。

8. E-R 图表示的概念模型比_____更一般、更抽象、更接近现实世界。

9. 外模式,亦称为子模式或用户模式,是_____能够看到和使用的局部数据的逻辑结构和特征的描述。

10. 数据库系统的软件主要包括支持_____运行的操作系统以及_____本身。

三、简答题

第2章

关系数据库

本 章 要 点

本章介绍关系数据库的基本概念,基本概念围绕关系数据模型的三要素展开,利用集合代数、谓词演算等抽象的数学知识,深刻而透彻地介绍了关系数据结构,关系数据库操作及关系数据库完整性等的概念与知识。而抽象的关系代数与基于关系演算的ALPHA语言乃重中之重。

2.1　关 系 模 型

关系数据库应用数学方法来处理数据库中的数据。最早将这类方法用于数据处理的是 1962 年 CODASYL 发表的"信息代数",之后有 1968 年 David Child 提出的集合论数据结构。系统而严谨地提出关系模型的是美国 IBM 公司的 E.F.Codd。由于关系模型简单明了,有坚实的数学基础,一经提出,立即引起学术界和产业界的广泛重视和响应,从理论与实践两方面都对数据库技术产生了强烈的冲击。E.F.Codd 从 1970 年起连续发表了多篇论文,奠定了关系数据库的理论基础。

关系模型由关系数据结构、关系操作集合和关系完整性约束三部分组成。

1. 关系数据结构

关系模型的数据结构非常单一,在用户看来,关系模型中数据的逻辑结构是一张二维表。但关系模型这种简单的数据结构能够表达丰富的语义,描述现实世界的实体以及实体间的各种联系。

思政材料

2. 关系操作集合

关系模型给出了关系操作的能力,它利用基于数学的方法来表达关系操作,关系模型给出的关系操作往往不针对具体的 RDBMS 语言来表述。

关系模型中常用的关系操作包括选择(select)、投影(project)、连接(join)、除(divide)、并(union)、交(intersection)、差(difference)等查询(query)操作和添加(insert)、

删除(delete)、修改(update)等更新操作两大部分。其中,查询的表达能力是最主要的部分。

关系操作的特点是采用集合操作方式,即操作的对象和结果都是集合。这种操作方式也称为一次一集合方式。

早期的关系操作能力通常用代数方式或逻辑方式来表示,分别称为关系代数和关系演算。关系代数是用对关系的运算(即元组的集合运行)来表达查询要求的方式。关系演算是用谓词来表达查询要求的方式。关系演算又可按谓词变元的基本对象是元组变量还是域变量分为元组关系演算和域关系演算。关系代数、元组关系演算和域关系演算三种语言在表达功能上是等价的。

关系代数、元组关系演算和域关系演算均是抽象的查询语言,这些抽象的语言与具体的 DBMS 中实现的实际语言并不完全一样。但它们能用作评估实际系统中查询语言能力的标准或基础。实际的查询语言除了提供关系代数或关系演算功能外,还提供了很多附加功能,如集函数、关系赋值、算术运算等。

关系语言是一种高度非过程化的语言,用户不必请求 DBA 为其建立特殊的存取路径,存取路径的选择由 DBMS 的优化机制来完成,此外,用户不必求助于循环结构就可以完成数据操作。

另外还有一种介于关系代数和关系演算之间的语言 SQL(Structured Query Language)。SQL 不但具有丰富的查询功能,而且具有数据定义、数据操纵和数据控制功能,是集查询、DDL、DML、DCL(Data Control Language,数据操纵控制语言)于一体的关系数据语言。它充分体现了关系数据语言的特点和优点,是关系数据库的国际标准语言。

因此,关系数据语言可以分成如下 3 类。

(1) 关系代数:用对关系的集合运算表达操作要求,如 ISBL。

(2) 关系演算:用谓词表达操作要求,可分为两类。①元组关系演算:谓词变元的基本对象是元组变量,如 APLHA、QUEL;②域关系演算:谓词变元的基本对象是域变量,如 QBE。

(3) 关系数据语言,如 SQL。

这些关系数据语言的共同特点是,语言具有完备的表达能力,是非过程化的集合操作语言,功能强,能够嵌入高级语言中使用。

3. 关系的完整性约束

关系模型提供了丰富的完整性控制机制,允许定义三类完整性:实体完整性、参照完整性和用户自定义的完整性。其中,实体完整性和参照完整性是关系模型必须满足的完整性约束条件,应该由关系系统自动支持。用户自定义的完整性是应用领域特殊要求而需要遵循的约束条件,体现了具体领域中的语义约束。

下面将从数据模型的三要素出发,逐步介绍关系模型的数据结构(包括关系的形式化定义及有关概念)、关系的三类完整性约束、关系代数与关系演算操作等。SQL 语言将在第 3 章做系统介绍。

思政材料

2.2 关系数据结构及形式化定义

在关系模型中,无论是实体还是实体之间的联系均由单一的结构类型即关系(二维表)来表示。第 1 章中已经非形式化地介绍了关系模型及有关的基本概念。关系模型是建立在集合代数的基础上的,这里从集合论角度给出关系数据结构的形式化定义。

2.2.1 关系

1. 域

定义 2.1 域(domain)是一组具有相同数据类型的值的集合,又称为值域(用 D 表示)。域中所包含的值的个数称为域的基数(用 m 表示)。在关系中就是用域来表示属性的取值范围的。

例如,自然数、整数、实数、长度小于 10 字节的字符串集合、$1 \sim 16$ 的整数都是域。又如,

$$D_1 = \{张三, 李四\} \qquad D_1 \text{ 的基数 } m_1 \text{ 为 } 2$$
$$D_2 = \{男, 女\} \qquad D_2 \text{ 的基数 } m_2 \text{ 为 } 2$$
$$D_3 = \{19, 20, 21\} \qquad D_3 \text{ 的基数 } m_3 \text{ 为 } 3$$

2. 笛卡儿积

定义 2.2 给定一组域 $D_1, D_2, \cdots, D_n$(这些域中可以包含相同的元素,即可以完全不同,也可以部分或全部相同),$D_1, D_2, \cdots, D_n$ 的笛卡儿积(cartesian product)为

$$D_1 \times D_2 \times \cdots \times D_n = \{(d_1, d_2, \cdots, d_n) | d_i \in D_i, i = 1, 2, \cdots, n\}$$

由定义可以看出,笛卡儿积也是一个集合。其中:

(1) 每一个元素 $(d_1, d_2, \cdots, d_n)$ 叫作一个 n 元组(n-tuple),或简称为元组(tuple)。但元组不是 d_i 的集合,元组由 d_i 按序排列而成。

(2) 元素中的每一个值 d_i 叫作一个分量(component)。分量来自相应的域($d_i \in D_i$)。

(3) 若 $D_i(i = 1, 2, \cdots, n)$ 为有限集,其基数(cardinal number)为 $m_i(i = 1, 2, \cdots, n)$,则 $D_1 \times D_2 \times \cdots \times D_n$ 的基数为 n 个域的基数累乘之积,即 $M = \prod\limits_{i=1}^{n} m_i$。

(4) 笛卡儿积可表示为一个二维表。表中的每行对应一个元组,表中的每列对应一个域。如上面例子中 D_1 与 D_2 的笛卡儿积:

$D_1 \times D_2 = \{(张三, 男), (张三, 女), (李四, 男), (李四, 女)\}$
可以表示成二维表,如表 2.1 所示。而 $D_1 \times D_2 \times D_3 = \{($张三,男,19),(张三,男,20),(张三,男,21),(张三,女,19),(张三,女,20),(张三,女,21),(李四,男,19),(李四,男,20),(李四,男,21),(李四,女,19),(李四,女,20),(李四,女,21)\}$。

表 2.1 笛卡儿积 $D_1 \times D_2$

姓名	性别
张三	男
张三	女
李四	男
李四	女

用二维表表示如表 2.2 所示。

表 2.2　笛卡儿积 $D_1 \times D_2 \times D_3$

姓名	性别	年龄	姓名	性别	年龄
张三	男	19	李四	男	19
张三	男	20	李四	男	20
张三	男	21	李四	男	21
张三	女	19	李四	女	19
张三	女	20	李四	女	20
张三	女	21	李四	女	21

3. 关系

定义 2.3　$D_1 \times D_2 \times \cdots \times D_n$ 的任一子集叫作在域 $D_1, D_2, \cdots, D_n$ 上的关系 (relation),用 $R(D_1, D_2, \cdots, D_n)$ 表示。如上例中 $D_1 \times D_2$ 笛卡儿积的子集可以构成关系 T_1,如表 2.3 所示。

R 表示关系的名字,n 是关系的目或元或度(degree)。

当 n=1 时,称为单元关系;当 n=2 时,称为二元关系。

……

表 2.3　$D_1 \times D_2$ 笛卡儿积的子集(关系 T_1)

姓名	性别
张三	男
李四	女

当 n=m 时,称为 m 元关系。

关系中的每个元素是关系中的元组,通常用 t 表示。

关系是笛卡儿积的子集,反过来,看到某具体关系,也要意识到该关系背后必然存在的笛卡儿积,关系内容无论如何变都变化不出其所属于的笛卡儿积,对关系内容的操作实际上就是使关系按照实际的要求从该关系笛卡儿积的一个子集变化到另一子集的(否则意味着操作是错误的),这是笛卡儿积概念的意义所在。

关系是笛卡儿积的子集,所以关系也是一个二维表,表的每行对应一个元组,表的每列对应一个域。由于域可以相同,为了加以区分,必须对每列起一个唯一的名字,称为**属性**(attribute)。n 目关系必有 n 个属性。

若关系中的某一属性组的值能唯一地标识一个元组,则称该属性组为**候选码**(candidate key),关系至少含有一个候选码。

若一个关系有多个候选码,则选定其中一个为主控使用者,称为**主码**(primary key)。候选码中的诸属性称为**主属性**(prime attribute)。不包含在任何候选码中的属性称为**非码属性**(non-key attribute)或非主属性。在最简单的情况下,候选码只包含一个属性。在最极端的情况下,关系模式的所有属性组成这个关系模式的候选码,称为**全码**(all-key)。

按照定义,关系可以是一个无限集合。由于笛卡儿积不满足交换律,$(d_1, d_2, \cdots, d_n) \neq (d_2, d_1, \cdots, d_n)$,需要对关系作如下限定和扩充。

（1）无限关系在数据库系统中是无意义的。因此限定关系数据模型中的关系必须是有限集合。

（2）通过为关系的每个列附加一个属性名的方法取消关系元组的有序性，即$(d_1, d_2, \cdots, d_i, d_j \cdots, d_j) = (d_1, d_2, \cdots, d_j, d_i, \cdots, d_i)(i, j = 1, 2, \cdots, n)$。

因此，基本关系具有以下 6 条性质。

① 列是同质的（Homogeneous），即每一列中的分量是同一类型的数据，来自同一个域。

② 不同的列可出自同一个域，称其中的每一列为一个属性，不同的属性要给予不同的属性名。

③ 列的顺序无所谓，即列的次序可以任意交换。

④ 任意两个元组不能完全相同。但在大多数实际关系数据库产品中，如 ORACLE、Visual FoxPro 等，如果用户没有定义有关的约束条件，它们都允许关系表中存在两个完全相同的元组。

⑤ 行的顺序无所谓，即行的次序可以任意交换。

⑥ 分量必须取原子值，即每一个分量都必须是不可分的数据项。

关系模型要求关系必须是规范化的，即要求关系模式必须满足一定的规范条件。这些规范条件中最基本的一条就是，关系的每一个分量必须是不可再分的数据项。规范化的关系称为范式关系。

表 2.4 所示的关系就不规范，存在"表中有表"现象，可将它规范化为表 2.5 所示的关系。

表 2.4 课程关系 C

课程名	学 时	
	理论	实验
数据库	52	20
C 语言	45	20
数据结构	55	30

表 2.5 课程关系 C

课程名	理论学时	实验学时
数据库	52	20
C 语言	45	20
数据结构	55	30

2.2.2 关系模式

在数据库中要区分型和值两方面。关系数据库中，关系模式是型，关系是值。关系模式是对关系的描述，那么一个关系需要描述哪些方面？

首先，应该知道，关系实际上是一张二维表，表的每一行为一个元组，每一列为一个属性。一个元组就是该关系所设计的属性集的笛卡儿积的一个元素。关系是元组的集合，因此关系模式必须指出这个元组集合的结构，即它由哪些属性组成，这些属性来自哪些域，以及属性和域之间的映像关系。

其次，一个关系通常是由赋予它的元组语义来确定的。元组语义实质上是一个 n 目谓词（n 是属性集中属性的个数）。凡使该 n 目谓词为真的笛卡儿积的元素（或者说凡符合元组语义的那部分元素)的全体就构成了该关系模式的关系。

现实世界随着时间在不断地变化,因而在不同的时刻,关系模式的关系也会有所变化。但是,现实世界的许多已有事实限定了关系模式所有可能的关系必须满足一定的完整性约束条件。这些约束或者通过对属性取值范围的限定,如职工的年龄小于 65 岁(65岁以后必须退休),或者通过属性值间的相互关联(主要体现在值的相等与否)反映出来。关系模式应当刻画出这些完整性约束条件(即属性间的数据依赖关系)。

因此,一个关系模式应当是一个五元组。

定义 2.4　关系的描述称为关系模式(relation schema)。一个关系模式应当是一个五元组。它可以形式化地表示为 R(U,D,dom,F)。其中 R 为关系名,U 为组成该关系的属性名集合,D 为属性组 U 中属性所来自的域的集合,dom 为属性向域的映像(属性指定域)集合,F 为属性间数据的依赖关系集合。

关系模式的五元组可以用图 2.1 来说明,通过这 5 方面,一个关系被充分地刻画、描述出来了。

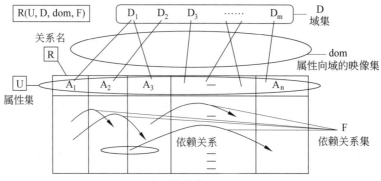

图 2.1　关系模式的五元组示意图

关系模式通常可以简记为 R(A$_1$,A$_2$,…,A$_n$)或 R(U)。其中 R 为关系名,A$_1$,A$_2$,…,A$_n$ 为属性名。而域名及属性向域的映像常常直接说明为属性的类型、长度等,而属性间数据的依赖关系则常被隐含。在创建关系时要制定的各种完整性约束条件就体现了属性间的依赖关系。

关系实际上就是关系模式在某一时刻的状态或内容。也就是说,关系模式是型,关系是它的值。关系模式是静态的、稳定的,而关系是动态的、随时间不断变化的,因为关系操作在不断地更新着数据库中的数据。但在实际使用中,常常把关系模式和关系统称为关系,读者可以从上下文中加以区别。

2.2.3　关系数据库

在关系模型中,实体以及实体间的联系都是用关系来表示,如学生实体、课程实体、学生与课程之间的多对多选课联系都可以分别用一个关系(或二维表)来表示。在一个给定的现实世界领域中,所有实体及实体之间的联系的关系的集合构成一个关系数据库。

关系数据库也有型和值之分。关系数据库的型也称为关系数据库模式,是对关系数据库的描述,是关系模式的集合(一般存放在多张系统表中)。关系数据库的值也称为关系数据库,是关系的集合。关系数据库模式与关系数据库通常统称为关系数据库。

2.3 关系的完整性

关系模型的完整性规则是对关系的某种约束条件。关系模型中可以有三类完整性约束:实体完整性(entity integrity)、参照完整性(referential integrity)和用户定义的完整性(user-defined integrity)。其中,实体完整性和参照完整性是关系模型必须满足的完整性约束条件,被称作关系的两个不变性,应该由关系系统自动支持。

1. 实体完整性

规则 2.1 实体完整性规则:若属性组(或属性)K 是基本关系 R 的主码(或称主关键字),则所有元组 K 的取值唯一,并且 K 中属性不能全部或部分取空值。

例如,在课程关系 T 中,若"课程名"属性为主码,则"课程名"属性不能取空值,并且课程名要唯一。

实体完整性规则规定基本关系的主码的所有属性都不能取空值,而不是主码整体不能取空值。例如,在学生选课关系"选修(学号,课程号,成绩)"中,"学号,课程号"为主码,则"学号"和"课程号"两个属性都不能取空值。

对于实体完整性规则说明如下。

实体完整性规则是针对基本关系而言的。一个基本表通常对应现实世界的一个实体集。例如,课程关系对应于所有课程实体的集合。

现实世界中实体是可区分的,即它们具有某种唯一性标识。相应地,关系模型中以主码作为其唯一性标识。

主码中属性即主属性不能取空值,所谓空值就是"不知道"或"无意义"的值,如果主属性取空值,就说明存在不可标识的实体,这与客观世界中实体要求能唯一标识相矛盾,因此这个规则不是人们强加的,而是现实世界客观的要求。

2. 参照完整性

现实世界中的实体之间往往存在某种联系,在关系模型中实体及实体间的联系也都是用关系描述的。这样就存在着关系与关系间的引用。先来看两个例子。

例 2.1 学生实体和院系实体可以用下面的关系表示,其中主码用下画线标识。

学生(<u>学号</u>,姓名,性别,年龄,系别号)、系别(<u>系别号</u>,院系名)

这两个关系之间存在着属性的引用,即学生关系引用了系别关系的主码"系别号"。显然,学生关系中的"系别号"值必须是确实存在的院系的系别号,即系别关系中应该有该院系的记录。也就是说,学生关系中的某个属性的取值需要参照系别关系的属性来取值。

例 2.2 学生,课程,学生与课程之间的多对多联系可以用如下 3 个关系表示。

学生(<u>学号</u>,姓名,性别,年龄,系别号)、课程(<u>课程号</u>,课程名,课时)、选修(<u>学号,课程号</u>,成绩)

这 3 个关系之间也存在着属性的引用,即选修关系引用了学生关系的主码"学号"和课程关系的主码"课程号"。同样,选修关系中的"学号"值必须是确实存在的学生的学号,即学生关系中必须有该学生的记录;选修关系中的"课程号"值也必须是确实存在的课程的课程号,即课程关系中必须有该课程的记录。换句话说,选修关系中某些属性的取值要参照其他关系(指学生关系或课程关系)的属性取值。

定义 2.5　设 F 是基本关系 R 的一个或一组属性,但不是关系 R 的码,如果 F 与基本关系 S 的主码 K_s 相对应,则称 F 是基本关系 R 的外码(foreign key),并称基本关系 R 为参照关系(referencing relation),基本关系 S 为被参照关系(referenced relation)或目标关系(target relation)。关系 R 和 S 可能是相同的关系,即自身参照。

显然,目标关系 S 的主码 K_s 和参照关系的外码 F 必须定义在同一个(或一组)域上。

例如,在例 2.1 中,学生关系的"系别号"与系别关系的"系别号"相对应,因此,"系别号"属性是学生关系的外码,是系别关系的主码。这里系别关系是被参照关系,学生关系为参照关系,如下所示:

$$学生关系 \xrightarrow{\text{系别号}} 系别关系$$

在例 2.2 中,选修关系的"学号"属性与学生关系的"学号"属性相对应,"课程号"属性与课程关系的"课程号"属性相对应,因此"学号"和"课程号"属性分别是选修关系的外码,这里学生关系和课程关系均为被参照关系,选修关系为参照关系,如下所示:

$$学生关系 \xleftarrow{\text{学号}} 选修关系 \xrightarrow{\text{课程号}} 课程关系$$

参照完整性规则就是定义外码与主码之间的引用规则。

规则 2.2　参照完整性规则:若属性(或属性组)F 是基本关系 R 的外码,它与基本关系 S 的主码 K_s 相对应(基本关系 R 和 S 可能是相同的关系),则对于 R 中每个元组在 F 上的值必须为或者取空值(F 的每个属性值均为空值);或者等于 S 中某个元组的主码值。

例如,对于例 2.1 中学生关系中的每个元组的"系别号"属性只能取下面两类值。空值,表示尚未给该学生分配系别;非空值,这时该值必须是系别关系中某个元组的"系别号"的值,表示该学生不可能被分配到一个不存在的院系中。即被参照关系"系别"中一定存在一个元组,它的主码值等于该参照关系"学生"中的外码值。

对于例 2.2,按照参照完整性规则,"学号"和"课程号"属性按规则也可以取两类值。空值或目标关系中已经存在的某主码值。但由于"学号"和"课程号"是选修关系中的主属性,按照实体完整性规则,它们均不能取空值。因此,选修关系中的"学号"和"课程号"属性实际上只能取相应被参照关系中已经存在的某个主码值。

3. 用户定义的完整性

实体完整性和参照性适用于任何关系数据库系统。除此之外,不同的关系数据库系统根据其应用环境的不同,往往还需要能制定一些特殊的约束条件。用户定义的完整性就是针对某一具体应用的关系数据库所制定的约束条件,它反映某一具体应用所涉及的数据必须满足的语义要求。关系数据库系统应提供定义和检验这类完整性的机制,以便

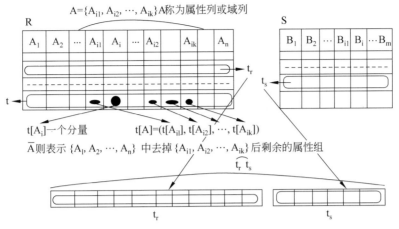

图 2.6 分量、属性列和元组连接示意图

实际上对关系 SC 来说,某学号(代表某小 x)学生的象集即该学生所有选课课程号与成绩组合的集合。

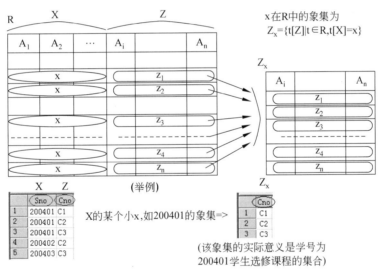

图 2.7 象集示意图及举例说明

在给出专门的关系运算的定义前,请先预览各操作的示意图(见图 2.9)。

1. 选择

选择(selection)又称为限制(restriction)。它是在关系 R 中选择满足给定条件的诸元组,记作:

$$\sigma_F(R) = \{t | t \in R \land F(t) = \text{"真"}\}$$

其中,F 表示选择条件,它是一个逻辑表达式,取逻辑值"真"或"假"。逻辑表达式 F 的基本形式为 $X_1 \theta Y_1 [\ \phi \ X_2 \theta Y_2 \cdots]$。

其中,θ(读西塔)表示比较运算符,它可以是 >、≥、<、≤、= 或 ≠。X_1、Y_1 等是属性

S

学号 SNO	姓名 SN	性别 SEX	年龄 AGE	系别 DEPT
200401	李立勇	男	20	CS
200402	刘蓝	女	19	IS
200403	周小花	女	18	MA
200404	张立伟	男	19	IS

SC

学号 SNO	课程号 CNO	成绩 SCORE
200401	C1	85
200401	C2	92
200401	C3	84
200402	C2	94
200403	C3	83

C

课程号 CNO	课程名 CN	先修课 CPNO	学分 CT
C1	数据库	C2	4
C2	离散数学		2
C3	操作系统	C4	3
C4	数据结构	C2	4

图 2.8　学生-课程关系数据库

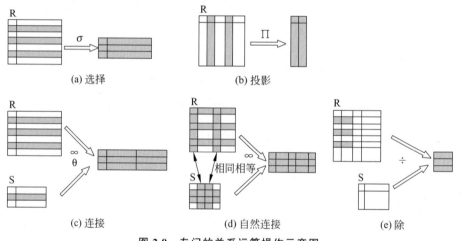

(a) 选择　　　　　　　　　　　(b) 投影

(c) 连接　　　　　　　(d) 自然连接　　　　　　(e) 除

图 2.9　专门的关系运算操作示意图

名或常量或简单函数。关系代数中属性名可以用它所在表的列序号来代替(如 1,2,…)。φ(读 fai)表示逻辑运算符,它可以是 ¬、∧ 或 ∨(运算优先级 ¬ 高于 ∧,∧ 高于 ∨)。[ ]表示任选项,即[ ]中的部分可以省略,…表示上述格式可以重复。

因此,选择运算实际上是从关系 R 中选取使逻辑表达式 F 为真的元组。这是从行的角度进行的运算。关系的选择操作对应于关系记录的选取操作(横向选择),是关系查询操作的重要成员之一,是关系代数的基本操作。

设有一个学生-课程关系数据库(见图 2.8)包括学生关系 S(说明:CS 表示计算机系、IS 表示信息系、MA 表示数学系)、课程关系 C 和选修关系 SC。下面通过一些例子将对这 3 个关系进行运算。

例 2.3　查询计算机科学系(CS 系)全体学生。

$$\sigma_{\text{DEPT}='\text{CS}'}(S) \quad 或 \quad \sigma_{5='\text{CS}'}(S)$$

例 2.4　查询年龄大于 19 岁的学生。

$$\sigma_{\text{AGE}>19}(S)$$

2. 投影

关系 R 上的投影(projection)是从 R 中选择出若干属性列组成新的关系,记作:

$$\Pi_A(R)=\{t[A]\,|\,t\in R\}$$

其中,A 为 R 中的属性列。关系的投影操作对应于关系列的角度进行的选取操作(纵向选取),也是关系查询操作的重要成员之一,是关系代数的基本操作。

选择与投影组合使用,能定位到关系中最小的单元——任一分量值。从而能完成对单一关系的任意信息查询操作。

例 2.5　查询选修关系 SC 在学号和课程号两个属性上的投影。

$$\Pi_{\text{SNO,CNO}}(SC) \quad 或 \quad \Pi_{1,2}(SC)$$

例 2.6　查询学生关系 S 中都有哪些系,即学生关系 S 在系别属性上的投影操作。

$$\Pi_{\text{DEPT}}(S)$$

投影之后不仅取消了原关系中的某些列,而且还可能取消某些元组,因为取消了某些属性列后,就可能出现重复行,按关系的要求应取消这些完全相同的行。

3. 连接

连接(join)也称为 θ 连接。它是从两个关系的广义笛卡儿积中选取属性间满足一定条件的元组,记作:

$$R\underset{A\theta B}{\infty}S=\{\widehat{t_r t_s}\,|\,t_r\in R\land t_s\in S\land t_r[A]\theta t_s[B]\}$$

其中,A 和 B 分别为 R 和 S 上度数相等且可比的属性组。θ 是比较运算符。连接运算从 R 和 S 的广义笛卡儿积 R×S 中,选取 R 关系在 A 属性组上的值与 S 关系在 B 属性组上的值满足比较关系 θ 的元组,为此:

$$R\underset{A\theta B}{\infty}S=\sigma_{A\theta B}(R\times S)$$

连接运算中有两种最为重要也是最为常用的连接,一种是等值连接(equi-join),另一种是自然连接(natural join)。

θ 为"="的连接运算称为等值连接。它是从关系 R 与 S 的广义笛卡儿积中选取 A、B 属性值相等的那些元组。等值连接表示为

$$R\underset{A=B}{\infty}S=\{\widehat{t_r t_s}\,|\,t_r\in R\land t_s\in S\land t_r[A]=t_s[B]\}$$

为此

$$R\underset{A=B}{\infty}S=\sigma_{A=B}(R\times S)$$

自然连接是一种特殊的等值连接,它要求两个关系中进行比较的分量必须是相同的属性组,并且要在结果中把重复的属性去掉,即若 R 和 S 具有相同的属性组 B,则自然连接可记作:

$$R\infty S=\{\widehat{t_r t_s}[\overline{B}]\mid t_r\in R\wedge t_s\in S\wedge t_r[B]=t_s[B]\}$$

为此

$$R\infty S=\Pi_{\overline{B}}(\sigma_{R.B=S.B}(R\times S))$$

一般的连接操作是从行的角度进行运算。但自然连接还需要取消重复列,所以是同时从行和列的角度进行运算。

关系的各种连接,实际上是在关系的广义笛卡儿积的基础上再组合选择或投影操作复合而成的一种查询操作,尽管在实现基于多表的查询操作中,等值连接或自然连接用得最广泛,但连接操作都不是关系代数的基本操作。

例 2.7 设图 2.10(a)和图 2.10(b)分别为关系 R 和关系 S,图 2.10(c)为 $R\underset{C<E}{\infty}S$ 的结果,图 2.10(d)为等值连接 $R\underset{R.B=S.B}{\infty}S$ 的结果,图 2.10(e)为自然连接 $R\infty S$ 的结果。

R

A	B	C
a1	b1	5
a1	b2	6
a2	b3	8
a2	b4	12

(a)

S

B	E
b1	3
b2	7
b3	10
b3	2
b5	2

(b)

$R\infty S$
C<E

A	R.B	C	S.B	E
a1	b1	5	b2	7
a1	b1	5	b3	10
a1	b2	6	b2	7
a1	b2	6	b3	10
a2	b3	8	b3	10

(c)

$R\infty S$
R.B=S.B

A	R.B	C	S.B	E
a1	b1	5	b1	3
a1	b2	6	b2	7
a2	b3	8	b3	10
a2	b3	8	b3	2

(d)

$R\infty S$

A	B	C	E
a1	b1	5	3
a1	b2	6	7
a2	b3	8	10
a2	b3	8	2

(e)

图 2.10 连接运算举例

4. 除

给定关系 R(X,Y)和 S(Y,Z),其中 X,Y,Z 为属性组。R 中的 Y 与 S 中的 Y 可以有不同的属性名,但必须出自相同的域。R 与 S 的除(division)运算得到一个新的商关系 P(X),P 是 R 中满足下列条件的元组在 X 属性列上的投影:元组在 X 上分量值 x 的象集 Y_x 包含 S 在 Y 上投影的集合,记作:

$$R\div S=\{t_r[X]\mid t_r\in R\wedge Y_x\supseteq \Pi_Y(S)\}$$

其中 Y_x 为 x 在 R 中的象集,$x=t_r[X]$。

说明: 商关系 P 的另一种理解方法为 P 是由 R 中那些不出现在 S 中的 X 属性组组成,其元组都正好是 S 在 Y 上的投影所得关系的所有元组在 R 关系中 X 上有对应相同值的那个值。

除操作是同时从行和列角度进行运算。除操作适合于包含"对于所有的/全部的"语句的查询操作。

关系的除操作,也是一种由关系代数基本操作复合而成的查询操作,显然它不是关系代数的基本操作。关系的除操作能用其他基本操作表示为

$$R÷S=\Pi_X(R)-\Pi_X(\Pi_X(R)×\Pi_Y(S)-R)$$

说明:以上公式实际上也代表着一种关系除运算的直接计算方法。

例 2.8　设关系 R,S 分别为图 2.11(a)和图 2.11(b),R÷S 的结果为图 2.11(c)。

R

A	B	C
a1	b1	c2
a2	b3	c5
a3	b4	c4
a1	b2	c3
a4	b6	c4
a2	b2	c3
a1	b2	c1

(a)

S

B	C	D
b1	c2	d1
b2	c1	d1
b2	c3	d2

(b)

R÷S

A
a1

(c)

图 2.11　除运算举例

在关系 R 中,A 可以取 4 个值{a1,a2,a3,a4}。其中:

a1 的象集为{(b1,c2),(b2,c3),(b2,c1)};

a2 的象集为{(b3,c5),(b2,c3)};

a3 的象集为{(b4,c4)};

a4 的象集为{(b6,c4)};

S 在(B,C)上的投影为{(b1,c2),(b2,c3),(b2,c1)}。

显然,只有 a1 的象集(B,C)$_{a1}$包含 S 在(B,C)属性组上的投影,所以 R÷S={a1}。

5. 关系代数操作表达举例

在关系代数中,关系代数运算经有限次复合后形成的式子称为关系代数表达式。对关系数据库中数据的操作可以写成一个关系代数表达式。或者说,写出一个关系代数表达式就表示已经完成了该操作。下面在关系代数操作举例前先说明几点。

(1)操作表达前,根据查询条件与要查询的信息等来确定本查询涉及哪几个表?这样能缩小并确定操作范围,利于着手解决问题。

(2)操作表达中要有动态操作变化的理念,即一步步动态操作关系、生成新关系,再操作新关系,如此反复,直到查询到所需信息的操作思路与方法。下面的举例中给出的部分图示说明了这种集合式动态操作的变化过程。

(3)关系代数的操作表达是不唯一的。

例 2.9　设教学数据库中有 3 个关系,学生关系 S(SNO,SN,AGE,SEX)、学习关系 SC(SNO,CNO,SCORE)和课程关系 C(CNO,CN,TEACHER)。完成以下检索操作。

(1)检索学习课程号为 C3 的学生学号和成绩。关系的动态操作过程如图 2.12 所示。

$$\prod_{\text{SNO,SCORE}}(\sigma_{\text{CNO}=\text{'C}_3\text{'}}(\text{SC}))$$

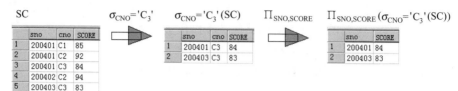

图2.12　例2.9(1)关系动态操作过程

(2)检索学习课程号为C3的学生学号和姓名。关系动态操作过程如图2.13所示。

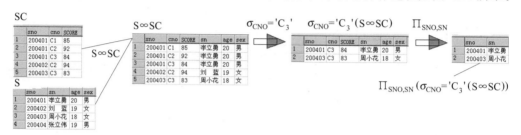

$$\prod_{\text{SNO,SN}}(\sigma_{\text{CNO}=\text{'C}_3\text{'}}(\text{S}\infty\text{SC}))$$

图2.13　例2.9(2)关系动态操作过程

① $\prod_{\text{SNO,SN}}(\sigma_{\text{CNO}=\text{'C}_3\text{'}}(\text{S}\infty\text{SC}))$；

② $\prod_{\text{SNO,SN}}(\text{S}\infty\sigma_{\text{CNO}=\text{'C}_3\text{'}}(\text{SC}))$选择运算先做是关系查询优化中的重要规则之一；

③ $\prod_{\text{SNO,SN}}(\text{S})\infty\prod_{\text{SNO}}(\sigma_{\text{CNO}=\text{'C}_3\text{'}}(\text{SC}))$投影运算可分别作用于括号内关系对象上。

不同的正确关系代数表达式,代表了不同的关系运算顺序,它们有查询效率好坏之分,但最终的结果关系是相同的。

(3)检索学习课程名为"操作系统"的学生学号和姓名。

$$\prod_{\text{SNO,SN}}(\sigma_{\text{CN}=\text{'操作系统'}}(\text{S}\infty\text{SC}\infty\text{C}))$$

$$\prod_{\text{SNO,SN}}(\text{S}\infty\text{SC}\infty\sigma_{\text{CN}=\text{'操作系统'}}(\text{C}))$$

$$\prod_{\text{SNO,SN}}(\text{S})\infty\prod_{\text{SNO}}(\text{SC}\infty\prod_{\text{CNO}}(\sigma_{\text{CN}=\text{'操作系统'}}(\text{C})))$$

$$\prod_{\text{SNO,SN}}(\prod_{\text{SNO,SN}}(\text{S})\infty\text{SC}\infty\prod_{\text{CNO}}(\sigma_{\text{CN}=\text{'操作系统'}}(\text{C})))$$

(4)检索学习课程号为C1或C3课程的学生学号。

$$\prod_{\text{SNO}}(\sigma_{\text{CNO}=\text{'C1'}\vee\text{CNO}=\text{'C3'}}(\text{SC}))$$

$$\prod_{\text{SNO}}(\sigma_{\text{CNO}=\text{'C1'}}(\text{SC}))\bigcup\prod_{\text{SNO}}(\sigma_{\text{CNO}=\text{'C3'}}(\text{SC}))$$

(5)检索学习课程号为C1和C3课程的学生学号。

$$\prod_{\text{SNO}}(\sigma_{\text{CNO}=\text{'C1'}}(\text{SC}))\bigcap\prod_{\text{SNO}}(\sigma_{\text{CNO}=\text{'C3'}}(\text{SC}))$$

$$\prod_{1}(\sigma_{1=4\wedge(2=\text{'C1'}\wedge5=\text{'C3'}\vee5=\text{'C1'}\wedge2=\text{'C3'})}(\text{SC}\times\text{SC}))$$

$$\prod_{1}(\sigma_{2=\text{'C1'}\wedge5=\text{'C3'}\vee5=\text{'C1'}\wedge2=\text{'C3'}}(\text{SC}\underset{1=1}{\infty}\text{SC}))$$

注意: $\prod_{\text{SNO}}(\sigma_{\text{CNO}=\text{'C1'}\wedge\text{CNO}=\text{'C3'}}(\text{SC}))$是错误的,因为逐个元组选择时肯定都不满足条件的。

(6)检索不学习课程号为C2的学生的姓名和年龄。

$$\prod_{\text{SN,AGE}}(\text{S})-\prod_{\text{SN,AGE}}(\sigma_{\text{CNO}=\text{'C2'}}(\text{S}\infty\text{SC}))$$

$$\prod_{\text{SN,AGE}}((\prod_{\text{SNO}}(\text{S})-\prod_{\text{SNO}}(\sigma_{\text{CNO}=\text{'C2'}}(\text{SC})))\infty\prod_{\text{SNO,SN,AGE}}(\text{S}))$$

注意：$\Pi_{\mathrm{SN,AGE}}(\sigma_{\mathrm{CNO}\neq'\mathrm{C2'}}(\mathrm{S}\infty\mathrm{SC}))$ 是错误的，因为 σ 选择运算是逐个对元组条件选择的，它并没有对表综合判断某学生不选 C2 的表达能力。请仔细琢磨加以理解。

（7）检索学习全部课程的学生姓名。关系的动态操作过程如图 2.14 所示。

$$\Pi_{\mathrm{SN}}(\mathrm{S}\infty(\Pi_{\mathrm{SNO,CNO}}(\mathrm{SC})\div\Pi_{\mathrm{CNO}}(\mathrm{C})))$$

或 $\Pi_{\mathrm{SN,CNO}}(\mathrm{S}\infty\mathrm{SC})\div\Pi_{\mathrm{CNO}}(\mathrm{C})$ 这时要求学生姓名不重复才正确，否则可如下表达。

$\Pi_{\mathrm{SN}}(\Pi_{\mathrm{SNO,SN,CNO}}(\mathrm{S}\infty\mathrm{SC})\div\Pi_{\mathrm{CNO}}(\mathrm{C}))$，这时学生姓名重复表达式也正确。

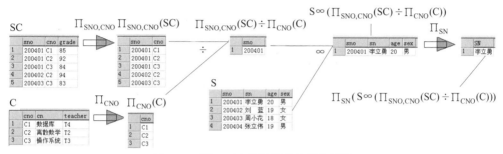

图 2.14　例 2.9（7）关系的动态操作过程

（8）检索所学课程包括 200402 所学全部课程的学生学号。

$$\Pi_{\mathrm{SNO,CNO}}(\mathrm{SC})\div\Pi_{\mathrm{CNO}}(\sigma_{\mathrm{SNO}='200402'}(\mathrm{SC}))$$

以上学习了关系代数的查询操作功能，即从数据库中提取信息的功能，还可以用赋值操作等来表示数据库更新操作和视图操作等，这里不做介绍。

本节介绍了 8 种关系代数运算，其中并、差、广义笛卡儿积、投影和选择 5 种运算为基本的关系代数运算。其他 3 种运算，即交、连接和除，均可以用这 5 种基本运算来表达。引进它们并不增加关系代数语言的表达能力，但可以简化表达。

2.5　关　系　演　算

关系演算是以数理逻辑中的谓词演算为基础的。按谓词变元的不同，关系演算可分为元组关系演算和域关系演算。本节先介绍抽象的元组关系演算，再通过两个实际的关系演算语言来介绍关系演算的操作思想。

2.5.1　抽象的元组关系演算*

关系 R 可利用谓词 R(t) 来表示，其中，t 为元组变元，谓词 R(t) 表示"t 是关系 R 的元组"，其值为逻辑值 True 或 False。关系 R 与谓词 R(t) 间的关系如下。

$$R(t)=\begin{cases}\mathrm{True},&t\text{ 在 R 内}\\\mathrm{False},&t\text{ 不在 R 内}\end{cases}$$

为此，关系 $R=\{t|R(t)\}$，其中 t 是元组变元或变量。

一般可令关系 $R=\{t|\phi(t)\}$，t 是变元或变量。当谓词 $\phi(t)$ 以元组（与表中的行对应）为度量时，称为元组关系演算（tuple relational calculus）；当谓词以域（与表中的列对

应)为变量时,称为域关系演算(domain relational calculus)(抽象的域关系演算类似于抽象的元组关系演算,在此不再赘述)。

在元组关系演算中,把 $\{t|\phi(t)\}$ 称为一个元组关系演算表达式,把 $\phi(t)$ 称为一个元组关系演算公式,t 为 ϕ 中唯一的自由元组变量。$\{t|\phi(t)\}$ 元组关系演算表达式表示的元组集合即某一关系。

如下递归地定义元组关系演算公式 $\phi(t)$。

(1) 原子命题公式是公式,称为原子公式,它有如下 3 种形式。

① R(t)。R 是关系名,t 是元组变量。

② $t[i]\theta C$ 或 $C\theta t[i]$。$t[i]$ 表示元组变量 t 的第 i 个分量,C 是常量,θ 为算术比较运算符。

③ $t[i]\theta u[j]$。t、u 是两个元组变量。

(2) 设 $\phi 1$、$\phi 2$ 是公式,则 $\neg\phi 1$、$\phi 1 \wedge \phi 2$、$\phi 1 \vee \phi 2$、$\phi 1 \rightarrow \phi 2$ 也都是公式。

说明:$\rightarrow$ 为蕴含操作符,其真值表如表 2.7 所示。

表 2.7　真值表

A	B	A→B
True	True	True
True	False	False
False	True	True
False	False	True

(3) 设 ϕ 是公式,t 是 ϕ 中的某个元组变量,那么 $(\forall t)(\phi)$、$(\exists t)(\phi)$ 都是公式。

$\forall$ 为全称量词,含义是"对所有的…";$\exists$ 为存在量词,含义是"至少有一个(或存在一个)…"。受量词约束的变量称为约束变量,不受量词约束的变量称为自由变量。

(4) 在元组演算的公式中,各种运算符的运算优先次序如下。

① 算术比较运算符最高;

② 量词次之,且按 $\exists$、$\forall$ 的先后次序进行;

③ 逻辑运算符优先级最低,且按 $\neg$、$\wedge$、$\vee$、$\rightarrow$ 的先后次序进行;

④ 括号中的运算优先。

(5) 元组演算的所有公式按(1)、(2)、(3)、(4)所确定的规则经有限次复合求得,不再存在其他形式。

为了证明元组关系演算的完备性,只要证明关系代数的 5 种基本运算均可等价地用元组演算表达式表示即可,所谓等价是指等价双方运算表达式的结果关系相同。

设 R、S 为两个关系,它们的谓词分别为 R(t)、S(t),则:

(1) $R \cup S$ 可等价地表示为 $\{t|R(t) \vee S(t)\}$。

(2) $R-S$ 等价于 $\{t|R(t) \wedge \neg S(t)\}$。

(3) $R \times S$ 等价于 $\{t|(\exists u)(\exists v)(R(u) \wedge S(v) \wedge t[1]=u[1] \wedge \cdots \wedge t[k_1]=u[k_1] \wedge t[k_1+1]=v[1] \wedge \cdots \wedge t[k_1+k_2]=v[k_2])\}$。式中,R、S 依次为 k_1、k_2 元关系,u、v 表示

R、S 的约束元组变量。

(4) $\pi i_1, i_2, \cdots, i_n(R)$ 等价于 $\{t \mid (\exists u)(R(u)) \wedge t[1] = u[i_1] \wedge \cdots \wedge t[n] = u[i_n]\}$。其中 n 小于或等于 R 的元数(即列的个数)。

(5) $\sigma_F(R)$ 等价于 $\{t \mid R(t) \wedge F'\}$。

其中 F' 为 F 在谓词演算中的表示形式,即用 t[i] 代替 F 中 t 的第 i 个分量即为 F'。

关系代数的 5 种基本运算可等价地用元组关系演算表达式表示。因此,元组关系演算体系是完备的,是能够实现关系代数所能表达的所有操作的,是能用来表示对关系的各种操作的。

如此,元组关系演算对关系的操作,就转化为求出这样的满足操作要求的 $\phi(t)$ 谓词公式了。2.5.2 节中基于元组关系演算语言的 ALPHA 的操作表达中就蕴含着这样的 $\phi(t)$ 谓词公式。

在关系演算公式表达时,还经常要用到如下 3 类等价的转换规则。

(1) $\phi1 \wedge \phi2 \equiv \neg\neg(\phi1 \wedge \phi2) \equiv \neg(\neg\phi1 \vee \neg\phi2)$;

　　　$\phi1 \vee \phi2 \equiv \neg\neg(\phi1 \vee \phi2) \equiv \neg(\neg\phi1 \wedge \neg\phi2)$。

(2) $(\forall t)(\phi(t)) \equiv \neg(\exists t)(\neg\phi(t))$;$(\exists t)(\phi(t)) \equiv \neg(\forall t)(\neg\phi(t))$。

(3) $\phi1 \rightarrow \phi2 \equiv (\neg\phi1) \vee \phi2$。

下面就抽象的元组关系演算来举一例说明其操作表达。

例 2.10 用元组关系演算表达式表达例 2.9 之 (2) 子题,即检索学习课程号为 C3 的学生学号和姓名(其关系代数操作表达为 $\prod_{SNO,SN}(\sigma_{CNO='C3'}(S \infty SC))$)。下面分步介绍。

(1) S×SC 可表示为

$\{t \mid (\exists u)(\exists v)(S(u) \wedge SC(v) \wedge t[1] = u[1] \wedge t[2] = u[2] \wedge t[3] = u[3] \wedge t[4] = u[4] \wedge t[5] = v[1] \wedge t[6] = v[2] \wedge t[7] = v[3])\}$

(2) $S \underset{1=1}{\infty} SC$,即 $\sigma_{s.sno=sc.sno}(S \times SC)$ 可表示为

$\{t \mid (\exists u)(\exists v)(S(u) \wedge SC(v) \wedge t[1] = u[1] \wedge t[2] = u[2] \wedge t[3] = u[3] \wedge t[4] = u[4] \wedge t[5] = v[1] \wedge t[6] = v[2] \wedge t[7] = v[3] \wedge t[1] = t[5])\}$

说明: t[1]=t[5] 可改为 u[1]=v[1]。

(3) $\sigma_{CNO='C3'}(S \underset{1=1}{\infty} SC)$,即 $\sigma_{s.sno=sc.sno \wedge sc.cno='C3'}(S \times SC)$ 可表示为

$\{t \mid (\exists u)(\exists v)(S(u) \wedge SC(v) \wedge t[1] = u[1] \wedge t[2] = u[2] \wedge t[3] = u[3] \wedge t[4] = u[4] \wedge t[5] = v[1] \wedge t[6] = v[2] \wedge t[7] = v[3] \wedge t[1] = t[5] \wedge t[6] = 'C3')\}$

(4) $\prod_{SNO,SN}(\sigma_{CNO='C3'}(S \underset{1=1}{\infty} SC))$ 可表示为

$\{w \mid (\exists t)(\exists u)(\exists v)(S(u) \wedge SC(v) \wedge t[1] = u[1] \wedge t[2] = u[2] \wedge t[3] = u[3] \wedge t[4] = u[4] \wedge t[5] = v[1] \wedge t[6] = v[2] \wedge t[7] = v[3] \wedge t[1] = t[5] \wedge t[6] = 'C3' \wedge w[1] = u[1] \wedge w[2] = u[2])\}$

(5) 再对上式简化,去掉元组变量 t,可得如下表达式

$\{w \mid (\exists u)(\exists v)(S(u) \wedge SC(v) \wedge u[1] = v[1] \wedge v[2] = 'C3' \wedge w[1] = u[1] \wedge w[2] = u[2])\}$

2.5.2 元组关系演算语言

元组关系演算是以元组变量作为谓词变元的基本关系演算表达形式。一种典型的元组关系演算语言是 E.F.Codd 提出 ALPHA 语言,这一语言虽然没有实际实现,但关系数据库管理系统 INGRES 所用的 QUEL 语言是参照 ALPHA 语言研制的,与 ALPHA 十分类似。

ALPHA 语言主要有 GET、PUT、HOLD、UPDATE、DELETE、DROP 六条语句,语句的基本格式是

操作语句   工作空间名(表达式):操作条件

其中,表达式用于指定语句的操作对象,它可以是关系名或属性名,一条语句可以同时操作多个关系或多个属性。操作条件是一个逻辑表达式,用于将操作对象限定在满足条件的元组中,操作条件可以为空。除此之外,还可以在基本格式的基础上加上排序要求,定额要求等(说明:以下操作表达中要使用到 2.4.2 节中图 2.8 的 S、SC、C 三表)。

1. 检索操作

检索操作用 GET 语句实现。学习操作表达前需了解以下几点。

(1)操作表达前,要根据查询条件与查询信息等先确定本查询涉及哪几个表。

(2)ALPHA 语言的查询操作与关系代数操作表达思路完全不同,表达中要有谓词判定、量词作用的操作表达理念。如下表达举例中部分给出的图示,直观地说明了其操作办法与操作思路。思考时画出相关各关系表能便于直观分析,利用操作表达。

(3)ALPHA 语言的查询操作表达是不唯一的,非常值得推敲。

1)简单检索

简单检索即不带条件的检索。

例 2.11   查询所有被选修课程的课程号。

```
GET W(SC.CNO)
```

这里条件为空,表示没有限定条件(意思是要对所有 SC 元组操作)。W 为工作空间名。

例 2.12   查询所有学生的信息。

```
GET W(S)
```

2)限定的检索

限定的检索即带条件的检索,由冒号后面的逻辑表达式给出查询条件。

例 2.13   查询计算机系(CS)中年龄小于 22 岁的学生的学号和姓名。

```
GET W(S.SNO,S.SN):S.DEPT='CS'∧S.AGE<22
```

其关系演算表达式操作示意图如图 2.15 所示,相当于抽象的元组关系演算公式 $\{t|\phi(t)\}$,其中 $\phi(t)$ 为 $t[1]=S[1] \wedge t[2]=S[2] \wedge S.DEPT='CS' \wedge S.AGE<22$ 或 $t[1]=S[1] \wedge t[2]=S[2] \wedge S[4]='CS' \wedge S[5]<22$。

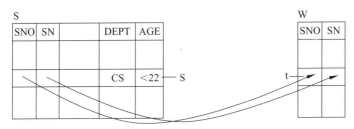

图 2.15 例 2.13 关系演算表达式操作示意图

3) 带排序的检索

例 2.14 查询信息系(IS)学生的学号、年龄,并按年龄降序排序。

```
GET W(S.SNO,S.AGE):S.DEPT='IS' DOWN S.AGE
```

DOWN 代表降序排序,后面紧跟排序的属性名。当升序排列时使用 UP。

4) 带定额的检索

例 2.15 取出一个信息系学生的姓名。

```
GET W(1) (S.SN):S.DEPT='IS'
```

所谓带定额的检索是指规定了检索出的元组的个数,方法是在 W 后的括号中加上定额数量。排序和定额可以一起使用。

例 2.16 查询信息系年龄最大的三个学生的学号及年龄,并按年龄降序排列。

```
GET W(3) (S.SNO,S.AGE):S.DEPT='IS' DOWN S.AGE
```

5) 用元组变量的检索

因为元组变量是在某一关系范围内变化的,所以元组变量又称为范围变量(range variable)。元组变量主要有如下两方面的作用。

① 简化关系名。在处理实际问题时,如果关系的名字很长,使用起来就会感到不方便,这时可以设一个较短名字的元组变量来简化关系名。

② 操作条件中使用量词时必须用元组变量。元组变量能表示出动态或逻辑的含义,一个关系可以设多个元组变量,每个元组变量独立地代表该关系中的任一元组。

元组变量的指定方法为

```
RANGE   关系名1   元组变量名1
        关系名2   元组变量名2
        ……       ……
```

例 2.17 查询信息系学生的名字。

```
RANGE Student X
GET W(X.SN):X.DEPT='IS'
```

这里元组变量 X 的作用是简化关系名 Student(此时假设表名为 Student)。

6)用存在量词的检索

例 2.18　查询选修 C2 号课程的学生名字。

```
RANGE SC X
GET W(S.SN) : ∃X(X.SNO=S.SNO∧X.CNO='C2')
```

操作表达中涉及多个关系时,元组变量指定的原则为"GET W(表达式)…"其中,"表达式"中使用的关系外的其他操作表达中要涉及的关系,原则上均需设定为元组变量。

例 2.19　查询选修了直接先修课号为 C2 课程的学生学号。

```
RANGE C CX
GET W(SC.SNO) : ∃CX(CX.CNO=SC.CNO∧CX.CPNO='C2')
```

其关系演算表达式操作示意图如图 2.16 所示,φ(t)(φ(t)的含义同例 2.13,下同)为 t[1]＝SC.SNO∧∃CX(CX.CNO＝SC.CNO∧CX.CPNO＝'C2')。

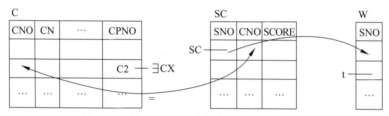

图 2.16　例 2.19 关系演算表达式操作示意图

图 2.16 示意:从选修表当前记录中取学号,条件是存在一门课 CX,其直接先修课为 C2,该课程正为该学号学生所选。

例 2.20　查询至少选修一门其先修课号为 C2 课程的学生名字。

```
RANGE C   CX
      SC SCX
GET W(S.SN) : ∃SCX(SCX.SNO=S.SNO∧∃CX(CX.CNO=SCX.CNO∧CX.CPNO='C2'))
```

其关系演算表达式操作示意图如图 2.17 所示,φ(t)为 t[1]＝S.SN∧∃SCX(SCX.SNO＝S.SNO∧∃CX(CX.CNO＝SCX.CNO∧CX.CPNO＝'C2'))。

图 2.17 示意:从学生关系中当前记录取姓名,条件是该生存在选修关系 SCX,还存在某课程 CX,其先修课为 C2,课程 CX 正是 SCX 所含的课程。

例 2.20 中的元组关系演算公式可以变换为前束范式(prenex normal form)的形式:

```
GET W(S.SN) : ∃SCX∃CX(SCX.SNO=S.SNO∧CX.CNO=SCX.CNO∧CX.CPNO='C2')
```

例 2.18～例 2.20 中的元组变量都是为存在量词而设的。其中,例 2.20 需要对两个关系作用存在量词,所以设了两个元组变量。

7)带有多个关系的表达式的检索

上面所举的各个例子中,虽然查询时可能会涉及多个关系,即公式中可能涉及多个关系,但查询结果都在一个关系中,即查询结果表达式中只有一个关系。实际上表达式

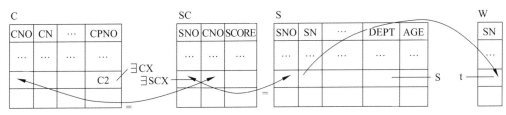

图 2.17 例 2.20 关系演算表达式操作示意图

中是可以有多个关系的。

例 2.21 查询成绩为 90 分以上的学生名字与课程名。

```
RANGE SC SCX
GET W(S.SN,C.CN):∃SCX(SCX.SCORE≥90∧SCX.SNO=S.SNO∧C.CNO=SCX.CNO)
```

其关系演算表达式操作示意图如图 2.18 所示，$\phi(t)$ 为 $t[1]=S.SN \land t[2]=C.CN \land$
$\exists SCX(SCX.SCORE \geqslant 90 \land SCX.SNO=S.SNO \land C.CNO=SCX.CNO)$。

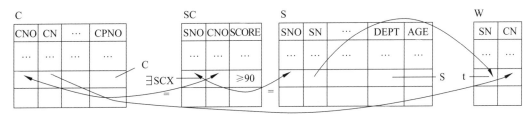

图 2.18 例 2.21 关系演算表达式操作示意图

图 2.18 示意：分别从学生表 S 和课程表 C 的当前记录中取学生姓名和课程名，条件是有选修关系元组 SCX 存在，SCX 是该学生的选修关系，选修了该课程，并且成绩为 $\geqslant 90$ 分。

本查询所要求的结果学生名字和课程名分别在 S 和 C 两个关系中。

8）用全称量词的检索

例 2.22 查询不选 C1 号课程的学生名字。

```
RANGE SC SCX
GET W(S.SN):∀SCX(SCX.SNO≠S.SNO∨SCX.CNO≠'C1')
```

其关系演算表达式操作示意图如图 2.19 所示，$\phi(t)$ 为 $t[1]=S.SN \land \forall SCX(SCX.SNO \neq$
$S.SNO \lor SCX.CNO \neq 'C1')$。

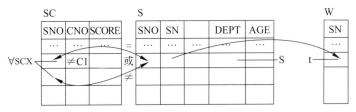

图 2.19 例 2.22 关系演算表达式操作示意图之一

图 2.19 示意：从学生表 S 的当前记录中取姓名，条件是对任意的选修元组 SCX 都满足：该选修元组不是当前被检索学生的选修或是该学生的选修但课程号不是 C1。

本例实际上也可以用存在量词来表示：

```
RANGE SC SCX
GET W(S.SN):¬ ∃ SCX(SCX.SNO= S.SNO ∧ SCX.CNO='C1')
```

其关系演算表达式操作示意图如图 2.20 所示，φ(t)为 t[1]＝S.SN ∧ ¬ ∃ SCX(SCX.SNO＝S.SNO ∧ SCX.CNO＝'C1')。

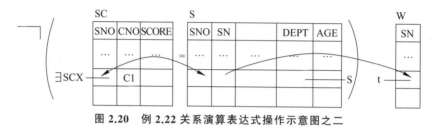

图 2.20　例 2.22 关系演算表达式操作示意图之二

图 2.20 示意：从学生表 S 的当前记录中取姓名，条件是该学生不存在对 C1 课程的选修元组 SCX。

9）用两种量词的检索

例 2.23　查询选修了全部课程的学生姓名。

```
RANGE C CX
      SC SCX
GET W(S.SN): ∀ CX ∃ SCX(SCX.SNO= S.SNO ∧ SCX.CNO=CX.CNO)
```

其关系演算表达式操作示意图如图 2.21 所示，φ(t)为 t[1]＝S.SN ∧ ∀ CX ∃ SCX(SCX.SNO＝S.SNO ∧ SCX.CNO＝CX.CNO)。

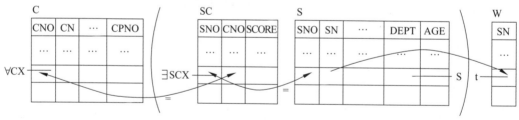

图 2.21　例 2.23 关系演算表达式操作示意图

图 2.21 示意：从学生表 S 中取学生姓名 SN，条件是对任意的课程 CX，该学生都有选课关系 SCX 存在，并选了任意的 CX 这门课。

10）用蕴涵的检索

例 2.24　查询选修了学号为 200402 的学生所选全部课程的学生学号。

本例题的求解思路是，对 C 表中的所有课程，依次检查每一门课程，看 200402 学生是否选修了该课程，如果选修了，则再看某一被检索学生是否也选修了该门课。如果对于 200402 所选的每门课程该学生都选修了，则该学生为满足要求的学生。把所有这样的学生全都找出来即完成了本题。

```
RANGE C CX
      SC SCX
      SC SCY
GET W(S.SNO): ∀CX(∃SCX (SCX.SNO='200402'∧SCX.CNO=CX.CNO)
              →∃SCY(SCY.SNO=S.SNO∧SCY.CNO=CX.CNO))
```

其关系演算表达式操作示意图如图 2.22 所示,φ(t)为 t[1]＝S.SNO∧(∀CX(∃SCX(SCX.SNO＝'200402'∧ SCX.CNO＝CX.CNO)→∃SCY(SCY.SNO＝S.SNO∧SCY.CNO＝CX.CNO)))。

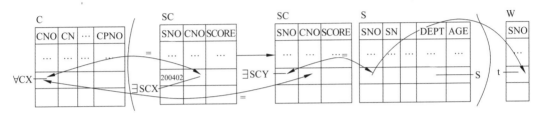

图 2.22　例 2.24 关系演算表达式操作示意图

图 2.22 示意：从学生表 S 的当前记录取学号,条件是对任意的课程 CX 都有：如果存在有 200402 学生的选修元组 SCX,其选修的课程是 CX,则当前被检索学生必存在选修元组 SCY,也选修了课程 CX。

11）集函数

用户在使用查询语言时,经常要做一些简单的计算,例如,要求符合某一查询要求的元组数,求某个关系中所有元组在某属性上的值的总和或平均值等。为了方便用户,关系数据语言中建立了有关这类运算的标准函数库供用户选用。这类函数通常称为集函数(aggregation function)或内部函数(build-in function)。关系演算中提供了 COUNT,TOTAL,MAX,MIN,AVG 等集函数,其含义如表 2.8 所示。

表 2.8　关系演算中的集函数

函数名	功能	函数名	功能
COUNT	对元组计数	MIN	求最小值
TOTAL	求总和	AVG	求平均值
MAX	求最大值		

例 2.25　查询学生所在系的数目。

```
GET W(COUNT(S.DEPT))
```

COUNT 函数在计数时会自动排除重复的 DEPT 值。

例 2.26　查询信息系学生的平均年龄。

```
GET W(AVG(S.AGE)): S.DEPT='IS'
```

2. 更新操作

1）修改操作

修改操作用 UPDATE 语句实现。其步骤如下。

首先用 HOLD 语句将要修改的元组从数据库中读到工作空间中；然后用宿主语言修改工作空间中元组的属性；最后用 UPDATE 语句将修改后的元组送回数据库中。

需要注意的是，单纯检索数据使用 GET 语句即可，但为修改数据而读元组时必须使用 HOLD 语句，HOLD 语句是带上并发控制的 GET 语句。

例 2.27　把学生 200407 从计算机科学系转到信息系。

```
HOLD W(S.SNO, S.DEPT) : S.SNO='200407'
(从 S 关系中读出学生 200407 的数据)
MOVE 'IS' TO W.DEPT (用宿主语言进行修改)
UPDATE W              (把修改后的元组送回 S 关系)
```

在该例中用 HOLD 语句来读学生 200407 的数据，而不是用 GET 语句。

如果修改操作涉及两个关系的话，就要执行两次 HOLD-MOVE-UPDATE 操作序列。

修改主码的操作是不允许的，例如，不能用 UPDATE 语句将学号 200401 改为 200402。如果需要修改关系中某个元组的主码值，只能先用删除操作删除该元组，然后再把具有新主码值的元组插入关系中。

2）插入操作

插入操作用 PUT 语句实现。其步骤是，首先用宿主语言在工作空间中建立新元组；然后用 PUT 语句把该元组存入指定的关系中。

例 2.28　学校新开设了一门 2 学分的课程"计算机组成与结构"，其课程号为 C8，直接先修课为 C4 号课程。插入该课程元组。

```
MOVE 'C8' TO W.CNO
MOVE '计算机组成与结构' TO W.CN
MOVE 'C4' TO W.Cpno
MOVE '2' TO W.CT
PUT W(C)      (把 W 中的元组插入指定关系 C 中)
```

PUT 语句只对一个关系操作，也就是说，表达式必须为单个关系名。如果插入操作涉及多个关系，必须执行多次 PUT 操作。

3）删除操作

删除操作用 DELETE 语句实现。其步骤为，用 HOLD 语句把要删除的元组从数据库中读到工作空间中；再用 DELETE 语句删除该元组。

例 2.29　学生 200410 因故退学，删除该学生元组。

```
HOLD W(S) : S.SNO='200410'
DELETE W
```

例 2.30　将学号 200401 改为 200410。

```
HOLD W(S) : S.SNO='200401'
DELETE W
MOVE '200410' TO W.SNO
MOVE '李立勇' TO W.SN
MOVE '男' TO W.SEX
MOVE '20' TO W.AGE
MOVE 'CS' TO W.DEPT
PUT W(S)
```

修改主码的操作,一般要分解为先删除、再插入的方法完成操作。

例 2.31　删除全部学生。

```
HOLD W(S)
DELETE W
```

由于 SC 关系与 S 关系之间具有参照关系,为了保证参照完整性,删除 S 关系中全部元组的操作可能会遭到拒绝(因为 SC 关系要参照 S 关系的)或将导致 DBMS 自动执行删除 SC 关系中全部元组的操作,如下:

```
HOLD W(SC)
DELETE W
```

一般可先删除 SC 中的元组,再删除 S 表中的元组。

2.5.3　域关系演算语言 QBE*

2.6　小　　结

关系数据库系统是本书的重点。这是因为关系数据库系统是目前使用最广泛的数据库系统。20 世纪 70 年代以后开发的数据库管理系统产品几乎都是基于关系的。更进一步,数据库领域 50 多年来的研究工作也主要是关系的。在数据库发展的历史上,最重要的成就是创立了关系模型,并广泛应用关系数据库系统。

关系数据库系统与非关系数据库系统的区别是,关系系统只有“表”这一种数据结构;而非关系数据库系统还有其他数据结构,对这些数据结构有其他复杂而不规则的操作。

本章系统讲解了关系数据库的重要概念,包括关系模型的数据结构、关系的完整性以及关系操作。介绍了用代数方式来表达的关系语言即关系代数、基于元组关系演算的 ALPHA 语言和基于域关系演算的 QBE。本章抽象的关系操作表达,为进一步学习第 3 章关系数据库国际标准语言 SQL 打好了坚实的基础。

习　题

一、选择题

1. 设关系 R 和 S 的属性个数分别为 r 和 s,则(R×S)操作结果的属性个数为(　　)。
　　A. r+s　　　　　　B. r−s　　　　　　C. r×s　　　　　　D. max(r,s)

2. 在基本的关系中,下列说法正确的是(　　)。
　　A. 行列顺序有关　　　　　　　　　B. 属性名允许重名
　　C. 任意两个元组不允许重复　　　　D. 列是非同质的

3. 有关系 R 和 S,R∩S 的运算等价于(　　)。
　　A. S−(R−S)　　B. R−(R−S)　　C. (R−S)∪S　　D. R∪(R−S)

4. 设关系 R(A,B,C)和 S(A,D),与自然连接 R∞S 等价的关系代数表达式是(　　)。
　　A. $\sigma_{R.A=S.A}$(R×S)　　　　　　B. $R \underset{1=1}{\infty} S$
　　C. $\Pi_{B,C,S,A,D}(\sigma_{R.A=S.A}(R×S))$　　D. $\Pi_{R,A,B,C}$(R×S)

5. 五种基本关系代数运算是(　　)。
　　A. ∪、−、×、π 和 σ　　　　　　B. ∪、−、∞、Π 和 σ
　　C. ∪、∩、×、π 和 σ　　　　　　D. ∪、∩、∞、π 和 σ

6. 关系代数中的 θ 连接操作由(　　)操作组合而成。
　　A. σ 和 π　　　　B. σ 和 ×　　　　C. π、σ 和 ×　　　　D. π 和 ×

7. 在关系数据模型中,把(　　)称为关系模式。
　　A. 记录　　　　B. 记录类型　　　　C. 元组　　　　D. 元组集

8. 对一个关系做投影操作后,新关系的基数个数(　　)原来关系的基数个数。
　　A. 小于　　　　B. 小于或等于　　　　C. 等于　　　　D. 大于

9. 有关系:R(A,B,C)主键=A,S(D,A)主键=D,外键=A,参照 R 的属性 A,系 R 和 S 的元组如下。指出关系 S 中违反关系完整性规则的元组是(　　)。

R: A	B	C		S: D	A
1	2	3		1	2
2	1	3		2	null
				3	3
				4	1

　　A. (1,2)　　　　B. (2,null)　　　　C. (3,3)　　　　D. (4,1)

10. 关系运算中花费时间可能最长的运算是(　　)。
　　A. 投影　　　　B. 选择　　　　C. 广义笛卡儿积　　　　D. 并

二、填空题

1.关系中主码的取值必须唯一且非空,这条规则是_____完整性规则。

2.关系代数中专门的关系运算包括选择、投影、连接和除法,主要实现_____类操作。

3.关系数据库的关系演算语言是以_____为基础的 DML 语言。

4.关系数据库中,关系称为_____,元组亦称为_____,属性亦称为_____。

5.数据库描述语言的作用是_____。

6.一个关系模式可以形式化地表示为_____。

7.关系数据库操作的特点是_____式操作。

8.数据库的所有关系模式的集合构成_____,所有的关系集合构成_____。

9.在关系数据模型中,两个关系 R1 与 R2 之间存在 1︰m 的联系,可以通过在一个关系 R2 中的_____在相关联的另一个关系 R1 中检索相对应的记录。

10.将两个关系中满足一定条件的元组连接到一起构成新表的操作称为_____操作。

三、简答题

第3章

关系数据库标准语言 SQL

chapter 3

本 章 要 点

学习、掌握与灵活应用国际标准数据库语言 SQL 是本章的要求。SQL 语言的学习从数据定义(DDL)、数据查询(QUERY)、数据更新(DML)、视图(VIEW)等方面逐步展开,而嵌入式 SQL 是 SQL 的初步应用内容。SQL 数据查询是本章学习的重点。

思政材料

3.1 SQL 语言的基本概念与特点

SQL 的全称是结构化查询语言(Structured Query Language),它是国际标准数据库语言,如今,无论是 Oracle、SQL Server、MySQL、Sybase、Informix、OceanBase、TiDB、openGauss 这样的大型数据库管理系统,还是 Access、Visual Foxpro 这样的 PC 上常用的微、小型数据库管理系统,都支持 SQL 语言。学习本章后,读者应该了解 SQL 语言的特点,掌握 SQL 语言的四大功能及其使用方法,重点掌握 SQL 数据查询功能及其使用方法。

3.1.1 语言的发展及标准化

在 20 世纪 70 年代初,E.F.Codd 首先提出了关系模型。70 年代中期,IBM 公司在研制 SYSTEM R 关系数据库管理系统中研制了 SQL 语言,最早的 SQL 语言(称为 SEQUEL2)是在 1976 年 11 月的 IBM Journal of R&D 上公布的。

1979 年,ORACLE 公司首先提供商用的 SQL,IBM 公司在 DB2 和 SQL/DS 数据库系统中也实现了 SQL。

1986 年 10 月,美国 ANSI 采用 SQL 作为关系数据库管理系统的标准语言(ANSI X3. 135—1986),后为国际标准化组织(ISO)采纳为国际标准。

1989 年,美国 ANSI 采纳在 ANSI X3.135—1989 报告中定义的关系数据库管理系统的 SQL 标准语言,称为 ANSI SQL 89。

1992 年,ISO 又推出了 SQL 92 标准,也称为 SQL 2,是最重要的一个版本,引入了标准的分级概念。

1999 年,ISO/IEC(International Electrotechnical Commission)推出了 SQL 1999

（SQL3）。这是变动最大的一个版本,改变了标准符合程度的定义,增加了面向对象特性、正则表达式、存储过程、Java 等支持。

2003 年,ISO/IEC 推出了 SQL 2003,引入了 XML、Window 函数等。

2008 年,SQL 2008 标准发布。这个版本增加了 TRUNCATE TABLE 语句、INSTEAD OF 触发器以及 FETCH 子句等功能。

2011 年,ISO/IEC 发布了 SQL 2011 标准。这个版本主要增加了对时态数据库(temporal database)的支持。

2016 年,SQL 2016 标准发布。SQL 2016 引入了新的 JSON 函数和操作符,增加了行模式识别(RPR)和多态表函数(PTF),具有处理复杂事件的强大功能。

2019 年,ISO/IEC 发布了 SQL 2019 标准。这个版本引进了多维数组(MDA)。

2023 年,ISO 发布了 SQL 2023 标准。这个版本包含 11 个部分,对 SQL 语言进行了全面的增强和扩展。除了增强 SQL 语言和 JSON 相关功能之外,SQL 2023 最大的变化是在 SQL 中直接提供图形查询语言(GQL)功能。

SQL 是一种介于关系代数与关系演算之间的语言,其功能包括查询、操纵、定义和控制 4 方面,是一个通用的、功能极强的关系数据库语言,目前已成为关系数据库的标准语言,广泛应用于各种数据库。

3.1.2 SQL 语言的基本概念

SQL 语言支持关系数据库系统三级模式结构,如图 3.1 所示。其中,外模式对应于视图(view)和部分基本表(base table),模式对应于基本表,内模式对应于存储文件。

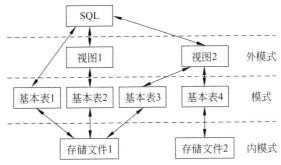

图 3.1 数据库系统三级模式结构

基本表是本身独立存在的表,在 SQL 中,一个关系就对应一个表。一些基本表对应一个存储文件,一个表可以有若干索引,索引也存放在存储文件中。

视图是从基本表或其他视图中导出的表,本身不独立存储在数据库中,也就是说数据库中只存放视图的定义而不存放视图对应的数据,这些数据仍存放在导出视图的基本表中,因此视图是一个虚表。

存储文件的物理结构及存储方式等组成了关系数据库的内模式。对于不同数据库管理系统,其存储文件的物理结构及存储方式等往往是不同的,一般也是不公开的。

视图和基本表是 SQL 语言的主要操作对象,用户可以用 SQL 语言对视图和基本表进行各种操作。在用户眼中,视图和基本表都是关系表,而存储文件对用户是透明的。

关系数据库系统三级模式结构直观示意图如图 3.2 所示。

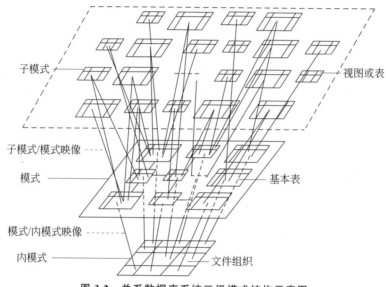

子模式 ——————— 视图或表

子模式/模式映像 ----

模式 ——————— 基本表

模式/内模式映像 ----

内模式 ——————— 文件组织

图 3.2　关系数据库系统三级模式结构示意图

3.1.3　SQL 语言的主要特点

SQL 语言之所以能够为用户和业界所接受,成为国际标准,是因为它是一个综合的、通用的、功能极强,同时又简捷易学的语言。SQL 语言集数据查询(data query)、数据操纵(data manipulation)、数据定义(data definition)和数据控制(data control)功能于一体,充分体现了关系数据库语言的特点和优点。其主要特点如下。

1. 综合统一

数据库系统的主要功能是通过数据库支持的数据语言来实现的。

非关系模型(层次模型、网状模型)的数据语言一般不同模式有不同的定义语言,数据操纵语言与各定义语言也不成一体。当用户数据库投入运行后,一般不支持联机实时修改各级模式。

而 SQL 语言则集数据定义语言(DDL)、数据操纵语言(DML)、数据控制语言(DCL)的功能于一体,语言风格统一,可以独立完成数据库生命周期中的全部活动,包括定义关系模式、录入数据以建立数据库、查询、更新、维护、数据库重构、数据库安全性控制等一系列操作要求,这就为数据库应用系统开发提供了良好的环境。例如,用户在数据库投入运行后,还可根据需要随时地逐步地修改模式,而不影响数据库的整体正常运行,从而使系统具有良好的可扩充性。

2. 高度非过程化

非关系数据模型的数据操纵语言是面向过程的语言,用其完成某项请求,必须指定存取路径。而用 SQL 语言进行数据操作,用户只需提出"做什么",而不必指明"怎么做",因此用户无须了解存取路径,存取路径的选择以及 SQL 语句的具体操作过程由系统自动完成。这不但大大减轻了用户负担,而且有利于提高数据独立性。

3. 面向集合的操作方式

SQL 语言采用集合操作方式,不仅查找结果可以是元组的集合(即关系),而且一次插入、删除、更新操作的对象也可以是元组的集合。非关系数据模型采用的是面向记录的操作方式,任何一个操作其对象都是一条记录。例如,查询所有平均成绩在 90 分以上的学生姓名,用户必须说明完成该请求的具体处理过程,即如何用多重循环结构按照某条路径一条一条地把学生记录及其所有选课记录读出,并计算、判断后选择出来;而关系数据库中,一条 SELECT 命令就能完成该功能。

4. 以同一种语法结构提供两种使用方式

SQL 语言既是自含式语言,又是嵌入式语言。作为自含式语言,它能够独立地用于联机交互的使用方式,用户可以在终端键盘上直接输入 SQL 命令对数据库进行操作;作为嵌入式语言,SQL 语句能够嵌入高级语言(如 Java、Python、C#、C、COBOL、FORTRAN、PL/1)程序中,供程序员设计程序时使用。而在两种不同的使用方式下,SQL 语言的语法结构基本上是一致的。这种以统一的语法结构提供两种不同的使用方式的做法,为用户提供了极大的灵活性与方便性。

5. 语言简捷,易学易用

SQL 语言功能极强,但由于设计巧妙,语言十分简洁,完成数据查询(SELECT 命令)、数据定义(如 CREATE、DROP、ALTER 等命令)、数据操纵(如 INSERT、UPDATE、DELETE 等命令)、数据控制(如 GRANT、REVOKE 等命令)的四大核心功能只用了 9 个动词。而且 SQL 语言语法简单,接近英语口语,因此易学易用。

3.2 SQL 数据定义

SQL 语言使用数据定义语言(Data Definition Language,DDL)实现其数据定义功能,可对数据库用户、基本表、视图和索引等进行定义、修改和删除。

3.2.1 字段数据类型

当用 SQL 语句定义表时,需要为表中的每一个字段设置一个数据类型,用来指定字段所存放的数据是何种类型的数据。

MySQL 8.0 支持的 SQL 数据类型有 5 种:数字数据类型、日期和时间数据类型、字符串(字符和字节)数据类型、空间数据类型和 JSON 数据类型等。

(1) 数字数据类型:BIT[(M)]、TINYINT[(M)]、BOOL、BOOLEAN、SMALLINT

[(M)]、MEDIUMINT[(M)]、INT[(M)]、INTEGER[(M)]、BIGINT[(M)]、SERIAL、DECIMAL[(M[,D])]、DEC[(M[,D])]、NUMERIC[(M[,D])]、FIXED[(M[,D])]、FLOAT[(M,D)]、FLOAT(p)、DOUBLE[(M,D)]。

(2) 日期和时间数据类型：DATE、TIME [(fsp)]、DATETIME [(fsp)]、TIMESTAMP[(fsp)]和 YEAR[(4)]。

(3) 字符串数据类型：CHAR、VARCHAR、BINARY、VARBINARY、BLOB、TEXT、ENUM 和 SET。

(4) 空间数据类型：MySQL 具有与 OpenGIS 类相对应的空间数据类型。某些空间数据类型保存单个几何图形值,数据类型有 GEOMETRY、POINT、LINESTRING、POLYGON。其他空间数据类型保存值的集合,数据类型有 MULTIPOINT、MULTILINESTRING、MULTIPOLYGON、GEOMETRYCOLLECTION。

(5) JSON 数据类型：JSON。

各种数据类型约定如下。

(1) 对于整数类型,M 表示最大显示宽度。对于浮点和定点类型,M 是可存储的总位数(精度)。对于字符串类型,M 是最大长度。M 的最大允许值取决于数据类型。

(2) D 适用于浮点和定点类型,并指示小数点后的位数(刻度)。最大可能值为 30,但不应大于 $M-2$。

(3) fsp 适用于时间、日期时间和时间戳类型,并表示小数秒精度,即小数点后的秒的小数部分,如果给定,fsp 值必须为 0～6。

(4) p 表示以位为单位的精度,但 MySQL 仅使用此值来确定结果数据类型是使用 FLOAT 还是 DOUBLE。如果 p 从 0 到 24,则数据类型变为浮点型,没有 M 或 D 值。如果 p 为 25～53,则数据类型变为双精度,没有 M 或 D 值。

(5) 方括号表示类型定义的可选部分。

(6) 关于数据类型的详细说明与使用,请参照 MySQL 线上资料,如：https://dev.mysql.com/doc/refman/8.0/en/data-types.html。

3.2.2　创建、修改和删除数据表

1. 定义基本表

在 SQL 语言中,使用语句 CREATE TABLE 创建数据表,其一般格式为

```
CREATE TABLE <表名>(<列名><数据类型>[列级完整性约束条件][,<列名><数据类型>[列
级完整性约束条件]]…[,<表级完整性约束条件>])
```

其中,<表名>是所要定义的基本表的名字,必须是合法的标识符,最多可有 128 个字符,但本地临时表的表名(名称前有一个编号符♯)最多只能包含 116 个字符。表名不允许重名,一个表可以由一个或多个属性(列)组成。建表的同时通常还可以定义与该表有关的完整性约束条件,这些完整性约束条件被存入系统的数据字典中,当用户在表中操作数据时由 DBMS 自动检查该操作是否违背这些完整性约束条件。如果完整性约束条

件涉及该表的多个属性列,则必须定义在表级上,否则,既可以定义在列级也可以定义在表级。

关系模型的完整性规则是对关系的某种约束条件。

1) 实体完整性

(1) 主码(PRIMARY KEY):在一个基本表中只能定义一个 PRIMARY KEY 约束,对于指定为 PRIMARY KEY 的一个或多个列的组合,其中任何一个列都不能出现空值。PRIMARY KEY 既可用于列约束,也可用于表约束。PRIMARY KEY 用于定义列约束时的语法格式如下:

```
[CONSTRAINT <约束名>] PRIMARY KEY [ CLUSTERED | NONCLUSTERED ] [(column_name
[ ASC | DESC ] [ ,...n ])]
```

说明:[,...n]表示可以重复,下同。

(2) 空值(NULL/NOT NULL):空值不等于 0 也不等于空白,而是表示不知道、不确定、没有意义的意思,该约束只能用于列约束,其语法格式如下:

```
[CONSTRAINT <约束名>] [NULL|NOT NULL]
```

(3) 唯一值(UNIQUE):表示在某一列或多个列的组合上的取值必须唯一,系统会自动为其建立唯一索引。UNIQUE 约束可用于列约束,也可用于表约束,语法格式如下:

```
[CONSTRAINT <约束名>] UNIQUE [ CLUSTERED | NONCLUSTERED ] [(column_name [ ASC |
DESC ] [ ,...n ])]
```

2) 参照完整性

FOREIGN KEY 约束指定某一个或一组列作为外部键,其中,包含外部键的表称为从表,包含外部键引用的主键或唯一键的表称为主表。系统保证从表在外部键上的取值是主表中某一个主键或唯一键值,或者取空值,以此保证两个表之间的连接,确保了实体的参照完整性。

FOREIGN KEY 既可用于列约束,也可用于表约束,其语法格式分别为

```
[CONSTRAINT <约束名>] FOREIGN KEY REFERENCES <主表名>(<列名>)
```

或

```
[CONSTRAINT <约束名>] FOREIGN KEY [(<从表列名>[ ,...n ])] REFERENCES <主表名>
[(<主表列名>[ ,...n ])] [ON DELETE {CASCADE | NO ACTION}] [ ON UPDATE {CASCADE | NO
ACTION}] [NOT FOR REPLICATION]
```

3) 用户自定义的完整性约束规则

CHECK 可用于定义用户自定义的完整性约束规则,CHECK 既可用于列约束,也可用于表约束,其语法格式为

```
[CONSTRAINT <约束名>] CHECK [NOT FOR REPLICATION] (<条件>)
```

下面以一个"学生-课程"数据库为例来说明,表内容请参见图 3.3。

S

学号 SNO	姓名 SN	性别 SEX	年龄 AGE	系别 DEPT
S1	李涛	男	19	信息
S2	王林	女	18	计算机
S3	陈高	女	21	自动化
S4	张杰	男	17	自动化
S5	吴小丽	女	19	信息
S6	徐敏敏	女	20	计算机

C

课程号 CNO	课程名 CN	学分 CT
C1	C语言	4
C2	离散数学	2
C3	操作系统	3
C4	数据结构	4
C5	数据库	4
C6	汇编语言	3
C7	信息基础	2

SC

学号 SNO	课程号 CNO	成绩 SCORE
S1	C1	90
S1	C2	85
S2	C1	84
S2	C2	94
S2	C3	83
S3	C1	73
S3	C7	68
S3	C4	88
S3	C5	85
S4	C2	65
S4	C5	90
S4	C6	79
S5	C2	89

图 3.3 "学生-课程"数据库中的三表内容

"学生-课程"数据库中包括如下3个表。

(1)"学生"表S由学号(SNO)、姓名(SN)、性别(SEX)、年龄(AGE)、系别(DEPT)五个属性组成,可记为S(SNO,SN,SEX,AGE,DEPT);

(2)"课程"表C由课程号(CNO)、课程名(CN)、学分(CT)三个属性组成,可记为C(CNO,CN,CT);

(3)"学生选课"表SC由学号(SNO)、课程号(CNO)、成绩(SCORE)三个属性组成,可记为SC(SNO,CNO,SCORE)。先创建数据库,并选择为当前数据库。命令为

```
CREATE DATABASE jxgl
GO
USE jxgl
```

例3.1 建立一个"学生"表S,它由学号 SNO、姓名 SN、性别 SEX、年龄 AGE、系别 DEPT 五个属性组成,其中学号属性为主键,姓名、年龄与性别不为空,假设姓名具有唯一性,并建立唯一索引,并且性别只能在"男"与"女"中选一个,年龄不能小于0。

```
CREATE TABLE S
(   SNO CHAR(5) PRIMARY KEY,
    SN VARCHAR(8) NOT NULL,
    SEX CHAR(2) NOT NULL CHECK (SEX IN ('男','女')),
    AGE INT NOT NULL CHECK (AGE>0),
    DEPT VARCHAR(20),
```

```
        CONSTRAINT SN_U UNIQUE(SN)
)
```

例 3.2　建立"课程"表 C,它由课程号(CNO)、课程名(CN)、学分(CT)三个属性组成。CNO 为该表主键,学分大于或等于 1。

```
CREATE TABLE C
(   CNO CHAR(5) NOT NULL PRIMARY KEY,
    CN VARCHAR(20),
    CT INT CHECK(CT>=1))
```

例 3.3　建立"选修"关系表 SC,分别定义 SNO、CNO 为 SC 的外部键,(SNO,CNO)为该表的主键。

```
CREATE TABLE SC
(   SNO CHAR(5) NOT NULL,
    CNO CHAR(5) NOT NULL,
    SCORE NUMERIC(3,0),
    CONSTRAINT S_C_P PRIMARY KEY(SNO,CNO),
    CONSTRAINT S_F FOREIGN KEY(SNO) REFERENCES S(SNO),
    CONSTRAINT C_F FOREIGN KEY(CNO) REFERENCES C(CNO))
```

2. 修改基本表

由于分析设计不到位或应用需求的不断变化等原因,基本表结构的修改也是不可避免的,如增加新列和完整性约束、修改原有的列定义和完整性约束定义等。SQL 语言使用 ALTER TABLE 命令来完成这一功能,其部分语法格式参照下方二维码内容。

例 3.4　向 S 表增加"入学时间"列,其数据类型为日期型。

```
ALTER TABLE S ADD SCOME DATETIME
```

不论基本表中原来是否已有数据,新增加的列一律为空值。

例 3.5　将年龄的数据类型改为半字长整数。

```
ALTER TABLE S MODIFY COLUMN AGE SMALLINT
```

修改原有的列定义,会使列中数据做新旧类型的自动转化,有可能会破坏已有数据。

例 3.6　删除例 3.4 中增加的"入学时间"列。

```
ALTER TABLE S DROP COLUMN SCOME
```

例 3.7　禁用或启用 S 中的`AGE`>0 的 CHECK 完整性(设完整性名称为 s_chk_2)。

```
ALTER TABLE S ALTER CONSTRAINT `s_chk_2` NOT ENFORCED;      /*禁用*/
ALTER TABLE S ALTER CONSTRAINT `s_chk_2` ENFORCED;          /*启用*/
```

3. 删除基本表

随着时间的变化,有些基本表无用了,便可将其删除。删除某基本表后,该表中数据及表结构将从数据库中彻底删除,表相关的对象如索引、视图、参照关系等也将同时删除或无法再使用,因此执行删除操作一定要格外小心。删除基本表命令的一般格式为

```
DROP TABLE <表名>
```

例 3.8 删除 S 表。

```
DROP TABLE S
```

注意:删除表需要相应的操作权限,一般只删除自己建立的无用表;执行删除命令后是否真能完成删除操作,还取决于其操作是否违反了完整性约束。

3.2.3 设计、创建和维护索引

1. 索引的概念

在现实生活中,人们经常借用索引的手段实现快速查找,如图书目录、词典索引等。同样道理,数据库中的索引是为了加速对表中元组(或记录)的检索而创建的一种分散存储结构(如 B^+ 树数据结构),它实际上是记录的关键字与其相应地址的对应表。索引是对表或视图而建立的,由索引页面组成。

改变表中的数据(如增加或删除记录)时,索引将自动更新。索引建立后,在查询使用该列时,系统将自动使用索引进行查询。索引是把双刃剑,由于要建立索引页面,索引也会减慢更新数据的速度。索引数目无限制,但索引越多,更新数据的速度越慢。对于仅用于查询的表可多建索引,对于数据更新频繁的表则应少建索引。

按照索引记录的存放位置可分为聚集索引(clustered index)与非聚集索引(non-clustered index)两类。聚集索引是指索引项的顺序与表中记录的物理顺序一致的索引组织;非聚集索引按照索引字段排列记录,该索引中索引的逻辑顺序与磁盘上记录的物理存储顺序不同。在检索记录时,聚集索引会比非聚集索引速度快,一个表中只能有一个聚集索引,而非聚集索引可以有多个。

2. 创建索引

创建索引的语句的一般格式为

```
CREATE [UNIQUE | FULLTEXT | SPATIAL] INDEX <索引名>[index_type]
    ON <表名>(<列名>[(length) | (expr) [ASC|DESC],...) [index_option]
    [algorithm_option | lock_option] ...
index_option: {KEY_BLOCK_SIZE [=] value| index_type | WITH PARSER parser_name |
COMMENT 'string' | {VISIBLE | INVISIBLE} | ENGINE_ATTRIBUTE [=] 'string' |
SECONDARY_ENGINE_ATTRIBUTE [=] 'string'
}
index_type: USING {BTREE | HASH}
```

```
algorithm_option: ALGORITHM [=] {DEFAULT | INPLACE | COPY}
lock_option: LOCK [=] {DEFAULT | NONE | SHARED | EXCLUSIVE}
… /* CREATE INDEX 命令的选项含义略 */
```

索引可以建在表的一列或多列上,各列名之间用逗号分隔。每个<列名>后面还可以用<次序>指定索引值的排列次序,包括 ASC(升序)和 DESC(降序)两种,默认值为 ASC。例如,执行下面的 CREATE INDEX 语句:

```
CREATE INDEX StuSN ON S(SN)
```

将会在 S 表的 SN(姓名)列上建立一个索引。

　　例 3.9　为学生-课程数据库中的 S、C、SC 三个表建立索引。其中,S 表按学号升序建唯一索引,C 表按课程号降序建立索引,SC 表按学号升序和课程号降序建索引。

```
CREATE UNIQUE INDEX S_SNO ON S(SNO)
CREATE INDEX C_CNO ON C(CNO DESC)
CREATE INDEX SC_SNO_CNO ON SC(SNO ASC,CNO DESC)
```

3. 删除索引

删除索引一般格式为

```
DROP INDEX <索引名>ON 表名 [algorithm_option | lock_option] …
algorithm_option: ALGORITHM [=] {DEFAULT | INPLACE | COPY}
lock_option: LOCK [=] {DEFAULT | NONE | SHARED | EXCLUSIVE}
```

　　例 3.10　删除 S 表的 S_SNO 索引。

```
DROP INDEX S_SNO ON S
```

　　说明:索引一经建立,就由系统使用和维护它,一般无须用户干预。建立索引是为了减少查询操作的时间,但如果数据增、删、改频繁,系统会花费许多时间来维护索引。这时,可以删除一些不必要的索引。删除索引时,系统会同时从数据字典中删去有关该索引的描述。

3.3　SQL 数据查询

3.3.1　SELECT 命令的格式及其含义

　　数据查询是数据库中最常用的操作命令。SQL 语言提供 SELECT 语句,通过查询操作可以得到所需的信息。SELECT 语句的一般格式为

```
SELECT
    [ALL | DISTINCT | DISTINCTROW] [HIGH_PRIORITY] [STRAIGHT_JOIN]
    [SQL_SMALL_RESULT] [SQL_BIG_RESULT] [SQL_BUFFER_RESULT]
    [SQL_NO_CACHE] [SQL_CALC_FOUND_ROWS]
    select_expr [, select_expr] … [into_option]
    [FROM <表名 1 或视图名 1>[[AS] 表别名 1] [,<表名 2 或视图名 2>[[AS] 表别名 2]] …
    [PARTITION partition_list]]
```

```
[WHERE where_condition]
[GROUP BY {<列名>| expr | position}, ... [WITH ROLLUP]]
[HAVING having_condition]
[WINDOW window_name AS (window_spec)[, window_name AS (window_spec)] ...]
[ORDER BY {<列名>| expr | position} [ASC | DESC], ... [WITH ROLLUP]]
[LIMIT {[offset,] row_count | row_count OFFSET offset}][into_option]
[FOR {UPDATE | SHARE}[OF <表名>[,<表名>] ...][NOWAIT | SKIP LOCKED] | LOCK IN
SHARE MODE][into_option]
```

into_option: {INTO OUTFILE 'file_name' [CHARACTER SET charset_name]
export_options | INTO DUMPFILE 'file_name' | INTO var_name [, var_name] ...}
… /* SELECT 命令的详细选项含义略或见后续子句介绍 */

整个 SELECT 语句的含义是,根据 WHERE 子句的条件表达式,从 FROM 子句指定的基本表或视图中找出满足条件的元组,再按 SELECT 子句中的目标列表达式,选出元组中的属性值形成结果表。如果有 GROUP 子句,则将结果按 GROUP BY 后<列名>的值进行分组(假设只有一列分组列),该属性列值相等的元组为一个组,每个组将产生结果表中的一条记录,通常会对每组作用到集函数。如果 GROUP 子句带 HAVING 短语,则只有满足指定条件的组才给予输出。如果有 ORDER 子句,则结果表还要按 ORDER BY 后<列名>的值的升序或降序排序后(假设只有一列排序列)再输出。

HAVING 子句的分组筛选条件表达式格式基本同 WHERE 子句的可选筛选条件表达式的格式。不同的是 HAVING 子句的条件表达式中出现的属性列名应为 GROUP BY 子句中的分组列名。HAVING 子句的条件表达式中一般要使用到集函数 COUNT、SUM、AVG、MAX 或 MIN 等,因为只有这样才能表达出筛选分组的要求。

SELECT 语句既可以完成简单的单表查询,也可以完成复杂的连接查询或嵌套查询。一个 SELECT 语句至少需要 SELECT 与 FROM 两个子句,下面以学生-课程数据库(参阅 3.2.2 节)为例说明 SELECT 语句的各种用法。

3.3.2　SELECT 子句的基本使用

1. 查询指定列

例 **3.11**　查询全体学生的学号与姓名。

```
SELECT SNO,SN
FROM S
```

<目标列表达式>中各个列的先后顺序可以与表中的顺序不一致。也就是说,用户在查询时可以根据应用需要改变列的显示顺序。

例 **3.12**　查询前两位学生的姓名、学号、所在系。

```
SELECT SN,SNO,DEPT
FROM S LIMIT 0,2;    或    FROM S LIMIT 2 OFFSET 0;
```

这时结果表中的列的顺序与基表中不同,是按查询要求,先列出姓名属性,然后再列出学号和所在系属性。

2. 查询全部列

例 3.13　查询全体学生的详细记录。

```
SELECT * FROM S
```

该 SELECT 语句实际上是无条件地把 S 表的全部信息都查询出来,所以也称为全表查询,这是最简单的一种查询命令形式。它等价于如下命令:

```
SELECT SNO,SN,SEX,AGE,DEPT FROM S
```

3. 查询经过计算的值

SELECT 子句的<目标列表达式>不仅可以是表中的属性列,也可以是含或不含属性列的表达式,即可以将查询出来的属性列经过一定的计算后列出结果或是个常量表达式的值。

例 3.14　查询全体学生的姓名及其出生年份。

```
SELECT SN, 2005-AGE FROM S
```

本例中,<目标列表达式>中第二项不是通常的列名,而是一个计算表达式,是用当前的年份(假设为 2005 年)减去学生的年龄,这样,所得的即是学生的出生年份。输出的结果为

```
SN              2005-AGE
--------        ---------
李涛             1986
王林             1987
陈高             1984
张杰             1988
吴小丽           1986
徐敏敏           1985
```

<目标列表达式>不仅可以是算术表达式,还可以是字符串常量、函数等。

例 3.15　查询全体学生的姓名、出生年份和所有系,要求用小写字母表示所有系名。

```
SELECT SN, '出生年份: ', 2005-AGE, lower(DEPT) FROM S
```

结果为

```
SN          出生年份:     2005-AGE      lower(DEPT)
--------    ----------    -----------    ----------
李涛         出生年份:     1986           信息
王林         出生年份:     1987           计算机
陈高         出生年份:     1984           自动化
张杰         出生年份:     1988           自动化
吴小丽       出生年份:     1986           信息
徐敏敏       出生年份:     1985           计算机
```

　　用户可以通过指定别名来改变查询结果的列标题,这对于含算术表达式、常量、函数名的目标列表达式尤为有用。如对于上例,定义列别名方法如下。

　　注意:列别名与表达式间可以直接用空格分隔或用 as 关键字来连接。

```
SELECT SN NAME, '出生年份: ' BIRTH,2005-AGE BIRTHDAY, DEPT as DEPARTMENT
FROM S
```

执行结果为

```
NAME          BIRTH        BIRTHDAY       DEPARTMENT
--------      ----------   -----------    --------------
李涛          出生年份:     1986           信息
王林          出生年份:     1987           计算机
陈高          出生年份:     1984           自动化
张杰          出生年份:     1988           自动化
吴小丽        出生年份:     1986           信息
徐敏敏        出生年份:     1985           计算机
```

3.3.3　WHERE 子句的基本使用

1. 消除取值重复的行

　　例 3.16　查询所有选修过课的学生的学号。

```
SELECT SNO FROM SC   或   SELECT ALL SNO FROM SC
```

ALL 是默认值,指定结果集中可以包含重复行,结果类似为

```
SNO
----
S1
S2
S3
S1
...
S3
```

　　该查询结果里包含了许多重复的行。如果想去掉结果表中的重复行,必须指定 DISTINCT 短语:

```
SELECT DISTINCT SNO FROM SC   --DISTINCT指定在结果集中只能包含唯一的行
```

执行结果为

```
SNO
----
S1
S2
S3
S4
S5
```

2. 指定 WHERE 查询条件

查询满足指定条件的元组可以通过 WHERE 子句实现。WHERE 子句常用的查询条件如表 3.1 所示。

表 3.1　常用的查询条件

查询条件	谓　　　词
比较运算符	$=,>,<,>=,<=,!=,<>,!>,!<$； Not（上述比较运算符构成的比较关系表达式）
确定范围	BETWEEN AND，NOT BETWEEN AND
确定集合	IN，NOT IN
字符匹配	LIKE，NOT LIKE
空值	IS NULL，IS NOT NULL
多重条件	AND，OR，NOT

1）比较运算符

例 3.17　查询计算机系全体学生的名单。

```
SELECT SN
FROM S
WHERE DEPT='计算机'
```

例 3.18　查询所有年龄在 20 岁以下的学生姓名及其年龄。

```
SELECT SN, AGE FROM S WHERE AGE <20
```

或

```
SELECT SN, AGE FROM S WHERE NOT AGE>=20
```

例 3.19　查询考试成绩有不及格的学生的学号。

```
SELECT DISTINCT SNO FROM SC WHERE SCORE< 60
```

这里使用了 DISTINCT 短语，当一个学生有多门课程不及格，他的学号也只列一次。

2）确定范围

例 3.20　查询年龄在 20 至 23 岁之间（包括 20 和 23）的学生的姓名、系别和年龄。

```
SELECT SN,DEPT,AGE   FROM S WHERE AGE BETWEEN 20 AND 23
```

与 BETWEEN…AND…相对的谓词是 NOT BETWEEN…AND…。

例 3.21　查询年龄不在 20 岁至 23 岁之间的学生姓名、系别和年龄。

```
SELECT SN,DEPT,AGE FROM S WHERE AGE NOT BETWEEN 20 AND 23
```

3）确定集合

例 3.22　查询信息系、自动化系和计算机系的学生的姓名和性别。

```
SELECT SN,SEX FROM S WHERE DEPT IN ('信息','自动化','计算机')
```

与 IN 相对的谓词是 NOT IN，用于查找属性值不属于指定集合的元组。

例 3.23　查询既不是信息系、自动化系,也不是计算机系的学生的姓名和性别。

SELECT SN, SEX FROM S WHERE DEPT NOT IN ('信息','自动化','计算机')

4) 字符匹配

谓词 LIKE 可以用来进行字符串的匹配。其一般语法格式如下:

属性名 [NOT] LIKE <匹配串>[ESCAPE <换码字符>]

其含义是查找指定的属性列值与<匹配串>相匹配的元组。<匹配串>可以是一个完整的字符串,也可以含有通配符%、_、[]与[^]等。其含义见表 3.2。ESCAPE <换码字符>的功能说明见例 3.28。

表 3.2　通配符及其含义

通配符	描　　述	示　　例
%(百分号)	代表零个或多个字符的任意字符串	WHERE title LIKE '%computer%'表达书名任意位置包含单词 computer 的条件
_(下画线)	代表任何单个字符(长度可以为0)	WHERE au_fname LIKE '_ean'表达以 ean 结尾的所有 4 个字母的名字(Dean、Sean 等)的条件
[ ](中括号)	指定范围(如[a-f])或集合(如[abcdef])中的任何单个字符	WHERE au_lname RLIKE '[C-P]arsen'表达以 arsen 结尾且以介于 C 与 P 之间的任何单个字符开始的作者姓氏的条件,如 Carsen、Larsen、Karsen 等。RLIKE 可换用 regexp
[^]	不属于指定范围(如[^a-f])或不属于指定集合(如[^abcdef])的任何单个字符	WHERE au_lname RLIKE 'de[^l]%'表达以 de 开始且其后的字母不为 l 的所有作者的姓氏的条件。RLIKE 可换用 regexp

例 3.24　查询所有姓"李"的学生的姓名、学号和性别。

SELECT SN, SNO, SEX FROM S WHERE SN LIKE '李%'

例 3.25　查询姓"欧阳"且全名为三个汉字的学生的姓名。

SELECT SN FROM S WHERE SN LIKE '欧阳_'

例 3.26　查询名字中第二字为"涛"字的学生的姓名和学号。

SELECT SN, SNO FROM S WHERE SN LIKE '_涛%'

例 3.27　查询所有不姓"吴"的学生姓名。

SELECT SN, SNO, SEX FROM S WHERE SN NOT LIKE '吴%'

如果用户要查询的匹配字符串本身就含有"%"或"_"字符,应如何实现呢?这时就要使用 ESCAPE <换码字符>短语对通配符进行转义了。

例 3.28　查询 DB_Design 课程的课程号和学分。

SELECT CNO, CT FROM C WHERE CN LIKE "DB_Design"; #使用缺省的换码字符\
SELECT CNO, CT FROM C WHERE CN LIKE 'DB$_Design' ESCAPE '$';
SELECT CNO, CT FROM C WHERE CN LIKE CONCAT("DB", "$_", "Design") ESCAPE "$";

ESCAPE '＄'短语表示＄为换码字符,这样匹配串中紧跟在＄后面的字符"_"或"％"不再具有通配符的含义,而是取其本身含义,即被转义为普通的"_"或"％"字符。

注意:ESCAPE 定义的换码字符'＄'可以换成其他字符(\除外,因为\为缺省的换码字符)。

5) 涉及空值的查询

例 3.29　某些学生选修某门课程后没有参加考试,所以有选课记录,但没有考试成绩,下面查询缺少成绩的学生的学号和相应的课程号。

```
SELECT SNO, CNO FROM SC WHERE SCORE IS NULL
```

注意:这里的 IS 不能用等号("＝")代替。

例 3.30　查询所有成绩记录的学生学号和课程号。

```
SELECT SNO, CNO FROM SC WHERE SCORE IS NOT NULL
```

6) 多重条件查询

逻辑运算符 AND、OR 和 NOT 可用来联结多个查询条件。优先级 NOT 最高,接着是 AND,OR 优先级最低,但用户可以用括号改变运算的优先顺序。

例 3.31　查询计算机系年龄在 20 岁以下的学生姓名。

```
SELECT SN FROM S WHERE DEPT='计算机' AND AGE<20
```

例 3.32　IN 谓词实际上是多个 OR 运算符的缩写,因此"查询信息系、自动化系和计算机系的学生的姓名和性别"一题,也可以用 OR 运算符写成如下等价形式:

```
SELECT SN, SEX FROM S
WHERE DEPT='计算机' OR DEPT='信息' OR DEPT='自动化'
```



```
SELECT SN, SEX FROM S
WHERE NOT(DEPT<>'计算机' AND DEPT<>'信息' AND DEPT<>'自动化')
```

3.3.4　常用集函数及统计汇总查询

为了进一步方便用户,增强检索功能,SQL 提供了许多集函数,如表 3.3 所示。

表 3.3　常用集函数

COUNT(｛[ALL｜DISTINCT] expression｝｜＊)	返回组中项目的数量。Expression 一般是指<列名>,下同。COUNT(＊)表示对元组(或记录)计数
SUM([ALL｜DISTINCT] expression)	返回表达式中所有值的和,或只返回 DISTINCT 值的和。SUM 只能用于数字列。空值将被忽略
AVG([ALL｜DISTINCT] expression)	返回组中值的平均值。空值将被忽略
MAX([ALL｜DISTINCT]expression)	返回组中值的最大值。空值将被忽略或为最小值
MIN([ALL｜DISTINCT] expression)	返回组中值的最小值。空值将被忽略或为最小值

如果指定 DISTINCT 短语,则表示在计算时要取消指定列中的重复值。如果不指定 DISTINCT 短语或指定 ALL 短语(ALL 为默认值),则表示不取消重复值而统计或汇总。

例 3.33　查询学生总人数。

```
SELECT COUNT( * ) FROM S
```

例 3.34　查询选修了课程的学生人数。

```
SELECT COUNT(DISTINCT SNO) FROM SC
```

学生每选修一门课,在 SC 中都有一条相应的记录,而一个学生一般都要选修多门课程,为避免重复计算学生人数,必须在 COUNT 函数中用 DISTINCT 短语。

例 3.35　计算 C1 课程的学生人数、最高成绩、最低成绩及平均成绩。

```
SELECT COUNT( * ),MAX(SCORE),MIN(SCORE),AVG(SCORE)
FROM SC WHERE CNO='C1'
```

3.3.5　分组查询

GROUP BY 子句可以将查询结果表的各行按一列或多列取值相等的原则进行分组。对查询结果分组的目的是细化集函数的作用对象。如果未对查询结果分组,集函数将作用于整个查询结果,即整个查询结果为一组对应统计产生一个函数值。否则,集函数将作用于每一个组,即每一组分别统计,分别产生一个函数值。

例 3.36　查询各个课程号与相应的选课人数。

```
SELECT CNO, COUNT(SNO)
FROM SC
GROUP BY CNO
```

该 SELECT 语句对 SC 表按 CNO 的取值进行分组,所有具有相同 CNO 值的元组为一组,然后对每一组作用集函数 COUNT 以求得该组的学生人数,执行结果为

```
CNO    COUNT(SNO)
----   ----------
C1     3
C2     4
C3     1
C4     1
C5     2
C6     1
C7     1
```

如果分组后还要求按一定的条件对这些分组进行筛选,最终只输出满足指定条件的组的统计值,则可以使用 HAVING 短语指定筛选条件。

例 3.37　查询有 3 人以上学生(包括 3 人)选修的课程的课程号及选修人数。

```
SELECT CNO,COUNT(SNO) FROM SC GROUP BY CNO HAVING COUNT( * )>=3
```

结果为

```
CNO    COUNT(SNO)
----   -------
C1     3
C2     4
```

例 3.38 对(Sage,Ssex)、(Sage)值的每个不同值统计学生人数,并还能统计出总人数。

```
SELECT Sage,Ssex,count(*) FROM Student
GROUP BY Sage,Ssex with rollup
```

注意:①有 GROUP BY 子句,才能使用 HAVING 子句;②有 GROUP BY 子句,则 SELECT 子句中只能出现 GROUP BY 子句中的分组列名与集函数;③同样,使用 HAVING 子句条件表达时,也只能使用分组列名与集函数。有 GROUP BY 子句时, SELECT 子句或 HAVING 子句中使用非分组列名是错误的。

3.3.6 查询的排序

如果没有指定查询结果的显示顺序,DBMS 将按其最方便的顺序(通常是元组添加到表中的先后顺序)输出查询结果。用户也可以用 ORDER BY 子句指定按照一个或多个属性列的升序(ASC)或降序(DESC)重新排列查询结果,其中升序 ASC 为默认值。

例 3.39 查询选修了 C3 号课程的学生的学号及其成绩,查询结果按分数的降序排列。

```
SELECT SNO, SCORE
FROM SC
WHERE CNO='C3'
ORDER BY SCORE DESC
```

前面已经提到,可能有些学生选修了 C3 号课程后没有参加考试,即成绩列为空值。用 ORDER BY 子句对查询结果按成绩排序时,空值(NULL)一般被认为是最小值。

例 3.40 查询全体学生情况,查询结果按所在系升序排列,对同一系中的学生按年龄降序排列。

```
SELECT * FROM S ORDER BY DEPT,AGE DESC
```

3.3.7 连接查询

一个数据库中的多个表之间一般都存在某种内在联系,它们共同关联着提供有用的信息。前面的查询都是针对一个表进行的。若一个查询同时涉及两个以上的表,则称为**连接查询**。连接查询主要包括等值连接查询、非等值连接查询、自身连接查询、外连接查询和复合条件连接查询等,而广义笛卡儿积一般不常用。

1. 等值与非等值连接查询

用来连接两个表的条件称为连接条件或连接谓词,其一般格式为

[<表名 1>.]<列名 1> <比较运算符> [<表名 2>.]<列名 2>

其中比较运算符主要有＝、＞、＜、＞＝、＜＝、!＝、＜＞。

此外连接谓词还可以使用下面形式。

[<表名 1>.]<列名 1> BETWEEN [<表名 2>.]<列名 2> AND [<表名 2>.]<列名 3>

当比较运算符为"＝"时,称为**等值连接**。使用其他运算符的连接称为**非等值连接**。

连接谓词中的列名称为连接字段。连接条件中的各连接字段类型必须是可比的,但不必是相同的。例如,可以都是字符型,或都是日期型;也可以一个是整型,另一个是实型,整型和实型都是数值型,因此是可比的。但若一个是字符型,另一个是整数型就不允许了,因为它们是不可比的类型。

从概念上讲,DBMS 执行连接操作的过程是,首先在表 1 中找到第一个元组,然后从头开始顺序扫描或按索引扫描表 2,查找满足连接条件的元组,每找到一个满足条件的元组,就将表 1 中的第一个元组与该元组拼接起来,形成结果表中一个元组。表 2 全部扫描完毕后,再到表 1 中找第二个元组,然后再从头开始顺序扫描或按索引扫描表 2,查找满足连接条件的元组,每找到一个满足条件的元组,就将表 1 中的第二个元组与该元组拼接起来,形成结果表中一个元组。重复上述操作,直到表 1 全部元组都处理完毕为止。

例 3.41 查询每个学生及其选修课程的情况。

学生情况存放在 S 表中,学生选课情况存放在 SC 表中,所以本查询实际上同时涉及 S 与 SC 两个表中的数据。这两个表之间的联系是通过两个表都具有的属性 SNO 实现的。要查询学生及其选修课程的情况,就必须将这两个表中学号相同的元组连接起来。这是一个等值连接。完成本查询的 SQL 语句为

```
SELECT *
FROM S, SC
WHERE S.SNO=SC.SNO    --若省略 WHERE 即为 S 与 SC 两表的广义笛卡儿积操作
```

连接运算中有两种特殊情况,一种称为**广义笛卡儿积连接**,另一种称为**自然连接**。

广义笛卡儿积连接是不带连接谓词的连接。两个表的广义笛卡儿积连接即两表中元组的交叉乘积,也即其中一表中的每一元组都要与另一表中的每一元组做拼接,因此结果表往往很大。

如果是按照两个表中的相同属性进行等值连接,且目标列中去掉了重复的属性列,但保留了所有不重复的属性列,则称为**自然连接**。

例 3.42 自然连接 S 和 SC 表。

```
SELECT S.SNO, SN, SEX, AGE, DEPT, CNO, SCORE
FROM S, SC
WHERE S.SNO=SC.SNO
```

在本查询中,由于 SN、SEX、AGE、DEPT、CNO 和 SCORE 属性列在 S 与 SC 表中是唯一的,因此引用时可以去掉表名前缀。而 SNO 在两个表都出现了,因此引用时必须加上表名前缀,以明确属性所属的表。该查询的执行结果不再出现 SC.SNO 列。

2. 自身连接

连接操作不仅可以在两个表之间进行,也可以是一个表与其自己进行连接,这种连接称为表的**自身连接**。

例 3.43　查询比李涛年龄大的学生的姓名、年龄和李涛的年龄。

要查询的内容均在同一表 S 中,可以将表 S 分别取两个别名,一个是 X,一个是 Y。将 X,Y 中满足比李涛年龄大的行连接起来。这实际上是同一表 S 的大于连接。

完成该查询的 SQL 语句为

```
SELECT X.SN AS 姓名,X.AGE AS 年龄,Y.AGE AS 李涛的年龄
FROM S AS X, S AS Y
WHERE X.AGE>Y.AGE AND Y.SN='李涛'
```

结果为

姓名	年龄	李涛的年龄
陈高	21	19
徐敏敏	20	19

注意:SELECT 语句的可读性可通过为表指定别名来提高,别名也称为相关名称或范围变量。指派表的别名时,可以使用也可以不使用 AS 关键字,如上 SQL 命令也可表示为

```
SELECT X.SN 姓名, X.AGE 年龄, Y.AGE 李涛的年龄
FROM S X,S Y
WHERE X.AGE>Y.AGE AND Y.SN='李涛'
```

3. 外连接

在通常的连接操作中,只有满足连接条件的元组才能作为结果输出,如在例 3.41 和例 3.42 的结果表中没有关于学生 S6 的信息,原因在于她没有选课,在 SC 表中没有相应的元组。但是有时想以 S 表为主体列出每个学生的基本情况及其选课情况,若某个学生没有选课,则只输出其基本情况信息,其选课信息为空值即可,这时就需要使用外连接([Outer] Join)。外连接的运算符通常为 *,有的关系数据库中也用+,使它出现在=左边或右边。如下 MySQL 中使用类英语的表示方式([Outer] Join)来表达外连接。

这样,可以将例 3.42 改写如下:

```
SELECT S.SNO, SN, SEX, AGE, DEPT, CNO, SCORE
FROM S LEFT Outer JOIN SC ON S.SNO=SC.SNO
```

结果为

SNO	SN	SEX	AGE	DEPT	CNO	SCORE
S1	李涛	男	19	信息	C1	90
S1	李涛	男	19	信息	C2	85

┈┈

| S5 | 吴小丽 | 女 | 19 | 信息 | | C2 | 89 |
| **S6** | **徐敏敏** | **女** | **20** | **计算机** | | **NULL NULL** | |

从查询结果可以看到,S6 没选课,但 S6 的信息也出现在查询结果中,上例中外连接符 LEFT［OUTER］JOIN 称为左外连接。相应地,外连接符 RIGHT［OUTER］JOIN 称为右外连接,外连接符 FULL［OUTER］JOIN 称其为全外连接(既是左外连接,又是右外连接);CROSS JOIN 为交叉连接,即广义笛卡儿积连接。

3.3.8　合并查询

合并查询结果就是使用 UNION 操作符将来自不同查询的数据组合起来,形成一个具有综合信息的查询结果。UNION 操作会自动将重复的数据行剔除。必须注意的是,参加合并查询结果的各子查询的结构应该相同,即各子查询的列数目相同,对应的数据类型要相容。

例 3.44　从 SC 数据表中查询出学号为 S1 的同学的学号和总分,再从 SC 数据表中查询出学号为 S5 的同学的学号和总分,然后将两个查询结果合并成一个结果集。

```
SELECT SNO AS 学号,SUM(SCORE) AS 总分
FROM SC WHERE (SNO='S1') GROUP BY SNO
UNION    --UNION ALL 组合多个集合包括重复元组
SELECT SNO AS 学号,SUM(SCORE) AS 总分
FROM SC WHERE (SNO='S5') GROUP BY SNO
```

注意:若 UNION 改为 EXCEPT 或 INTERSECT,就完成关系代数中差或交的功能。

3.3.9　嵌套查询

在 SQL 语言中,一个 SELECT-FROM-WHERE 语句称为一个查询块。将一个查询块嵌套在另一个查询块的 WHERE 子句或 HAVING 短语的条件中的查询称为嵌套查询。例如:

```
SELECT SN
FROM S
WHERE SNO IN (SELECT SNO
              FROM SC
              WHERE CNO='C2')
```

说明:在这个例子中,下层查询块 SELECT SNO FROM SC WHERE CNO='C2'是嵌套在上层查询块 SELECT SN FROM S WHERE SNO IN 的 WHERE 条件中的。上层的查询块又称为外层查询或父查询或主查询,下层查询块又称为内层查询或子查询。SQL 语言允许多层嵌套查询,即一个子查询中还可以嵌套其他子查询。需要特别指出的是,子查询的 SELECT 语句中不能使用 ORDER BY 子句,ORDER BY 子句永远只能对最终(或外)查询结果排序。

以上嵌套查询的求解方法是由里向外处理，即每个子查询在其上一级查询处理之前求解，子查询的结果用于建立其父查询的查找条件。这种与其父查询不相关的子查询被称为**不相关子查询**。

嵌套查询使得可以用一系列简单查询构成复杂的查询，从而明显地增强了 SQL 的查询表达能力。以层层嵌套的方式来构造查询命令或语句正是 SQL 中"结构化"的含义所在。

有 4 种能引出子查询的嵌套查询方式，下面分别介绍。

1. 带有 IN 谓词的子查询

带有 IN 谓词的子查询是指父查询与子查询之间用 IN 进行连接，判断某个属性列值是否在子查询的结果中。由于在嵌套查询中，子查询的结果往往是一个集合，所以 IN 是嵌套查询中最经常使用的谓词。

例 3.45　查询与"王林"在同一个系学习的学生的学号、姓名和所在系。

查询与"王林"在同一个系学习的学生，可以首先确定"王林"所在系名，然后再查找所有在该系学习的学生。所以可以分步来完成此查询。

（1）确定"王林"所在系名。

```
SELECT DEPT
FROM S
WHERE SN='王林'
```

结果为

```
DEPT
- - - - - - -
计算机
```

（2）查找所有在计算机系学习的学生。

```
SELECT SNO, SN, DEPT
FROM S
WHERE DEPT='计算机'
```

结果为

```
SNO  SN      DEPT
- -  - - - - -  - - - - - - -
S2   王林     计算机
S6   徐敏敏    计算机
```

分步查询比较麻烦，上述查询实际上可以用子查询来实现，即将第一步查询嵌入第二步查询中，用以构造第二步查询的条件。SQL 语句如下：

```
SELECT SNO, SN, DEPT FROM S
WHERE DEPT IN ( SELECT DEPT FROM S WHERE SN='王林')
```

本例中的查询也可以用前面学过的表的自身连接查询来完成：

```
SELECT S1.SNO, S1.SN, S1.DEPT   FROM S S1, S S2
WHERE S1.DEPT = S2.DEPT AND S2.SN='王林'
```

可见,实现同一个查询可以有多种方法,当然不同的方法其执行效率可能会有差别,甚至会差别很大。

例 3.46　查询选修了课程名为"数据库"的学生学号和姓名。

```
SELECT SNO, SN FROM S
WHERE SNO IN (SELECT SNO FROM SC
                WHERE CNO IN (SELECT CNO FROM C
                            WHERE CN='数据库'))
```

结果为

```
SNO   SN
---   -------
S3    陈高
S4    张杰
```

本查询同样可以用连接查询来实现。

```
SELECT S.SNO, SN
FROM S, SC, C
WHERE S.SNO=SC.SNO AND SC.CNO=C.CNO AND C.CN='数据库'
```

2. 带有比较运算符的子查询

带有比较运算符的子查询是指父查询与子查询之间用比较运算符进行连接。当用户能确切知道内层查询返回的是单列单值时,可以用>、<、=、>=、<=、!=或<>等比较运算符。

例如,在例 3.45 中,由于一个学生只可能在一个系学习,也就是说内查询王林所在系的结果是一个唯一值,因此该查询也可以用带比较运算符的子查询来实现,其 SQL 语句如下:

```
SELECT SNO, SN, DEPT FROM S
WHERE DEPT = (SELECT DEPT FROM S WHERE SN='王林')
```

需要注意的是,子查询一般要跟在比较符之后,下列写法是不推荐的(子查询在=号左边了,尽管这种表示在 MySQL 还是允许的)。

```
SELECT SNO, SN, DEPT FROM S
WHERE (SELECT DEPT FROM S WHERE SN='王林') = DEPT
```

3. 带有 ANY 或 ALL 谓词的子查询

子查询返回单值时可以用比较运算符。而使用 ANY 或 ALL 谓词时则必须同时使用比较运算符,其语义如表 3.4 所示。

表 3.4 ANY 和 ALL 谓词与比较运算符

>ANY	大于子查询结果中的某个值
<ANY	小于子查询结果中的某个值
>=ANY	大于或等于子查询结果中的某个值
<=ANY	小于或等于子查询结果中的某个值
=ANY	等于子查询结果中的某个值
!=ANY 或<>ANY	不等于子查询结果中的某个值(往往肯定成立而没有实际意义)
>ALL	大于子查询结果中的所有值
<ALL	小于子查询结果中的所有值
>=ALL	大于或等于子查询结果中的所有值
<=ALL	小于或等于子查询结果中的所有值
=ALL	等于子查询结果中的所有值(通常没有实际意义)
!=ALL 或<>ALL	不等于子查询结果中的任何一个值

例 3.47 查询其他系中比信息系所有学生年龄小的学生名及年龄,按年龄降序输出。

```
SELECT SN, AGE
FROM S
WHERE AGE<ALL(SELECT AGE
              FROM S
              WHERE DEPT='信息') AND DEPT <>'信息'
ORDER BY AGE DESC
```

本查询实际上也可以在子查询中用集函数(请参阅表 3.5)实现。

```
SELECT SN, AGE FROM S
WHERE AGE<(SELECT MIN(AGE) FROM S WHERE DEPT='信息')
    AND DEPT <>'信息'
ORDER BY AGE DESC
```

事实上,用集函数实现子查询通常比直接用 ANY 或 ALL 查询效率要高。

表 3.5 ANY、ALL 谓词与集函数及 IN 谓词的等价转换关系

	=	<>或!=	<	<=	>	>=
ANY	IN	--	<MAX	<=MAX	>MIN	>=MIN
ALL	--	NOT IN	<MIN	<=MIN	>MAX	>=MAX

4. 带有 EXISTS 谓词的子查询

EXISTS 代表存在量词∃。带有 EXISTS 谓词的子查询不返回任何实际数据,它只产生逻辑真值 true 或逻辑假值 false。

例 3.48 查询所有选修了'C1'号课程的学生姓名。

经分析,本题涉及 S 关系和 SC 关系,可以在 S 关系中依次取每个元组的 SNO 值,用此 S.SNO 值去检查 SC 关系,若 SC 中存在这样的元组,其 SC.SNO 值等于用来检查的 S.SNO 值,并且其 SC.CNO='C1',则取此 S.SN 送入结果关系。也即在 S 表中查找学生姓名,条件是该学生存在对 C1 号课程的选修情况。将此想法写成 SQL 语句就是:

```
SELECT SN
FROM S
WHERE EXISTS (SELECT *
              FROM SC
              WHERE SNO=S.SNO AND CNO='C1')
```

使用存在量词 EXISTS 后,若内层查询结果非空,则外层的 WHERE 子句返回真值,否则返回假值。由 EXISTS 引出的子查询,其目标列表达式通常都用 *,因为带 EXISTS 的子查询只返回真值或假值,给出列名亦无实际意义。

这类嵌套查询与前面的不相关子查询有一个明显区别,即子查询的查询条件依赖于外层父查询的某个属性值(在本例中是依赖于 S 表的 SNO 值),称这类查询为相关子查询(correlated subquery)。求解相关子查询不能像求解不相关子查询那样,一次将子查询求解出来,然后求解父查询。由于相关子查询的内层查询与外层查询有关,因此必须反复求值。从概念上讲,相关子查询的一般处理过程是,首先取外层查询中 S 表的第一个元组,根据它与内层查询相关的属性值(即 SNO 值)处理内层查询,若 WHERE 子句返回值为真(即内层查询结果非空),则取此元组放入结果表;然后再检查 S 表的下一个元组;重复这一过程,直至 S 表全部检查完毕为止。

本例中的查询也可以用连接运算来实现,读者可以参照有关的例子,自己给出相应的 SQL 语句。与 EXISTS 谓词相对应的是 NOT EXISTS 谓词。使用存在量词 NOT EXISTS 后,若内层查询结果为空,则外层的 WHERE 子句返回真值,否则返回假值。

例 3.49 查询所有未修 C1 号课程的学生姓名。

```
SELECT SN
FROM S
WHERE NOT EXISTS (SELECT *
                  FROM SC
                  WHERE SNO=S.SNO AND CNO='C1')
```

或注意两种表达的区别

```
SELECT SN FROM S
WHERE SNO NOT IN (SELECT SNO FROM SC WHERE CNO='C1')
```

但如下表达是完全错的,请明白其中的原因。

```
SELECT SN FROM S,SC WHERE S.SNO=SC.SNO AND SC.CNO<>'C1' --错误的表达
```

一些带 EXISTS 或 NOT EXISTS 谓词的子查询不能被其他形式的子查询等价替换,但所有带 IN 谓词、比较运算符、ANY 和 ALL 谓词的子查询都能用带 EXISTS 谓词

的子查询等价替换。例如,带有谓词 IN 的例 3.45 可以用如下带谓词 EXISTS 的子查询替换:

```
SELECT SNO,SN,DEPT FROM S S1
WHERE EXISTS (SELECT * FROM S S2
              WHERE S2.DEPT=S1.DEPT AND S2.SN='王林')
```

由于带 EXISTS 量词的相关子查询只关心内层查询是否有返回值,并不需要查具体值,因此其效率并不一定低于不相关子查询,甚至有时是最高效的方法。

SQL 语言中没有全称量词 ∀(For all)对应的直接语法表达。因此必须利用谓词演算将一个带有全称量词的谓词转换为等价的带有存在量词的谓词。

例 3.50 查询选修了全部课程的学生姓名。

由于没有直接全称量词表达,可将题目的意思转换成等价的存在量词的形式:查询这样的学生姓名,没有一门课程是他不选的。该查询涉及三个关系,存放学生姓名的 S 表,存放所有课程信息的 C 表,存放学生选课信息的 SC 表。其 SQL 语句为

```
SELECT SN
FROM S
WHERE NOT EXISTS(SELECT *
                 FROM C
                 WHERE NOT EXISTS(SELECT *
                                  FROM SC
                                  WHERE SNO=S.SNO AND CNO=C.CNO))
```

注意:本题也有如下不太常规的解答方法(S 表中姓名 SN 允许重名):

```
SELECT SN FROM S,SC
WHERE S.SNO=SC.SNO
GROUP BY S.SNO,SN
HAVING COUNT(*)>=(SELECT COUNT(*) FROM C)
```

例 3.51 查询至少选修了学号为 S1 的学生所选全部课程的学生学号。

首先把本查询题改写为:"查找这样的学生学号,对该生来说**不存在**有课程 S1 学生选修而该学生**不选修**的情况"。言下之意,只要 S1 学生选修的课该学生都选修的。

接着对改写的题意,WHERE 子句套用 NOT EXISTS…NOT EXISTS …,写出如下 SELECT 语句:

```
SELECT SNO FROM S
WHERE NOT EXISTS(SELECT * FROM SC SCX
                 WHERE SNO='S1' AND
                       NOT EXISTS(SELECT * FROM SC SCY
                                  WHERE SNO=S.SNO AND CNO=SCX.CNO))
```

3.3.10 子查询别名表达式的使用*

在查询语句中,直接使用子查询别名的表达形式不失为一种简洁的查询表达方法。以下举例说明。

例 3.52 在选修 C2 课程成绩大于该课平均成绩的学生中,查询还选修了 C1 课程的学生学号、姓名与 C1 课程成绩。

```
SELECT S.SNO,S.SN,SCORE
FROM SC,S,(SELECT SNO FROM SC
              WHERE CNO='C2' AND
                   SCORE>(SELECT AVG(SCORE)
                          FROM SC WHERE CNO='C2')) AS T1(sno)
WHERE SC.SNO=T1.SNO AND S.SNO=T1.SNO AND CNO='C1'
```

注意:通过 AS 关键字给子查询命名的表达式称为子查询别名表达式,别名后的括号中可对应给子查询列指定列名。一旦命名,别名表可如同一般表一样的使用。

例 3.53 查询选课门数唯一的学生的学号(例如,若只有 S1 学号的学生选 2 门,则 S1 应为结果之一)。

```
SELECT t3.SNO
FROM (SELECT CT
       FROM (SELECT SNO,COUNT(SNO) AS CT
             FROM SC GROUP BY SNO) AS T1(sno,ct)
       GROUP BY CT HAVING COUNT(*)=1)
      AS T2(ct),(SELECT SNO,COUNT(SNO) AS CT
                   FROM SC GROUP BY SNO) AS T3(sno,ct)
WHERE T2.CT=T3.CT
```

本题改用"WITH<公用表表达式>[,...n]"表达为

```
WITH T1(sno,ct) AS (SELECT SNO,COUNT(SNO) AS CT FROM SC GROUP BY SNO),
     T2(ct) AS (SELECT CT FROM T1 GROUP BY CT HAVING COUNT(*)=1)
SELECT T1.sno FROM T1,T2 WHERE T2.ct=T1.ct  --请类似改写例 3.52、例 3.54
```

例 3.54 查询学习编号为 C2 课成绩为第 3 名的学生的学号(设选修 C2 号课的学生人数>=3)。

```
SELECT SC.SNO
FROM (SELECT MIN(SCORE)
       FROM (SELECT DISTINCT SCORE FROM SC WHERE CNO='C2'
             ORDER BY SCORE DESC LIMIT 0,3) AS t1(SCORE)
      ) AS t2(SCORE) INNER JOIN SC ON t2.SCORE=SC.SCORE
WHERE CNO='C2'
```

思考:读者可试试若不用子查询别名表达式的表示方法,这些查询该如何表达?

3.3.11 存储查询结果到表中

使用 SELECT … [into_option] … 语句可以将查询到的结果存储到一个新建的文本文件中去。

例 3.55 从 SC 数据表中查询出所有同学的学号和总分,并将查询结果存放到一个新的 Cal_Table 文本文件中。

```
SELECT SNO AS 学号,SUM(SCORE) AS 总分
INTO  OUTFILE 'C:\\ProgramData\\MySQL\\MySQL Server 8.0\\Uploads\\Cal_Table.
txt'
FROM SC
GROUP BY SNO
```

或

```
SELECT SNO AS 学号,SUM(SCORE) AS 总分
INTO  OUTFILE 'C:/ProgramData/MySQL/MySQL Server 8.0/Uploads/Cal_Table.txt'
FROM SC
GROUP BY SNO
```

说明：能否使用 INTO OUTFILE 来导入或导出到文本文件，与 MySQL 的系统参数 Secure File Priv 相关（一般在系统配置文件 my.ini 中设置），具体规定如下。

（1）如果设置 secure_fille_priv 的值是某盘的一个具体目录位置，此时文件只能放到指定的这个目录位置。

（2）如果设置 secure_file_priv 的值为 NULL，表示限制 MySQL 不允许导入或导出。

（3）如果设置 secure_file_priv＝""或 secure_file_priv＝，表示不对 MySQL 的导入或导出做限制，即可以指定不同的目录文件或文件默认放在数据库名的目录里（当使用相对路径命名导入或导出文件时）。

3.4　SQL 数据更新

3.4.1　插入数据

1. 插入单个或多个元组

插入单个或多个元组的 INSERT 语句的格式为

```
INSERT [INTO] <表名>[(<属性列 1>[,<属性列 2>]...)]
{VALUES(<常量 1>[,<常量 2>]...)[,…n]}
```

如果某些属性列在 INTO 子句中没有出现，则新记录在这些列上将取空值。但必须注意的是，在表定义时说明了 NOT NULL 的属性列不能取空值，为此它必须出现在属性列表中，并给它指定值，否则会出错。

如果 INTO 子句中没有指明任何列名，则新插入的记录必须在表的每个属性列上均对应指定值。

例 3.56　将一个新学生记录（学号：S7；姓名：陈冬；性别：男；年龄：18 岁；所在系：信息）插入 S 表中。

```
INSERT INTO S VALUES ('S7','陈冬','男',18,'信息')
```

例 3.57　插入 2 条 S7 学号学生的选课记录('S7','C1'),('S7','C2')。

```
INSERT INTO SC(SNO, CNO) VALUES('S7','C1' ),('S7','C2')
```

新插入的记录在 SCORE 列上取空值。

2. 插入子查询结果

子查询不仅可以嵌套在 SELECT 语句中,用以构造父查询的条件(如 3.3.9 节所述),也可以嵌套在 INSERT 语句中,用以生成要插入的一批数据记录集。

插入子查询结果的 INSERT 语句的格式为

```
INSERT INTO <表名>[(<属性列 1>[,<属性列 2>]...)] 子查询
```

其功能是可以批量插入,一次将子查询的结果全部插入指定表中。

例 3.58 对每一个系,求学生的平均年龄,并把结果存入数据库。

对于这道题,首先要在数据库中建立一个有两个属性列的新表,其中一列存放系名,另一列存放相应系的学生平均年龄。

```
CREATE TABLE DEPTAGE( DEPT CHAR(15),AVGAGE TINYINT)
```

然后对数据库的 S 表按系分组求平均年龄,再把系名和平均年龄存入新表中。

```
INSERT INTO DEPTAGE (DEPT, AVGAGE)
    SELECT DEPT, AVG(AGE) FROM S GROUP BY DEPT
```

3.4.2 修改数据

修改操作又称为更新操作,其语句的一般格式为

```
UPDATE <表名>
SET <列名>=<表达式>[,<列名>=<表达式>]...
[WHERE <条件>]
```

其功能是修改指定表中满足 WHERE 子句条件的元组。其中,SET 子句用于指定修改方法,即用<表达式>的值取代相应的属性列的值。如果省略 WHERE 子句,则表示要修改表中的所有元组。

1. 修改某一个元组的值

例 3.59 将学生 S3 的年龄改为 22 岁。

```
UPDATE S
SET AGE=22
WHERE SNO='S3'
```

2. 修改多个元组的值

例 3.60 将所有学生的年龄增加 1 岁。

```
UPDATE S SET AGE=AGE+1
```

3. 带子查询的修改语句

子查询也可以嵌套在 UPDATE 语句中,用以构造执行修改操作的条件。

例 3.61　将计算机系全体学生的成绩置零。

```
UPDATE SC
SET SCORE=0
WHERE '计算机'=(SELECT DEPT
                FROM S
                WHERE SC.SNO=S.SNO)
```

或

```
UPDATE SC
SET SCORE=0
WHERE SNO IN (SELECT SNO
                FROM S
                WHERE DEPT='计算机')
```

3.4.3　删除数据

删除语句的一般格式为

DELETE [FROM] <表名>[WHERE <条件>]

DELETE 语句的功能是从指定表中删除满足 WHERE 子句条件的所有元组。如果省略 WHERE 子句，表示删除表中全部元组，但表的定义仍在字典中。也就是说，DELETE 语句删除的只是表中的数据，而不包括表的结构定义。

1. 删除某一个元组的值

例 3.62　删除学号为 S7 的学生记录。

```
DELETE
FROM S
WHERE SNO='S7'
```

2. 删除多个元组的值

例 3.63　删除所有的学生选课记录。

```
DELETE FROM SC
```

3. 带子查询的删除语句

子查询同样也可以嵌套在 DELETE 语句中，用以构造执行删除操作的条件。

例 3.64　删除计算机系所有学生的选课记录。

```
DELETE FROM SC
WHERE '计算机'=(SELECT DEPT FROM S WHERE S.SNO=SC.SNO)
```

3.5　视　　　图

3.5.1　定义和删除视图

在关系数据库系统中，视图为用户提供了多种看待数据库数据的方法与途径，是关系数据库系统中的一种重要对象。

视图是从一个或几个基本表(或视图)导出的表,它与基本表不同,是一个虚表。通过视图能操作数据,基本表数据的变化也能在刷新的视图中反映出来。从这个意义上讲,视图像一个窗口或望远镜,用户透过它可以看到数据库中自己感兴趣的数据及其变化。

视图在概念上与基本表等同,一经定义,就可以和基本表一样被查询、被删除,也可以在一个视图上再定义新的视图,但对视图的更新(插入、删除、修改)操作则有一定的限制。

1. 创建视图

SQL 语言用 CREATE VIEW 命令创建视图,其一般格式为

```
CREATE VIEW <视图名>[(<列名>[,<列名>]...)]
    AS <子查询>[WITH CHECK OPTION ][;]
```

其中,<子查询>可以是任意复杂的 SELECT 语句,但通常不允许含有 ORDER BY 子句和 DISTINCT 短语;WITH CHECK OPTION 强制针对视图执行的所有数据修改语句都必须符合在<子查询>中设置的条件,通过视图修改行时,WITH CHECK OPTION 可确保提交修改后,仍可通过视图看到数据。

注意:如果 CREATE VIEW 语句仅指定了视图名,省略了组成视图的各个属性列名,则该视图的属性列名由子查询中 SELECT 子句目标列中的诸字段名组成。但在下列 3 种情况下必须明确指定组成视图的所有列名。

(1)其中某个目标列不是单纯的属性名,而是集函数或列表达式。

(2)多表连接时选出了几个同名列作为视图的字段。

(3)需要在视图中为某个列启用新的更合适的名字。

需要说明的是,组成视图的属性列名必须依照上面的原则,或者全部省略或者全部指定,没有第三种选择。

例 3.65 建立信息系学生的视图。

```
CREATE VIEW IS_S
    AS  SELECT SNO, SN, AGE
        FROM S
        WHERE DEPT='信息' WITH CHECK OPTION;
```

实际上,DBMS 执行 CREATE VIEW 语句的结果只是把对视图的定义存入数据字典,并不执行其中的 SELECT 语句。只是在对视图查询时,才按视图的定义从基本表中将数据查出。

例 3.66 建立信息系选修了 C1 号课程的学生的视图(给出学号、姓名与成绩)。

```
CREATE VIEW IS_S1(SNO,SN,SCORE)
    AS  SELECT S.SNO,SN,SCORE FROM S,SC
        WHERE DEPT='信息' AND S.SNO=SC.SNO AND SC.CNO='C1'
```

2. 删除视图

语句的格式为

DROP VIEW <视图名>

一个视图被删除后,由此视图导出的其他视图也将失效,用户应该使用 DROP VIEW 语句将它们一一删除。

例 3.67　删除视图 IS_S1。

DROP VIEW IS_S1

3.5.2　查询视图

视图定义后,用户就可以像对基本表进行查询一样对视图进行查询了。

DBMS 执行对视图的查询时,首先进行有效性检查,检查查询涉及的表、视图等是否在数据库中存在,如果存在,则从数据字典中取出查询涉及的视图的定义,把定义中的子查询和用户对视图的查询结合起来,转换成对基本表的查询,然后再执行这个经过修正的查询。将对视图的查询转换为对基本表的查询的过程称为视图的消解(view resolution)。

例 3.68　在信息系学生的视图中找出年龄小于 20 岁的学生。

SELECT SNO, AGE FROM IS_S WHERE AGE<20

视图是定义在基本表上的虚表,它可以和其他基本表一起使用,实现连接查询或嵌套查询。这也就是说,在关系数据库的三级模式结构中,外模式不仅包括视图,而且还可以包括一些基本表。

3.5.3　更新视图

更新视图也包括插入(INSERT)、删除(DELETE)和修改(UPDATE)三类操作。

由于视图是不实际存储数据的虚表,因此对视图的更新,最终要转换为对基本表的更新。对视图与对基本表的更新操作表达是完全相同的。

例 3.69　将信息系学生视图 IS_S 中学号为 S1 的学生姓名改为"刘辰"。

```
UPDATE IS_S
SET SN='刘辰'
WHERE SNO='S1'
```

然而,在关系数据库中并不是所有的视图都是可更新的,因为有些视图的更新不能唯一地、有意义地转换成对相应基本表的更新。

不同的数据库管理系统对视图的更新还有不同的规定,IBM 的 DB2 数据库中视图不允许更新的规定如下。

(1) 若视图是由两个以上基本表导出的,则此视图不允许更新。

(2) 若视图的字段来自字段表达式或常数,则不允许对此视图执行 INSERT 和

UPDATE 操作,但允许执行 DELETE 操作。

(3) 若视图的字段来自集函数,则此视图不允许更新。

(4) 若视图定义中含有 GROUP BY 子句,则此视图不允许更新。

(5) 若视图定义中含有 DISTINCT 短语,则此视图不允许更新。

(6) 若视图定义中有嵌套查询,并且内层查询的 FROM 子句中涉及的表也是导出该视图的基本表,则此视图不允许更新。

(7) 一个不允许更新的视图上定义的视图也不允许更新。

应该指出的是,不可更新的视图与不允许更新的视图是两个不同的概念。前者指理论上已证明其是不可更新的视图。后者指实际系统中不支持其更新,但它本身有可能是可更新的视图。

3.5.4 视图的作用

视图最终是定义在基本表之上的,对视图的一切操作最终是要转换为对基本表的操作的。视图作为关系模型外模式的主要表示形式,合理使用它能带来许多好处。

1. 视图能够简化用户的操作

视图机制使用户可以将注意力集中在所关心的数据上。如果这些数据不是直接来自基本表,则可以通过定义视图,使数据库看起来结构简单、清晰,并且可以简化用户的数据查询操作。例如,定义了若干张表连接的视图,就将表与表之间的连接操作对用户隐蔽起来了。换句话说,用户所做的只是对一张虚表的简单查询,而这个虚表是怎样得来的,用户无须了解。

2. 视图使用户能以多种角度看待同一数据

视图机制能使不同的用户以不同的方式看待同一数据,当许多不同种类的用户共享同一数据库时,这种灵活性是非常重要的。

3. 视图对重构数据库提供了一定程度的逻辑独立性

视图在关系数据库中对应于子模式或外模式,在一定程度上能支持当数据库模式改变了,而子模式不变。例如,重构学生关系 S(SNO,SN,SEX,AGE,DEPT) 为 SX(SNO,SN,SEX) 和 SY(SNO,AGE,DEPT) 两个关系。这时原表 S 可由 SX 表和 SY 表自然连接获得。建立一个视图 S:

```
CREATE VIEW S(SNO,SN,SEX,AGE,DEPT)
AS SELECT SX.SNO,SX.SN,SX.SEX,SY.AGE,SY.DEPT
    FROM SX,SY
    WHERE SX.SNO=SY.SNO
```

这样,尽管数据库的逻辑结构(或称模式)改变了(变为 SX 和 SY 两个表了),但应用程序不必修改,因为新建的视图可定义成原来的关系(指属性个数及对应类型相同),使用户能在新建视图后的关系表和视图基础上,保持外模式不变。

当然,视图只能在一定程度上提供数据的逻辑独立性,因为若视图定义基于的关系表的信息不存在了或定义的视图是不可更新的,则仍然会因为基本表结构的改变而改变应用程序基于操作的外模式,因而影响到应用程序的正常运行。

4. 视图能够对机密数据提供安全保护

有了视图机制,就可以在数据库应用时,对不同的用户定义不同的视图,使机密数据不会出现在不应该看到这些机密数据的应用视图上。这样视图机制就自动提供了对机密数据的安全保护功能。例如,对全校而言,完整的学生信息表中一般含有学生家庭住址、父母姓名、家庭电话等机密信息,而一般教务管理子系统是屏蔽学生机密数据的,这样就可以通过定义不含机密信息的学生视图来提供相应的安全性保护。

5. 适当地利用视图可以更清晰、方便地表达查询

例如,经常需要查找"优秀(各门课程均 90 分及以上)学生的学号、姓名、所在系等信息"。可以先定义一个优秀学生学号的视图,其定义如下:

```
CREATE VIEW S_GOOD_VIEW
AS SELECT SNO FROM SC GROUP BY SNO HAVING MIN(SCORE)>=90
```

然后再用如下语句实现查询:

```
SELECT S.SNO,S.SN,S.DEPT
FROM S,S_GOOD_VIEW  WHERE S.SNO=S_GOOD_VIEW.SNO
```

这样,其他涉及优秀学生的查询均可清晰、方便地直接使用视图 S_GOOD_VIEW 参与表达了。

3.6 SQL 数据控制

数据库中的数据由多个用户共享,为保证数据库的安全,SQL 语言提供数据控制语言(Data Control Language,DCL)对数据库进行统一的控制管理。

3.6.1 权限与角色

1. 权限

在 SQL 系统中,有两个安全机制,一种是视图机制,当用户通过视图访问数据库时,不能访问此视图外的数据,这提供了一定的安全性。而主要的安全机制是权限机制。权限机制的基本思想是给用户授予不同类型的权限,在必要时,可以收回授权,使用户能够进行的数据库操作以及所操作的数据限定在指定时间与指定范围内,禁止用户超越权限对数据库进行非法的操作,从而保证数据库的安全性。

在数据库中,权限可分为系统权限和对象权限。可由"SHOW PRIVILEGES;"命令查看 MySQL 里有的权限列表。

系统权限是指数据库用户能够对数据库系统进行某种特定的操作的权力。它由数据库管理员授予其他用户,如创建一个基本表(CREATE TABLE)的权力。

对象权限是指数据库用户在指定的数据库对象上进行某种特定的操作的权力。对象权限由创建基本表、视图等数据库对象的用户授予其他用户,如查询(SELECT)、插入(INSERT)、修改(UPDATE)和删除(DELETE)等操作。

2. 角色

角色是多种权限的集合,可以把角色授予用户或角色。当要为一些用户同时授予或收回多项权限时,则可以把这些权限定义为一个角色,对此角色进行操作。这样就避免了许多重复性的管理工作,简化了管理数据库用户权限的工作。

3.6.2　系统权限与角色的授予与收回

1. 系统权限与角色的授予

SQL 语言用 GRANT 语句向用户授予操作权限,GRANT 语句的一般格式为

```
GRANT <系统权限>|<角色>[,<系统权限>|<角色>]... TO <用户>|<角色>|*[,<用户>|<角色>]...[WITH GRANT OPTION]
```

其语义为将对指定的系统权限或角色授予指定的用户或角色。其中, * 代表数据库中的全部用户。WITH GRANT OPTION 为可选项,指定后则允许被授权用户将指定的系统特权或角色再授予其他用户或角色。

语句里的<用户>可由 CREATE USER 命令创建,例如如下命令可创建 U1 用户:

```
CREATE USER 'U1'@'localhost' IDENTIFIED BY 'U1' PASSWORD EXPIRE;
```

例 3.70　把创建表的权限授予用户 U1。

```
GRANT CREATE on *.* TO 'U1'@'localhost';
```

2. 系统权限与角色的收回

数据库管理员可以使用 REVOKE 语句收回系统权限,其基本语法格式为

```
REVOKE <系统权限>|<角色>[,<系统权限>|<角色>] ... FROM <用户名 >|<角色>|*[,<用户名>|<角色>]...
```

例 3.71　把 U1 所拥有的创建表权限收回。

```
REVOKE CREATE on *.* FROM 'U1'@'localhost';
```

3.6.3　对象权限与角色的授予与收回

1. 对象权限与角色的授予

数据库管理员拥有系统权限,而作为数据库的普通用户,只对自己建的基本表、视图

等数据库对象拥有对象权限。如果要共享其他的数据库对象,则必须授予普通用户一定的对象权限。同系统权限的授予方法类似,SQL 语言使用 GRANT 语句为用户授予对象权限,其基本语法格式为

```
GRANT priv_type [(column_list)][, priv_type [(column_list)]] ... ON [object_
type] priv_level TO user_or_role [, user_or_role] ... [WITH GRANT OPTION] [AS
user [WITH ROLE DEFAULT| NONE| ALL| ALL EXCEPT role [, role ] ... | role [, role ]
...]]
```

具体语法与含义及其他相关语句等请参阅"https://dev.mysql.com/doc/refman/8.0/en/grant.html"。

一些授予权限的示例如下。

(1)授权 db 的所有权限给指定的账户:

```
GRANT ALL ON db.* to 'user_name'@'localhost';
```

(2)给指定的用户授予角色:

```
GRANT 'role1','role2' TO 'user_name'@'localhost','user_name2'@'localhost';
```

(3)授权 db 数据库的查询与添加权限给指定用户:

```
GRANT SELECT,INSERT ON db.* TO 'user_name'@'localhost';
```

(4)给用户授予所有数据库的权限:

```
GRANT ALL ON *.* TO 'user_name'@'localhost';
```

(5)把 test 数据库所有的表授权给 localhost 登录的所有用户:

```
GRANT ALL ON test.* TO ''@'localhost';
```

例 3.72　把查询 S 表的权限授予用户 U1。

```
GRANT SELECT ON  JXGL.S TO 'U1'@'localhost';
```

2. 对象权限与角色的收回

所有授予出去的权限在必要时都可以由数据库管理员和授权者收回,收回对象权限仍然是使用 REVOKE 语句,其基本的语法格式为

```
REVOKE [IF EXISTS] priv_type [(column_list)][, priv_type [(column_list)]] ...
ON [object_type] priv_level FROM user_or_role [, user_or_role] ... [IGNORE
UNKNOWN USER]
```

具体语法与含义及其他相关语句等请参阅"https://dev.mysql.com/doc/refman/8.0/en/grant.html"。

一些收回权限的示例如下。

(1)收回 jeffrey 用户对所有数据库的添加数据的权限:

```
REVOKE INSERT ON *.* FROM 'jeffrey'@'localhost';
```

（2）从 user1 与 user2 用户那里收回 role1 与 role2 角色：

```
REVOKE 'role1', 'role2' FROM 'user1'@'localhost', 'user2'@'localhost';
```

（3）从角色 role3 中收回对 world 数据库的查询权限：

```
REVOKE SELECT ON world.* FROM 'role3';
```

例 3.73　收回用户 U1 对 S 表的查询权限。

```
REVOKE SELECT ON JXGL.S FROM 'U1'@'localhost';
```

3.7　嵌入式 SQL 语言*

3.7.1　嵌入式 SQL 简介

SQL 语言提供了两种不同的使用方式。一种是在终端交互式方式下使用，前面介绍的就是作为独立语言由用户在交互环境下使用的 SQL 语言。另一种是将 SQL 语言嵌入某种高级语言，如 C、Java、Python、DELPHI 等中使用，利用高级语言的过程性结构来弥补 SQL 语言在实现逻辑关系复杂的应用方面的不足，这种方式下使用的 SQL 语言称为嵌入式 SQL(embedded SQL)，而嵌入 SQL 的高级语言称为主语言或宿主语言，SQL 语言称为子语言。

广义来讲，各类第四代开发工具或开发语言，如 VB、VC、C♯、VB. NET、PB 等，其通过 SQL 来实现数据库操作均为嵌入式 SQL 应用。

一般来讲，在终端交互方式下使用的 SQL 语句也可用在应用程序中。当然这两种方式下 SQL 语句细节上会有些差别，在程序设计的环境下，SQL 语句要做某些必要的扩充。

对于嵌入了 SQL 语句的高级程序源程序，一般可采用两种方法处理，一种是预编译，其处理过程如图 3.4 所示，另一种是修改和扩充主语言及其编译器使之能直接处理 SQL 语句。目前采用较多的是预编译的方法，即由 DBMS 的预处理程序对源程序进行扫描，识别出 SQL 语句，把它们转换成主语言调用语句，以使主语言编译程序能识别它，最后由主语言的编译程序将经预处理后的整个源程序编译成目标码。

图 3.4　嵌入式 SQL 的预编译、编译、连接与运行处理过程

3.7.2　嵌入式 SQL 要解决的三个问题

1. 区分 SQL 语句与主语言语句

在嵌入式 SQL 中，为了能够区分 SQL 语句与主语言语句，所有 SQL 语句都必须加

前缀 EXEC SQL。SQL 语句的结束标志随主语言的不同而不同,如在 PL/1 和 C 中以分号(;)结束,在 COBOL 中以 END-EXEC 结束。这样,以 C 或 PL/1 作为主语言的嵌入式 SQL 语句的一般形式为

```
EXEC SQL <SQL语句>;
```

例如,一条交互形式的 SQL 语句 DROP TABLE S 嵌入 C 程序中,应写作:

```
EXEC SQL DROP TABLE S;
```

嵌入 SQL 语句根据其作用的不同,可分为可执行语句和说明性语句两类。可执行语句又分为数据定义、数据控制、数据操纵三大类。几乎所有的 SQL 语句都能以嵌入式的方式使用。

在宿主程序中,任何允许出现可执行的高级语言语句的地方,都可以出现可执行 SQL 语句;任何允许出现说明性高级语言语句的地方,都可以写说明性 SQL 语句。

C 语言嵌入式 SQL 语句操作 MySQL 数据库可由 MySQL 8.0 C API 方式实现。MySQL 8.0 C API 方式提供对 MySQL 客户机/服务器协议的低级访问,并允许 C 程序访问数据库内容。C API 代码随 MySQL 一起发布,并在 libmysqlclient 库中实现。MySQL 8.0 C API 方式执行 SQL 语句,都以调用“mysql_”开头的 API 接口函数来进行的,为此,SQL 语句与主语言语句是很容易区分的。

2. 数据库工作单元和程序工作单元之间的通信

嵌入式 SQL 语句中可以使用主语言的程序变量来输入或输出数据。把 SQL 语句中使用的主语言程序变量称为主变量(host variable),主变量在宿主语言程序与数据库之间的作用可参阅图 3.5。主变量根据其作用的不同,可分为输入主变量、输出主变量和指示主变量等。MySQL 8.0 C API 方式执行 SQL 语句,C 语言变量向“mysql_”开头的 API 接口函数提供值,并接收 SQL 语句执行后返回结果数据为主要表现形式。“mysql_”开头的 API 接口函数执行后,不同的函数返回值能表明 SQL 语句在数据库端的执行情况。

图 3.5　主变量的通信与传递数据的作用示意图

3. 协调 SQL 集合式操作与高级语言记录式处理之间的关系

通常,一个 SQL 语句一般能处理一组记录,而主语言一次只能处理一个记录,为此,必须协调这两种处理方式,并使它们相互协调地处理。嵌入式 SQL 中是引入游标(Cursor)机制来解决这个问题的。

游标是系统为用户开设的一个客户端内存数据缓冲区,用来存放 SQL 语句的执行结果,每个游标区一般都有唯一的名字。用户可以通过游标逐一获取记录,并赋给主语言变量,再由主语言程序做进一步处理。

MySQL 8.0 C API 方式使用 MYSQL_RES 数据结构代表的记录集来协调 SQL 集合式操作与 C 语言记录式处理之间的关系,MYSQL_RES 记录集就是游标的一种具体实现形式。与 MYSQL_RES 数据结构紧密相关的还有 MYSQL_ROW(对应一行记录数据)、MYSQL_FIELD(对应属性或字段)等数据结构。

4. 举例

为了能够更好地理解上面的概念,下面给出带有嵌入式 SQL 的一段完整的 C 程序。该程序先使用"mysql_list_tables(&mysql,"customer")"语句检测数据库中是否存在客户表(Customer)? 若不存在或存在但想重新创建,则先用"CREATE TABLE…"命令创建该表,并使用"INSERT INTO…"语句插入若干条记录。程序接着利用 MYSQL_RES 记录集,借助循环语句结构,逐一显示出客户表中的记录(含客户号、客户名、运送城市、客户折扣率),显示的同时询问是否要修改当前客户的折扣率,得到肯定回答后,要求输入新的折扣率,并利用"UPDATE…"命令修改当前记录的折扣率。

```c
#include <stdio.h>
#include <stdlib.h>
#include <string.h>
#include <winsock.h>

#pragma comment (lib, "C:\\Program Files\\MySQL\\MySQL Server 8.0\\lib\\
libmysql.lib")
#include "C:\\Program Files\\MySQL\\MySQL Server 8.0\\include\\mysql.h"
MYSQL mysql;
MYSQL_RES * result;
MYSQL_ROW row;
int num_fields;

int main(int argc, char * * argv, char * * envp)
{   int i;
    char yn[2] = {'\0'}, sCustID[7], sName[31], sShipCity[31], sDiscount[20];
    double newdisc;
    //初始化并连接 MySQL 数据库
    mysql_init(&mysql);
    if (!mysql_real_connect(&mysql, "localhost", "root", "root", "enterprise",
3306, NULL, 0))
    {
        printf("\n 数据库链接失败,请检查后再试! \n");
        mysql_close(&mysql); exit(1);
    }
    //设置默认字符集,以支持处理汉字
    if (mysql_set_character_set(&mysql, "GBK")) fprintf(stderr, "错误, %s/n",
mysql_error(&mysql));
    mysql_query(&mysql, "set names \'GBK\'");
    //查询数据库里是否已存在 customer 表
    result = mysql_list_tables(&mysql, "customer");
    if ((row = mysql_fetch_row(result)) != NULL)
```

```
    {
        if (strcmp(row[0], "customer") == 0)
        {  printf("\n 表 customer 已存在,需要删除它吗？请输入(y--yes,n--no): \n");
           scanf("%s", &yn);
           if (yn[0] == 'y' || yn[0] == 'Y') {
               if (!mysql_query(&mysql, "drop table customer;"))
                   printf("已成功删除了 customer 表! \n");
               else
               {
                   printf("错误：删除 customer 表时发生错误。\n"); return(-1);
               }
           }
           else printf("保留了已存在的 customer 表。\n");
        }
    }
    if (yn[0]=='\0' || yn[0]=='y' || yn[0]=='Y') {
    //若不存在 customer 表或要替换已有表,则新创建之并添加数据
        if (mysql_query(&mysql, "create table customer(CustID Dec(7,0) not null,
Name Char(30) not null,ShipCity Char(30) NULL,Discount Dec(5,3) NULL,primary
key(CustID)) engine=innodb;") == 0)
            printf("已成功创建了 customer 表! \n");
        else printf("错误：创建 customer 表时发生错误。\n\n");
        if (mysql_query(&mysql, "insert into customer values(133568,'Smith Mfg.',
'Portland', 0.050),(246900,'Bolt Co.','Eugene',0.020),(275978,'Ajax Inc',
'Albany',null),(499320,'Adapto Co.','Portland',0.000),(499921,'Bell Bldg.',
'Eugene',0.100);") == 0)
            printf("已成功向表 customer 表添加了若干条记录! \n");
        else printf("错误：添加 customer 表记录时发生错误。\n");
    }
    //逐个记录显示并询问是否要修改折扣率
    mysql_query(&mysql, "select * from customer ");
    result = mysql_store_result(&mysql);
    printf("\n%s\n", "CustID(客户编号)  Name(客户姓名)   ShipCity(运送城市)
Discount(折扣率)");
    num_fields = mysql_field_count(&mysql);
    while ((row = mysql_fetch_row(result)) != NULL)
    {
        for (i = 0; i < num_fields; i++)
        {  switch (i)
           {  case 0: strcpy(sCustID, row[i]); break;
              case 1: strcpy(sName, row[i]); break;
              case 2: strcpy(sShipCity, row[i]); break;
              case 3: if (row[i] != NULL) strcpy(sDiscount, row[i]);
                      else strcpy(sDiscount, "NULL"); break;
           }
        }
        printf("%s    %s    %s    %s\n", sCustID, sName, sShipCity, sDiscount);
        printf("需要修改吗？(Y/N)?");
        scanf("%s", yn);
```

```
    if (yn[0] == 'y' || yn[0] == 'Y') {   //输入并修改
        char strupdate[100] = "update customer set discount=";
        printf("请输入新的折扣率(输入负值表示设置空值): ");
        scanf("%lf", &newdisc);
        if (newdisc < 0) strcpy(sDiscount, "NULL");
        else ftos(newdisc, sDiscount);
        //自编 ftos 函数实现 double 类型值转换成字符串形式
        strcat(strupdate, sDiscount);
        strcat(strupdate, " where CustID='");
        strcat(strupdate, sCustID);strcat(strupdate, "';");
        if (mysql_query(&mysql, strupdate) == 0)
            printf("已成功修改了该客户的折扣率! \n");
        else
            printf("错误: 修改 customer 表折扣率时发生错误。\n");
    };
  }
  if (mysql_errno(&mysql))   //mysql_fetch_row() failed due to an error
      fprintf(stderr, "错误: %s! \n", mysql_error(&mysql));
  mysql_free_result(result);
  //关闭与 MySQL 的连接
  mysql_close(&mysql);
  return 0;
}
int ftos(double value, char sfloat[])
{
  char * string;
  int dec, sign, ndig = 10;
  sfloat[0] = '\0';
  string = _fcvt(value, ndig, &dec, &sign);
  if (sign == 1) sfloat[0] = '-';
  if (dec >= 1) {
    strcat(sfloat, string, dec);
    strcat(sfloat, ".");
    strcat(sfloat, &string[dec], strlen(string) - dec);
  }
  else {
    strcat(sfloat, "0.");
    while (dec++<0) strcat(sfloat, "0");
    strcat(sfloat, string);
  }
  while (sfloat[strlen(sfloat) - 1] == '0') sfloat[strlen(sfloat) - 1] = '\0';
  return strlen(sfloat);
}
```

以上程序的运行请参见实验 6 之"6.5 系统运行及配置"。

3.7.3 第四代数据库应用开发工具或高级语言中 SQL 的使用

第四代开发工具或高级语言,一般是面向对象编程的,往往是借助于某数据库操作组件或对象,如 ADO.NET 对象、JDBC 或 ODBC 等,再通过传递 SQL 命令操作数据库数据的(从这一点来说,操作数据库的原理与嵌入 SQL 的 C 程序是一样的),下面通过几个例子来介绍第四代程序语言中 SQL 的使用情况。

1. Python 中数据库数据操作例子

该例子利用 Python 实现一个简易的窗体界面,运行界面如图 3.6 所示。当运行时,左边文本框中可输入对数据库表的查询类命令(SELECT),单击左文本框下的按钮,窗体上面网格中即显示出 SELECT 查询的结果(当然要输入正确的 SELECT 命令);右边文本框中可输入对数据库表的更新类命令(如 INSERT、UPDATE、DELETE),同样,若 SQL 命令正确,即能更新操作数据库中的数据,更新数据后左边文本框中再输入查询命令能加以检验,如此强大的 SQL 命令交互操作功能,利用 Python 引入 pymysql 模块就能轻松实现。

学号	姓名	所在系	专业	最大借书量
2019010101	Qian Bin	College of AI	Computer Scier	23
2019010102	Li Bin	College of AI	Computer Scier	30
2019010103	Zhou tao	College of AI	Computer Scier	40
2019010104	Qian Le	College of AI	Computer Scier	10
2019010105	Sun li	College of AI	Computer Scier	15

```
SELECT sno 学号, sna as 姓名,sde 所在系,ssp          UPDATE student SET sup=sup+1 WHERE
专业,sup 最大借书量  FROM student                    sno=' 2019010101'
```

```
SQL命令直接运行(select或返回值的存储过程名)          SQL命令直接运行(insert、delete、update或存储过
                                                            程名)
```

图 3.6　运行界面

该例子操作数据库数据的部分代码如下,完整代码可扫描二维码获取。

```python
import pymysql
database = {'db': 'jxgl', 'host': '127.0.0.1', 'user': 'root', 'password':
'root', 'port': '3306', 'charset': 'utf8'}
con = ''
def connect(data):
    global database, con
    #connect database
    con = pymysql.Connect(
        host=database['host'],db=database['db'],user=database['user'],
        password=database['password'],charset=database['charset'])
    cursor = con.cursor()
    return cursor
def select(sql, cursor):
    cursor.execute(sql)
    #将 result 转换成列表
```

```python
        result = cursor.fetchall()
        result = [list(i) for i in result]
        #获取列名
        description = cursor.description
        column_list = [column[0] for column in description]
        #拼接列名和数据
        to_list = [column_list]
        for i in range(len(result)):
            to_list.append(result[i])
        return to_list, column_list
    def renew(sql, cursor):
        global con
        #执行删除、修改、添加操作
        cursor.execute(sql)
        submit()
    def submit():
        global con
        con.commit()
    def show(data):
        if len(data) == 0:
            return
        for i in range(len(data)):
            print(list(data[i]))
    def log(object):
        str = object
        print(str)
    def main():
        cursor = connect(database)   #cursor = connect('')
        #查询测试
        sql1 = "select * from student"
        data, column_list = select(sql1, cursor)
        log("查询结果:")
        show(data)
        #删除测试
        #    sql2 = "delete from student where sno='2019010101'"
        #    renew(sql2, cursor)
        #插入测试
        #    sql4 = "insert into student values('2019010106','Sun Hong','College of
    AI','Computer Science',15)"
        #    renew(sql4, cursor)
        #修改测试
        sql3 = "update student set sup = sup+1 where sno='2019010101'"
        renew(sql3, cursor)

        data, column_list = select(sql1, cursor)
        log("修改后的查询结果:")
        show(data)

        cursor.close()
```

```
        con.close()
if __name__ == '__main__':
    main()
```

2. C♯中连接并执行 SQL 语句的程序段

.NET 集成环境中的 C♯ 操作数据库可由 Connector/NET 组件来实现。到官网(//
https://dev.mysql.com/downloads/connector/net/)下载安装相应版本的 Connector/
NET 组件(版本要与.netframework 版本相容)。具体步骤如下。

首先,在安装的 Connector/NET 组件相应目录里找到 MySql.Data.dll,或网上直接下载
相应版本的 MySql.Data.dll(https://downloads.mysql.com/archives/visualstudio/),并将它
放在项目工程目录下的 Dubug 目录下。其次,右击项目名字,选择"添加引用"命令,将
MySql.Data.dll 添加到项目中。最后,在代码页中输入 using MySql.Data.MySqlClient;
然后,就可以使用这个类库来建立连接,操作数据库数据了。

下面的程序,先连接到 enterprise 数据库,接着对 customer 表添加记录与修改记录
值,再显示 customer 表中全部数据,最后删除前面添加记录(恢复原 customer 表),以此
来领略 C♯程序执行 SQL 语句操作数据库数据的基本情况。具体程序段如下,完整代码
可扫描二维码获取。

```
using System;
using System.Collections.Generic;
using System.Linq;
using System.Text;
using System.Threading.Tasks;
using MySql.Data.MySqlClient;   //添加引用
class Program
{
    static void Main(string[] args)
    {
        int count = 0;
        //建立连接代码:
        MySqlConnection sqlCon = new MySqlConnection("Database=enterprise;
         Data Source=localhost;User Id=root;Password=root;pooling=true;
         charset=utf8;");
        //定义查询结果读取器
        MySqlDataReader reader = null;
        try
        {
            //打开连接
            sqlCon.Open();
            //由命令对象的 ExecuteNonQuery() 方法完成添加记录功能
            MySqlCommand cmd = new MySqlCommand("insert into customer values
            ('143568','Tommon Js.','Portland', 0.150)", sqlCon);
            //再修改该新添记录的折扣率为 0.123
            count = cmd.ExecuteNonQuery();
```

```
        cmd = new MySqlCommand("update customer set discount=0.123 where
        custid='143568'", sqlCon);
        count = cmd.ExecuteNonQuery();
        //设置查询命令
        cmd = new MySqlCommand("select * from customer; ", sqlCon);
        //执行查询,并将结果返回给读取器
        reader = cmd.ExecuteReader();
        Console.WriteLine("CustID  Name  ShipCity   Discount(折扣率)");
        while (reader.Read())   //循环显示表记录
        {
            if (!reader.IsDBNull(3))
            {
                Console.WriteLine(reader[0].ToString() + "\t" + reader[1].
                ToString() + "\t" + reader[2].ToString() + "\t\t" + reader
                [3].ToString());
            }
            else
            {
                Console.WriteLine(reader[0].ToString() + "\t" + reader[1].
                ToString() + "\t" + reader[2].ToString() + "\t\t" + "NULL");
            }
        }
        reader.Close(); //关闭读取器
        //由命令对象的 ExecuteNonQuery()方法 完成删除记录功能
        cmd = new MySqlCommand("delete from customer where custid='143568'",
        sqlCon);
        count = cmd.ExecuteNonQuery();
    }
    catch (Exception ex) {Console.WriteLine(ex.StackTrace.ToString());}
    finally
    {
        if (!reader.IsClosed) reader.Close();
        sqlCon.Close();
    }
  }
}
```

3. Java 语言中通过 JDBC 来连接并执行数据查询的程序段

在 Java 语言中主要通过 JDBC 来连接并执行数据操作,该例查询 customer 表里每位客户的客户编号、客户姓名、客户运送城市等信息。该例操作数据库数据的部分代码如下,完整代码可扫描二维码获取。

```
import java.sql.*;
public class MySQLDemo {
    //MySQL 8.0 之前版本 - JDBC 驱动名及数据库 URL
    //static final String JDBC_DRIVER = "com.mysql.jdbc.Driver";
    //static final String DB_URL = "jdbc:mysql://localhost:3306/hospital";
```

```
//MySQL 8.0 及以上版本 - JDBC 驱动名及数据库 URL
static final String JDBC_DRIVER = "com.mysql.cj.jdbc.Driver";
static final String DB_URL = "jdbc:mysql://localhost:3306/hospital?useSSL=
false&allowPublicKeyRetrieval=true&serverTimezone=UTC";
static final String USER = "root";              //数据库的用户
static final String PASS = "root";              //数据库的用户名 root 的密码
//main 主类
public static void main(String[] args) {
    Connection conn = null;                     //定义连接对象并初始化
    Statement stmt = null;                      //定义命令对象并初始化
    try{
        Class.forName(JDBC_DRIVER);             //注册 JDBC 驱动
        //打开连接
        System.out.println("连接数据库...");
        conn = DriverManager.getConnection(DB_URL,USER,PASS);
        //执行查询
        System.out.println(" 实例化 Statement 对象...");
        stmt = conn.createStatement();
        String sql;
        sql = "SELECT CustID,Name,ShipCity,Discount FROM customer ";
        ResultSet rs = stmt.executeQuery(sql);
        //展开结果集数据库
        while(rs.next()){                       //通过字段名检索
            int id = rs.getInt("CustID");
            String name = rs.getString("name");
            String ShipCity = rs.getString("ShipCity");
            //输出数据
            System.out.print("ID: " + Integer.toString(id) + ", 姓名: " +
             name + ",运送城市: " + ShipCity + "\n");
        }
        //完成后关闭
        rs.close();
        stmt.close();
        conn.close();
    }catch(SQLException se){                     //处理 JDBC 错误
        se.printStackTrace();
    }catch(Exception e){                         //处理 Class.forName 错误
        e.printStackTrace();
    }finally{                                    //关闭资源
        try{
            if(stmt!=null) stmt.close();
        }catch(SQLException se2){}               //什么都不做
        try{
            if(conn!=null) conn.close();
        }catch(SQLException se){se.printStackTrace();}
    }
    System.out.println("Goodbye!");
}
}
```

通过以上 3 个简单例子,读者能了解到目前第四代开发工具或高级语言中操作数据库数据的一般方法,也能认识到 SQL 命令仍然是数据库操作的核心与关键。

3.8　小　　结

本章系统而详尽地讲解了 SQL 语言。在讲解 SQL 语言的同时,进一步介绍了关系数据库的基本概念,如索引和视图的概念及其作用等。

SQL 语言具有数据定义、数据查询、数据更新、数据控制四大功能。数据库的管理与各类数据库应用系统的开发都是通过 SQL 语言来实现。然而,需要注意的是,本章的有些例子在不同的数据库系统中也许要稍作修改后才能使用,具体数据库管理系统实现 SQL 语句时也会有少量语句格式变形(应通过帮助具体了解)。这是在实际数据库系统中操作与实践时要注意的。

本章的视图是关系数据库系统中的重要概念,这是因为合理使用视图具有许多优点,使用它是非常有必要的。

SQL 语言的数据查询功能是最丰富而复杂的。需要通过不断实践才能真正牢固地掌握。若面对各种数据操作,都能即时正确写出相应的 SQL 操作命令,则表明 SQL 语言已掌握得较好。

习　　题

一、选择题

1. 在 SQL 语言中授权的操作是通过(　　)语句实现的。
   A. CREATE　　　　B. REVOKE　　　　C. GRANT　　　　D. INSERT
2. SQL 语言的一体化特点主要是同(　　)相比较而言的。
   A. 操作系统命令　　　　　　　　　　B. 非关系模型的数据语言
   C. 高级语言　　　　　　　　　　　　D. 关系模型语言
3. 在嵌入式 SQL 语言中使用游标的目的在于(　　)。
   A. 区分 SQL 与宿主语言　　　　　　B. 与数据库通信
   C. 处理错误信息　　　　　　　　　　D. 处理多行记录
4. 设有关系 R＝(A,B,C)。与 SQL 语句 SELECT DISTINCT A FROM R WHERE B＝17 等价的关系代数表达式是(　　)。
   A. $\Pi_A(R)$　　　B. $\sigma_{B=17}(R)$　　　C. $\Pi_A(\sigma_{B=17}(R))$　　　D. $\sigma_{B=17}(\Pi_A(R))$
5. 两个子查询的结果(　　)时,可以执行并、交、差操作。
   A. 结构完全一致　　　　　　　　　　B. 结构完全不一致
   C. 结构部分一致　　　　　　　　　　D. 主键一致
6. 在 SQL 查询语句中,用于测试子查询是否为空的谓词是(　　)。
   A. Exists　　　　B. Unique　　　　C. Some　　　　D. All

7. 使用 SQL 语句进行查询操作时,若希望查询结果中不出现重复元组,应在 SELECT 子句中使用(　　)保留字。

    A. Unique   B. All   C. Except   D. Distinct

8. 在视图上不可能完成的操作是(　　)。

    A. 更新视图   B. 查询

    C. 在视图上定义新的基本表   D. 在视图上定义新视图

9. SQL 中涉及属性 Age 是否是空值的比较操作,写法错误的是(　　)。

    A. Age Is Null   B. Not(Age Is Null)

    C. Age＝Null   D. Age Is Not Null

10. 假定学生关系是 S(S♯,Sname,Sex,Age),课程关系是 C(C♯,CName,TEACHER),学生选课关系是 SC(S♯,C♯,Grade)。要查找选修"数据库系统概论"课程的"男"学生学号,将涉及关系(　　)。

    A. S   B. SC,C   C. S,SC   D. S,SC,C

二、填空题

1. SQL 操作命令 CREATE、DROP、ALTER 主要完成的是数据的_____功能。

2. _____为关系数据库国际标准语言。

3. SQL 的中文含义是_____,它集查询、操纵、定义和控制等多种功能于一体。

4. 视图是从_____导出的表,它相当于三级结构中的外模式。

5. 视图是虚表,它一经定义就可以和基本表一样被查询,但_____操作将有一定限制。

6. SQL 的数据更新功能主要包括_____、_____和_____三个语句。

7. 在字符匹配查询中,通配符"％"代表_____,"_"代表_____。

8. SQL 语句具有_____和_____两种使用方式。

9. SQL 语言中,实现数据检索的语句是_____。

10. 在 SQL 中如果希望将查询结果排序,应在 SELECT 语句中使用_____子句。

三、简答题

第 4 章

chapter 4

关系数据库设计理论

本 章 要 点

关系数据库设计理论主要包括数据依赖、范式(normal form)及规范化方法 3 部分内容。关系模式中数据依赖问题的存在,可能会导致库中数据冗余、插入异常、删除异常、修改复杂等问题,规范化模式设计方法使用范式这一概念来定义关系模式所要符合的不同等级。较低级别范式的关系模式,经模式分解可转换为若干符合较高级别范式要求的关系模式。本章的重点是函数依赖相关概念及基于函数依赖的范式及其判定。

4.1 问题的提出

思政材料

前面已经讲述了关系数据库、关系模型的基本概念以及关系数据库的标准语言 SQL。这一章讨论关系数据库设计理论,即如何采用关系模型设计较优关系数据库。数据库逻辑结构设计主要关心的问题就是面对一个现实问题,如何选择一个比较好的关系模式的集合,其中每个关系模式又由哪些属性组成。

4.1.1 规范化理论概述

关系数据库的规范化理论最早是由关系数据库的创始人 E.F.Codd 提出的,后经许多专家、学者对关系数据库设计理论做了深入的研究和发展,形成了一整套有关关系数据库设计的理论。在该理论出现以前,层次和网状数据库的设计只是遵循其模型本身固有的特点与原则,而无具体的理论依据,因而带有盲目性,可能在以后的运行和使用中会发生许多预想不到的问题。

那么如何设计一个合适的关系数据库系统?关键是关系数据库模式的设计,即应该构造几个关系模式,每个关系模式由哪些属性组成,又如何将这些相互关联的关系模式组建成一个适合的关系数据库模型,这些都决定了整个系统的运行效率,也是应用系统开发设计成败的因素之一。实际上,关系数据库的设计必须在关系数据库规范化理论的指导下进行。

关系数据库设计理论主要包括 3 方面内容:函数依赖、范式和规范化方法。其中,函数依赖起着核心作用,是规范化方法(模式分解和模式设计方法等)的基础,范式是规范化方法的标准。

4.1.2　不合理的关系模式存在的问题

关系数据库设计时要遵循一定的规范化理论。只有这样才可能设计出一个较好的数据库来。前面已经讲过关系数据库设计的关键所在是关系数据库模式的设计,也就是关系模式的设计。那么到底什么是好的关系模式呢?某些不好的关系模式可能导致哪些问题?下面通过例子对这些问题进行分析。

例 4.1　要求设计学生-课程数据库,其关系模式 SDC 如下:

SDC(SNO,SN,AGE,DEPT,MN,CNO,SCORE)

其中,SNO 表示学生学号,SN 表示学生姓名,AGE 表示学生年龄,DEPT 表示学生所在的系别,MN 表示系主任姓名,CNO 表示课程号,SCORE 表示成绩。

根据实际情况,这些数据有如下语义规定。

(1) 一个系有若干学生,但一个学生只属于一个系;

(2) 一个系只有一名系主任,但一个系主任可以同时兼几个系的系主任;

(3) 一个学生可以选修多门课程,每门课程可被若干学生选修;

(4) 每个学生学习每门课程有一个成绩。

在此关系模式中填入一部分具体的数据,则可得到 SDC 关系模式的实例,即一个学生-课程数据库表,如图 4.1 所示。

SNO	SN	AGE	DEPT	MN	CNO	SCORE
S1	赵红	20	计算机	张文斌	C1	90
S1	赵红	20	计算机	张文斌	C2	85
S2	王小明	17	外语	刘伟华	C5	57
S2	王小明	17	外语	刘伟华	C6	80
S2	王小明	17	外语	刘伟华	C7	——
S2	王小明	17	外语	刘伟华	C4	70
S3	吴小林	19	信息	刘伟华	C1	75
S3	吴小林	19	信息	刘伟华	C2	70
S3	吴小林	19	信息	刘伟华	C4	85
S4	张涛	22	自动化	钟志强	C1	93

图 4.1　关系表 SDC

根据上述语义规定并分析以上关系中的数据可以看出,(SNO,CNO)属性的组合能唯一标识一个元组(每行中 SNO 与 CNO 的组合均是不同的),所以(SNO,CNO)是该关系模式的主关系键(即主键,又名主码等)。但在进行数据库的操作时,会出现以下几方面的问题。

(1) 数据冗余。每个系名和系主任的名字存储的次数等于该系的所有学生每人选修课程门数的累加和,同时,学生的姓名、年龄也都要重复存储多次(选几门课就要重复几次),数据的冗余度很大,浪费了存储空间。

(2) 插入异常。如果某个新系没有招生,尚无学生时,则系名和系主任的信息无法插入数据库中。因为在这个关系模式中,(SNO,CNO)是主键。根据关系的实体完整性约束,主键的值不能为空,而这时没有学生,SNO 和 CNO 均无值,因此不能进行插入操作。另外,当某个学生尚未选课,即 CNO 未知,实体完整性约束还规定,主键的值不能部分为空,同样也不能进行插入操作。

(3) 删除异常。当某系学生全部毕业而还没有招生时,要删除全部学生的记录,这时系名、系主任也随之删除,而现实中这个系依然存在,但在数据库中却无法存在该系信息。另外,如果某个学生不再选修 C1 课程,本应该只删去对 C1 的选修关系,但 C1 是主键的一部分,为保证实体完整性,必须将整个元组一起删除,这样,有关该学生的其他信息也随之丢失(假设他原只选修一门 C1 课程)。

(4) 修改异常。如果某学生改名,则该学生的所有记录都要逐一修改 SN 的值;又如某系更换系主任,则属于该系的学生-课程记录都要修改 MN 的内容,稍有不慎,就有可能漏改某些记录,这就会造成数据的不一致性,破坏了数据的完整性。

由于存在以上问题,可以说,SDC 是一个不好的关系模式。产生上述问题的原因,直观地说,是因为关系中"包罗万象",内容太杂。一个好的关系模式不应该产生如此多的问题。

那么,怎样才能得到一个好的关系模式呢?现在把关系模式 SDC 分解为学生关系 S(SNO,SN,AGE,DEPT)、系关系 D(DEPT,MN)和选课关系 SC(SNO,CNO,SCORE)3 个结构简单的关系模式,针对图 4.1 的 SDC 表内容,分解后的三表内容如图 4.2 所示。

S

SNO	SN	AGE	DEPT
S1	赵红	20	计算机
S2	王小明	17	外语
S3	吴小林	19	信息
S4	张涛	22	自动化

D

DEPT	MN
计算机	张文斌
外语	刘伟华
信息	刘伟华
自动化	钟志强

SC

SNO	CNO	SCORE
S1	C1	90
S1	C2	85
S2	C5	57
S2	C6	80
S2	C7	—
S2	C4	70
S3	C1	75
S3	C2	70
S3	C4	85
S4	C1	93

图 4.2 关系模式 SDC 经分解后的三种关系 S、D 与 SC

在这 3 个关系中,实现了信息的某种程度的分离,S 中存储学生基本信息,与所选课程及系主任无关;D 中存储系的有关信息,与学生及课程信息无关;SC 中存储学生选课的信息,而与学生及系的有关信息无关。与 SDC 相比,分解为 3 个关系模式后,数据的冗余度明显降低。当新增一个系时,只要在关系 D 中添加一条记录即可。当某个学生尚未选课时,只要在关系 S 中添加一条学生记录即可,而与选课关系无关,这就避免了插入异常。当一个系的学生全部毕业时,只需在 S 中删除该系的全部学生记录,而不会影响到系的信息,数据冗余很低,也不会引起修改异常。

经过上述分析,可见分解后的关系模式集是一个好的关系数据库模式。这 3 个关系模式都不会发生插入异常、删除异常的毛病,数据冗余也得到了尽可能控制。

但要注意,一个好的关系模式并不是在任何情况下都是最优的,如查询某个学生选修课程名及所在系的系主任时,要通过连接操作来完成(即由图 4.2 中的 3 张表,连接形成图 4.1 中的一张总表),而连接所需要的系统开销非常大,因此现实中要在规范化设计理论指导下以实际应用系统功能与性能需求的目标出发进行设计。

要设计的关系模式中的各属性是相互依赖、相互制约的,关系的内容实际上是这些依赖与制约作用的结果。关系模式的好坏也是由这些依赖与制约作用产生的。为此,在关系模式设计时,必须从实际出发,从语义上分析这些属性间的依赖关系,由此来做关系的规范化工作。

一般而言,规范化设计关系模式,是将结构复杂(即依赖与制约关系复杂)的关系分解成结构简单的关系,从而把不好的关系数据库模式转变为较好的关系数据库模式,这就是下一节要讨论的内容——关系的规范化。

4.2　规　范　化

本节首先讨论一个关系属性间不同的依赖情况,以及如何根据属性间的依赖情况来判定关系是否具有某些不合适的性质。通常按属性间依赖情况来区分关系规范化的程度,分为第一范式、第二范式、第三范式、BC 范式和第四范式等。然后直观地描述如何将具有不合适性质的关系转换为更合适的形式。

4.2.1　函数依赖

1. 函数依赖概述

定义 4.1　设关系模式 R(U,F),U 是属性全集,F 是 U 上的函数依赖集,X 和 Y 是 U 的子集,如果对于 R(U) 的任意一个可能的关系 r,对于 X 的每一个具体值,Y 都有唯一的具体的值与之对应,则称 X 函数决定 Y,或 Y 函数依赖于 X,记 X→Y。称 X 为决定因素,Y 为依赖因素。当 Y 函数不依赖于 X 时,记作 X↛Y。当 X→Y 且 Y→X 时,则记作 X↔Y。

对于关系模式 SDC,有

U={SNO,SN,AGE,DEPT,MN,CNO,SCORE}
F={SNO→SN,SNO→AGE,SNO→DEPT,DEPT→MN,SNO→MN,(SNO,CNO)→SCORE}

一个 SNO 有多个 SCORE 的值与之对应,因此 SCORE 不能唯一地确定,即 SCORE 不能函数依赖于 SNO,所以有 SNO↛SCORE,同样有 CNO↛SCORE。

但是 SCORE 可以被(SNO,CNO)唯一地确定,可表示为(SNO,CNO)→SCORE。

函数依赖有如下几点需要说明。

(1) 平凡的函数依赖与非平凡的函数依赖。

当属性集 Y 是属性集 X 的子集时,则必然存在着函数依赖 X→Y,这种类型的函数依赖称为平凡的函数依赖。如果 Y 不是 X 子集,则称 X→Y 为非平凡的函数依赖。若不特别声明,本书讨论的都是非平凡的函数依赖。

(2) 函数依赖与属性间的联系类型有关。

① 在一个关系模式中,如果属性 X 与 Y 有 1∶1 联系时,则存在函数依赖 X→Y,Y→X,即 X↔Y。例如,当学生没有重名时,SNO↔SN。

② 如果属性 X 与 Y 有 m∶1 的联系时,则只存在函数依赖 X→Y。例如,SNO 与 AGE,DEPT 之间均为 m∶1 联系,所以有 SNO→AGE,SNO→DEPT。

③ 如果属性 X 与 Y 有 m∶n 的联系时,则 X 与 Y 之间不存在任何函数依赖关系。例如,一个学生(有唯一学号 SNO)可以选修多门课程,一门课程(有唯一课程号 CNO)又可以为多个学生选修,即 SNO 与 CNO 有 m∶n 的选修联系,所以 SNO 与 CNO 之间不存在函数依赖关系。

由于函数依赖与属性之间的联系类型有关,所以在确定属性间的函数依赖时,可以从分析属性间的联系入手,便可确定属性间的函数依赖。

(3) 函数依赖是语义范畴的概念。

只能根据语义来确定一个函数依赖,而不能按照其形式化定义来证明一个函数依赖是否成立。例如,对于关系模式 S,当学生不存在重名的情况下,可以得到 SN→AGE、SN→DEPT。

这种函数依赖关系,必须是在规定没有重名的学生条件下才成立,否则就不存在这些函数依赖了,因此,函数依赖反映了一种语义完整性约束,是语义的要求。

(4) 函数依赖关系的存在与时间无关。

函数依赖是指关系中所有元组应该满足的约束条件,而不是指关系中某个或某些元组所满足的约束条件。当关系中的元组增加、删除或更新后都不能破坏这种函数依赖。因此,必须根据语义来确定属性之间的函数依赖,而不能单凭某一时刻关系中的实际数据值来判断。例如,对于关系模式 S,假设没有给出无重名的学生这种语义规定,则即使当前关系中没有重名的记录,也不能有 SN→AGE、SN→DEPT,因为在后续对表 S 的操作中,可能马上会增加一个重名的学生,而使这些函数依赖不可能成立。因此,函数依赖关系的存在与时间无关,而只与数据之间的语义规定有关。

(5) 函数依赖可以保证关系分解的无损连接性。

设 R(X,Y,Z),X,Y,Z 为不相交的属性集合,如果有 X→Y,X→Z,则有 R(X,Y,Z)=R1(X,Y)∞R2(X,Z),其中 R1(X,Y)表示关系 R 在属性(X,Y)上的投影,即 R 等于两个分别含决定因素 X 的投影关系(分别是 R1(X,Y)与 R2(X,Z))在 X 上的自然连接,这样便保证了关系 R 分解后不会丢失原有的信息,这称作关系分解的无损连接性。

例如,对于关系模式 S(SNO,SN,AGE,DEPT),有 SNO→SN,SNO→(AGE,DEPT),则 S(SNO,SN,AGE,DEPT)=S1(SNO,SN)∞S2(SNO,AGE,DEPT),也就是

说,S 的两个投影关系 S1、S2 在 SNO 上的自然连接可复原关系模式 S。这一性质非常重要,在后面的关系规范化中会用到。

2. 函数依赖的基本性质

(1) 投影性。根据平凡的函数依赖的定义可知,一组属性函数决定它的所有可能的子集。例如,在关系 SDC 中,(SNO,CNO)→SNO 和(SNO,CNO)→CNO。

说明:投影性产生的是平凡的函数依赖,需要时也能使用。

(2) 扩张性。若 X→Y 且 W→Z,则(X,W)→(Y,Z)。例如,SNO→(SN,AGE),DEPT→MN,则有(SNO,DEPT)→(SN,AGE,MN)。

说明:扩张性实现了两函数依赖决定因素与被决定因素分别合并后仍保持决定关系。

(3) 合并性。若 X→Y 且 X→Z 则必有 X→(Y,Z)。例如,在关系 SDC 中,SNO→(SN,AGE),SNO→DEPT,则有 SNO→(SN,AGE,DEPT)。

说明:决定因素相同的两函数依赖,它们的被决定因素合并后,函数依赖关系依然保持。

(4) 分解性。若 X→(Y,Z),则 X→Y 且 X→Z。很显然,分解性为合并性的逆过程。

说明:决定因素能决定全部,当然也能决定全部中的部分。

由合并性和分解性,很容易得到以下事实:$X→(A1,A2,\cdots,An)$ 成立的充分必要条件是 $X→Ai(i=1,2,\cdots,n)$ 成立。

3. 完全/部分函数依赖和传递/非传递函数依赖

定义 4.2　设有关系模式 R(U),U 是属性全集,X 和 Y 是 U 的子集,X→Y,并且对于 X 的任何一个真子集 X',都有 $X' \nrightarrow Y$,则称 Y 对 X 完全函数依赖(full functional dependency),记作 $X \xrightarrow{f} Y$。如果对 X 的某个真子集 X',有 $X'→Y$,则称 Y 对 X 部分函数依赖(partial functional dependency),记作 $X \xrightarrow{p} Y$。

例如,在关系模式 SDC 中,因为 SNO↛SCORE,且 CNO↛SCORE,所以有 $(SNO,CNO) \xrightarrow{f} SCORE$。而因为有 SNO→AGE,所以有 $(SNO,CNO) \xrightarrow{p} AGE$。

由定义 4.2 可知,只有当决定因素是组合属性时,讨论部分函数依赖才有意义,当决定因素是单属性时,都是完全函数依赖。例如,在关系模式 S(SNO,SN,AGE,DEPT)中,决定因素为单属性 SNO,有 SNO→(SN,AGE,DEPT),它肯定不是部分函数依赖。

定义 4.3　设有关系模式 R(U),U 是属性全集,X,Y,Z 是 U 的子集,若 X→Y(Y⊈X),但 Y↛X,又 Y→Z,则称 Z 对 X 传递函数依赖(transitive functional dependency),记作 $X \xrightarrow{t} Z$。

注意:如果有 Y→X,则 X↔Y,这时还称 Z 对 X 直接函数依赖,而不是传递函数依赖。

例如,在关系模式 SDC 中,SNO→DEPT,但 DEPT↛SNO,而 DEPT→MN,则有

SNO $\xrightarrow{t}$ MN。当学生不存在重名的情况下,有 SNO→SN,SN→SNO,SNO↔SN,SN→DEPT,这时 DEPT 对 SNO 是直接函数依赖,而不是传递函数依赖。

综上所述,函数依赖可以有不同的分类:平凡的函数依赖与非平凡的函数依赖;完全函数依赖与部分函数依赖;传递函数依赖与非传递函数依赖(即直接函数依赖),这些是比较重要的概念,它们将在关系模式的规范化进程中作为准则的主要内容而被使用到。

4.2.2　码

在第 2 章中已给出有关码的概念,这里用函数依赖的概念来定义码。

定义 4.4　设 K 为 R(U,F)中的属性或属性集,若 K $\xrightarrow{f}$ U 则 K 为 R 的**候选码**(或**候选关键字或候选键**)(candidate key)。若候选码多于一个,则选定其中的一个为**主码**(或称主键,primary key)。

包含在任何一个候选码中的属性,称为**主属性**(prime attribute)。不包含在任何候选码中的属性称为**非主属性**(nonprime attribute)或**非码属性**(non-key attribute)。在最简单的情况下,单个属性是码。在最极端的情况下,整个属性组 U 是码,称为**全码**(**all-key**)。如在关系模式 S(SNO,DEPT,AGE)中 SNO 是码,而在关系模式 SC(SNO,CNO,SCORE)中属性组合(SNO,CNO)是码。下面举个全码的例子。

关系模式 TCS(T,C,S),属性 T 表示教师,C 表示课程,S 表示学生。一个教师可以讲授多门课程,一门课程可有多个教师讲授,同样一个学生可以选修多门课程,一门课程可被多个学生选修。教师 T,课程 C,学生 S 之间是 3 者间的多对多关系,单个属性 T、C、S 或两个属性组合(T,C)、(T,S)、(C,S)等均不能完全决定整个属性组 U,只有(T,C,S)→U,这个关系模式的码才为(T,C,S),即 all-key。

那么,已知关系模式 R(U,F),如何找出 R 的所有候选码呢?

方法 1　定义法——通过候选码的定义来求解。

根据定义 4.4,属性集 K(K⊆U)是 R(U,F)中的属性或属性集,K 为候选码的条件如下:①K→U(或 K_F^+ =U);②对 K 的任一真子集 K'(K'⊂K)有 K'↛U (或 K'^+_F ≠U),则 K 是关系模式的一个候选码。

说明:K_F^+、K'^+_F 分别为属性集 K、K'关于函数依赖集 F 的闭包,参见定义 4.16 及算法 4.1。

这样,当 U 中属性个数不多时,只要对 U 的全部可能的属性集 K(K≠∅,共有 2^n-1 个,其中 n 为 U 中属性个数),逐个检验以上两个条件,就能找出 R(U,F)关系模式的全部候选码。

例 4.2　设有关系模式 R(A,B,C,D),函数依赖集 F={D→B,B→D,AD→B,AC→D},求 R 的候选码。

解:R 有 4 个属性,为此有 $2^4-1=15$ 个属性组合:A,B,C,D,AB,AC,AD,BC,BD,CD,ABC,ABD,ACD,BCD,ABCD。经分析有如下各属性的函数依赖情况:

A→A,　AB→ABD,　**ABC→ABCD,　ABCD→ABCD,**

B→BD,　**AC→ABCD,**　ABD→ABD,

C→C，AD→ABD，BCD→BCD，
D→BD，BC→BCD，**ACD→ABCD,**
　　　BD→BD
　　　CD→BCD，

因为有 AC→ABCD，而 A→ABCD，C→ABCD，为此 AC 为候选码；而有 ABC→ABCD，ACD→ABCD，ABCD→ABCD，但决定因素都含 AC，因有 AC→ABCD，不符合候选码定义，为此 ABC、ACD、ABCD 均不是候选码，AC 是唯一候选码。

方法 2　规范求解法。

本方法能简明地指导人们找出 R 的所有候选键。具体步骤如下。

(1) 查看函数依赖集 F 中的每个形如 $X_i→Y_i$（**要确认每个函数依赖 $X_i→Y_i$ 均为非平凡的完全的函数依赖**）的($i=1,2,\cdots,n$)函数依赖关系。看哪些属性在所有 Y_i($i=1,2,\cdots,n$)中一次也没有出现过，设没出现过的属性集为 P($P=U-Y_1-Y_2-\cdots-Y_n$)，设只在 Y_i 中出现的属性为 Q。则当 $P=\varnothing$（表示空集）时，转步骤(4)；当 $P\neq\varnothing$时，转步骤(2)。

(2) 根据候选键的定义，候选键中应必含 P（因为没有其他属性能决定 P）。考察 P，若有 $P\xrightarrow{f}U$ 成立，则 P 为候选键，并且候选键只有一个 P（考虑一下为什么？），转步骤(5)；若 $P\xrightarrow{f}U$ 不成立，则转步骤(3)。

(3) P 可以分别与{U-P-Q}中的每一个属性合并，形成 $P_1,P_2,\cdots,P_m$。再分别判断 $P_j\xrightarrow{f}U(j=1,2,\cdots,m)$是否成立？成立则找到了一个候选键，不成立则放弃。合并一个属性若不能找到或不能找全候选键，可进一步考虑 P 与{U-P-Q}中的 2 个（或 3 个，4 个，……）属性的所有组合分别进行合并，继续判断分别合并后的各属性组对 U 的完全函数决定情况；以此类推，直到找出 R 的所有候选键为止。转步骤(5)（需要提醒的是，如若属性组 K 已有 $K\xrightarrow{f}U$，则完全不必去考查含 K 的其他属性组合了，显然它们都不可能再是候选键）。

(4) 若 $P=\varnothing$，则可以先考查 $X_i→Y_i(i=1,2,\cdots,n)$中的单个 X_i，判断是否有 $X_i\xrightarrow{f}U$? 若成立则 X_i 为候选键。剩下不是候选键的 X_i，可以考查它们两个或两个以上的组合，查看这些组合中是否有能完全函数决定 U 的，从而找出其他可能还有的候选键，转步骤(5)。

(5) 结束，输出结果。

例 4.3　设关系模式 R(A，B，C，D，E，F)，函数依赖集 $F=\{A→BC,BC→A,BCD→EF,E→C\}$，求 R 的候选码。

解：(1) 经确认函数依赖集 F 中每个都已是非平凡的完全的函数依赖；经考查 $P=\{D\}$，$Q=\{F\}$；

(2) 因为 $D\xrightarrow{f}U$ 不成立，所以要考查 D 与 U-P-Q={ABCE}中所有单个属性的组合，看是否能完全决定 U，即考查 DA，DB，DC，DE；

(3) 因为 A→BC，所以 DA→BCD ①；因为 BCD→EF，所以 DA→EF ②；显然 DA→A ③。

由①②③得 DA→ABCDEF，所以 DA 是候选码。

而显然 DB→DB，DC→DC，DE→DEC，所以 DB、DC、DE 均不是候选码。

要考查 D 与 U-P-Q={ABCE}中除 A 外所有两个属性的组合，即考查 DBC、DBE、DCE 对属性的确定情况。

对 DBC，因为 BCD→BC，BC→A，所以 BCD→A ①，已知 BCD→EF ②，显然，BCD→BCD ③。

由①②③得 BCD→ABCDEF，所以 BCD 是候选码。

对 DBE，因为 BE→E，E→C，所以 BE→C；因为 BE→B，所以 BE→BC，所以 DBE→DBC；因为 BCD→ABCDEF 所以 DBE→ABCDEF，所以 DBE 是候选码。

对 DCE，显然只有 DCE→DCE，所以 DCE 不是候选码。

此时，U-P-Q={ABCE}要去掉 A、BC、BE，已成空集，已没有其他情况要考查。

为此，关系 R 的候选码只有 DA、DBC、DBE。

方法 3　属性划分求解法。

1）优化 F 函数依赖集

对 F 做去掉平凡函数依赖与部分函数依赖的等价处理或求解与 F 等价的最小函数依赖集。

说明：最小函数依赖集，参见定义 4.18 及定理 4.3。

2）对所有属性进行分类

将 R 的所有属性分为 L、Ri、N 和 LR 四类，L、Ri、N、LR 分别代表相应类的属性集。

L 类：仅出现在 F 的函数依赖左部的属性；

Ri 类：仅出现在 F 的函数依赖右部的属性；

N 类：在 F 的函数依赖左、右两边都不出现的属性；

LR 类：在 F 的函数依赖左、右两边都出现的属性。

3）计算候选码

结论：如果 L 非空，则候选码 K 中必含 L。

说明：这是因为设有一属性 A∈L，K 是 R 的任一候选码，如果 A 不包含在 K 中，由候选码的定义则有 K→A∈F⁺，这就意味着必存在一个函数依赖 X→A，X⊆K 且 A∉X，则 X→A 与 A∈L 矛盾，所以 A 必定是 K 的一部分，故 L 包含于 K 中。

同理，N 必包含于任一候选码 K 中。

结论：Ri 必不包含于任一候选码 K。

说明：设有一属性 A∈Ri，K 是 R 的某一候选码，则必有 X→A，X⊆U，A∉X。假设 A 包含于 K 中，即 K=AK′(K′不含 A 了)，设 U=AU′。

因为 K→U，所以 AK′→AU′，K′→U′。①

因为 K→X，即 AK′→X，显然 K′→X(因为 A∈Ri)，又 X→A，所以 K′→A。②

由①②得：K′→AU′，即 K′→U，这与 K 为某一候选码相矛盾，因此假设属性 A 包含于 K 不成立，Ri 必不包含于任一候选码 K。

很显然，**L、N 中的所有属性都是主属性，Ri 类中的所有属性都是非主属性，而 LR 中的属性则可能是主属性也可能是非主属性。**

因此,**求解候选码的算法可概括如下。**

(1) 令 X 代表 L、N 两类(即 X=L∪N),Y 代表 LR 类(即 Y=LR),转(2);

(2) 求属性集闭包 X_F^+,若 X_F^+ 包含了 R 的全部属性,则 X 即为 R 的唯一候选码(请考虑原因),转(5),否则,转(3);

(3) 对 Y 中任一属性 A,求属性集闭包 $(XA)_F^+$,若 $(XA)_F^+$ 包含了 R 的全部属性,则 XA 是候选码(XA 表示 X 中属性与 A 的集合),直到试完所有 Y 中的单个属性,转(4);

(4) 在 Y 中依次取所有 2 个,3 个,…,m 个(m 为 Y 中的属性个数)属性的组合,设属性组合为 P,求 $(XP)_F^+$,若 $(XP)_F^+$ 包含 R 的全部属性,则是候选码,反复直到所有可能情况都得到判断,则找到了所有候选码,转(5)。

注意:XP 即 X∪P,若 XP 已包含某一已是的候选码,则 XP 肯定不会再是候选码而应忽略。为此,需要考查 XP 的可能情况,往往要远小于 2^m-m-1 种可能的。

(5) 结束,输出结果。

例 4.4 设题目同例 4.3,求 R 的候选码。

解:(1) 函数依赖集 F 中不存在平凡函数依赖与部分函数依赖,可不处理。

(2) 对所有属性进行分类:L=D,Ri=F,LR=ABCE,N=∅。

(3) 计算候选码。

因为 L∪N=D,D_F^+={D}≠U;所以可分别考查 DA、DB、DC、DE 的闭包。

因为 $(DA)_F^+$={DABCEF}=U,$(DB)_F^+$={DB}≠U,$(DC)_F^+$={DC}≠U,$(DE)_F^+$={DEC}≠U;

所以 DA 是候选码。

下面,要考察 LR 除 A 外所有两个属性的组合,即考查 DBC、DBE、DCE 的闭包。

因为 $(DBC)_F^+$={DBCAEF}=U,$(DBE)_F^+$={DBECAF}=U,$(DCE)_F^+$={DCE}≠U,所以 DBC、DBE 是候选码;因为 LR−{A}−{BC}−{BE}=∅,为此已不要考察 3 个属性组合的情况了。

R 的候选码有 DA、DBC、DBE。

定义 4.5 关系模式 R 中属性或属性组 X 并非 R 的主码,但 X 是另外一个关系模式 S 的主码,则称 X 是 R 的**外部码**或**外部关系键**(foreign key),也称为**外码**。

如在 SC(SNO,CNO,SCORE)中,单个 SNO 不是主码,但 SNO 是关系模式S(SNO,SN,SEX,AGE,DEPT)的主码,则 SNO 是 SC 的外码,类似的 CNO 也是 SC 的外码。

主码与外码提供了一个表示关系间联系的手段。如关系模式 S 与 SC 的联系就是通过 SNO 这个在 S 中是主码又在 SC 中是外码的属性来体现的。

4.2.3 范式

规范化的基本思想是消除关系模式中的数据冗余,消除数据依赖中不合适的部分,解决数据插入、删除与修改时发生的异常现象。这就要求关系数据库设计出来的关系模式要满足一定的条件。关系数据库的规范化过程中,为不同程度的规范化要求设立不同的标准或准则称为范式。满足最低要求的叫作第一范式,简称为 1NF。在第一范式中满足进一步要求的称为第二范式(2NF),其余以此类推。R 为第几范式可以写成 R∈xNF (x 表示某范式名)。

从范式来讲,主要是由 E.F.Codd 首先提出。从 1971 年起,Codd 相继提出了关系的三级规范化形式,即第一范式、第二范式、第三范式(3NF)。1974 年,Codd 和 Boyce 共同提出了一个新的范式概念,即 Boyce-Codd 范式,简称为 BCNF。1976 年,Fagin 提出了第四范式(4NF),后来又有人定义了第五范式(5NF)。至此,在关系数据库规范中建立了一系列范式:1NF,2NF,3NF,BCNF,4NF,5NF。

当把某范式看成满足该范式的所有关系模式的集合时,各个范式之间的集合关系可以表示为 5NF⊂4NF⊂BCNF⊂3NF⊂2NF⊂1NF,如图 4.3 所示。

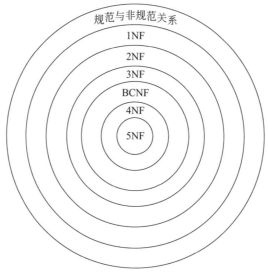

图 4.3　各范式之间的关系

一个低一级范式的关系模式,通过模式分解可以转换为若干高一级范式的关系模式的集合,这种过程就称为规范化。

4.2.4　第一范式

第一范式(first normal form)是最基本的规范化形式,即关系中每个属性都是不可再分的简单项。

定义 4.6　如果关系模式 R 中所有的属性均为简单属性,即每个属性都是不可再分的,则称 R 属于第一范式,简称为 1NF,记作 R∈1NF。

在关系数据库系统中只讨论规范化的关系,凡是非规范化的关系模式必须转化成规范化的关系。在非规范化的关系中去掉组合项就能转化成规范化的关系。每个规范化的关系都属于 1NF。下面是关系模式规范化为 1NF 的一个例子。

例 4.5　将职工号,姓名,电话号码(一个人可能有一个单位电话号码和一个住宅电话号码)组成一个表,把它规范成为 1NF 的关系模式,有几种方法?

答:经粗略分析,应有如下 4 种方法。

（1）重复存储职工号和姓名。这样关键字只能是职工号与电话号码的组合。关系模式为职工(职工号,姓名,电话号码)。

（2）职工号为关键字,电话号码分为单位电话和住宅电话两个属性。关系模式为职工(职工号,姓名,单位电话,住宅电话)。

（3）职工号为关键字,但强制每个职工只能有一个电话号码。关系模式为职工(职工号,姓名,电话号码)。

（4）分析设计成两个关系,关系模式分别为职工(职工号,姓名),职工电话(职工号,电话号码),两个关系的关键字分别是职工号,职工号与电话号码的组合。

以上 4 种方法读者可分析其优劣,按实际情况选用。

4.2.5　第二范式

1. 第二范式的定义

定义 4.7　如果关系模式 R∈1NF,R(U,F)中的所有非主属性都完全函数依赖于任意一个候选关键字,则称关系 R 属于第二范式(second normal form),简称为 2NF,记作 R∈2NF。

从定义可知,在满足第二范式的关系模式 R 中,不可能有某非主属性对某候选关键字存在部分函数依赖。下面分析 4.1.2 节中给出的关系模式 SDC。

在关系模式 SDC 中,它的关系键是(SNO,CNO),函数依赖关系如下。

$(SNO,CNO) \xrightarrow{f} SCORE$

$SNO \rightarrow SN, (SNO,CNO) \xrightarrow{p} SN$

$SNO \rightarrow AGE, (SNO,CNO) \xrightarrow{p} AGE$

$SNO \rightarrow DEPT, (SNO,CNO) \xrightarrow{p} DEPT, DEPT \rightarrow MN$

$SNO \xrightarrow{f} MN, (SNO,CNO) \xrightarrow{p} MN$

可以用函数依赖图表示以上函数依赖关系,如图 4.4 所示。

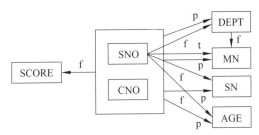

图 4.4　SDC 中函数依赖图

显然,SNO、CNO 为主属性,SN、AGE、DEPT、MN 为非主属性,因为存在非主属性,如 SN 对关系键(SNO,CNO)是部分函数依赖的,所以根据定义可知 SDC∉2NF。

由此可见,在 SDC 中,既存在完全函数依赖,又存在部分函数依赖和传递函数依赖,这种情况往往在数据库中是不允许的,也正是由于关系中存在着复杂的函数依赖,才导致数据操作中出现了数据冗余、插入异常、删除异常、修改异常等弊端。

2. 2NF 的规范化

2NF 规范化是指把 1NF 关系模式通过投影分解,消除非主属性对候选关键字的部分函数依赖,转换成 2NF 关系模式的集合的过程。

分解时遵循的原则是"一事一地",让一个关系只描述一个实体或实体间的联系。如果多于一个实体或联系,则进行投影分解。

根据"一事一地"原则,可以将关系模式 SDC 分解成如下两个关系模式:

(1) SD(SNO,SN,AGE,DEPT,MN),描述学生实体;

(2) SC(SNO,CNO,SCORE),描述学生与课程的联系。

分解后的关系模式 SD 的候选关键字为 SNO,关系模式 SC 的候选关键字为(SNO,CNO),非主属性对候选关键字均是完全函数依赖的,这样就消除了非主属性对候选关键字的部分函数依赖,即 SD∈2NF,SC∈2NF。它们之间通过 SC 中的外键 SNO 相联系,需要时再进行自然连接,能恢复成原来的关系,这种分解不会丢失任何信息,具有无损连接性。

分解后的函数依赖图如图 4.5 和图 4.6 所示。

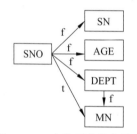
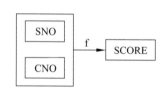

图 4.5　SD 中的函数依赖关系　　　　图 4.6　SC 中的函数依赖关系

注意:如果 R 的候选关键字均为单属性,或 R 的全体属性均为主属性,则 R∈2NF。

例如,在讲述全码的概念时给出的关系模式 TCS(T,C,S),(T,C,S)三个属性的组合才是其唯一的候选关键字,即关系键,T,C,S 均为主属性,不存在非主属性,也不可能存在非主属性对候选关键字的部分函数依赖,因此 TCS∈2NF。

4.2.6　第三范式

1. 第三范式的定义

定义 4.8　如果关系模式 R∈2NF,R(U,F)中所有非主属性对任何候选关键字都不存在传递函数依赖,则称 R 属于第三范式(third normal form),简称为 3NF,记作 R∈3NF。

第三范式具有如下性质。

(1) 如果 R∈3NF,则 R 也是 2NF。

证明:采用反证法。设 R∈3NF,但 R∉2NF。则根据判定 2NF 的定义可知,必有非

主属性 A_i($A_i \in U$,U 是 R 的所有属性集),候选关键字 K 和 K 的真子集 K′(即 K′⊂K) 存在,使得 K′→A_i。由于 A_i 是非主属性,所以 $A_i - K \neq \varnothing$(代表空),$A_i - K′ \neq \varnothing$。由于 K′⊂K,所以 K-K′$\neq \varnothing$,并可以断定 K′$\not\to$K。这样有 K→K′且 K′$\not\to$K,K′→$A_i$,且 $A_i -$ K $\neq \varnothing$,$A_i - K′ \neq \varnothing$,即有非主属性 A_i 传递函数依赖于候选键K(若认为有 K′⊂K,因而不满足传递函数依赖的定义,则可以在 K′上合并一个 A_j,设 A_j 亦为非主属性,此时仍有 K→K′A_j 且显然 K′$A_j \not\subseteq$K,K′$A_j \not\to$K,K′$A_j →A_i$,可见仍有非主属性 A_i 传递函数依赖于候选键 K),所以 R$\notin$3NF,与题设 R$\in$3NF 相矛盾。从而命题得证。

(2) 如果 R$\in$2NF,则 R 不一定是 3NF。

例如,前面讲的关系模式 SDC 分解为 SD 和 SC,其中 SC 是 3NF,但 SD 就不是 3NF,因为 SD 中存在非主属性对候选关键字的传递函数依赖: SNO→DEPT,DEPT→ MN,即 SNO $\xrightarrow{t}$ MN。

2NF 的关系模式解决了 1NF 中存在的一些问题,但 2NF 的关系模式 SD 在进行数据操作时,仍然存在如下问题。

(1) 数据冗余。如果每个系名和系主任的名字存储的次数等于该系学生的人数。

(2) 插入异常。当一个新系没有招生时,有关该系的信息无法插入。

(3) 删除异常。如某系学生全部毕业而没有招生时,删除全部学生的记录也随之删除了该系的有关信息。

(4) 修改异常。如更换系主任时仍需要改动较多的学生记录。

之所以存在这些问题,是由于在 SD 中存在着非主属性对候选关键字的传递函数依赖,消除这种依赖就转换成了 3NF。

2. 3NF 的规范化

3NF 规范化是指把 2NF 关系模式通过投影分解,消除非主属性对候选关键字的传递函数依赖,而转换成 3NF 关系模式集合的过程。

3NF 规范化同样遵循"一事一地"原则。继续将只属于 2NF 的关系模式 SD 规范为 3NF。根据"一事一地"原则,关系模式 SD 可分解为 S(SNO,SN,AGE,DEPT),描述学生实体;D(DEPT,MN),描述系的实体。

分解后 S 和 D 的主键分别为 SNO 和 DEPT,不存在传递函数依赖,因此,S$\in$3NF, D$\in$3NF。S 和 D 的函数依赖分别如图 4.7 和图 4.8 所示。

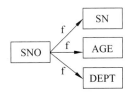
图 4.7　S 中的函数依赖关系

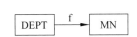
图 4.8　D 中的函数依赖关系

由以上两图可以看出,关系模式 SD 由 2NF 分解为 3NF 后,函数依赖关系变得更加简单,既没有非主属性对码的部分依赖,也没有非主属性对码的传递依赖,解决了 2NF 中存在的 4 个问题,因此,分解后的关系模式 S 和 D 具有如下特点。

（1）数据冗余度降低了。如系主任的名字存储的次数与该系的学生人数无关,只在关系 D 中存储一次。

（2）不存在插入异常。如当一个新系没有学生时,该系的信息可以直接插入关系 D 中,而与学生关系 S 无关。

（3）不存在删除异常。如当要删除某系的全部学生而仍然保留该系的有关信息时,可以只删除学生关系 S 中的相关记录,而不影响关系 D 中的数据。

（4）不存在修改异常。如更换系主任时,只需修改关系 D 中一个相应元组的 MN 属性值,从而不会出现数据的不一致现象。

SDC 规范化到 3NF 后,所存在的异常现象已经全部消失。但是,3NF 只限制了非主属性对码的依赖关系,而没有限制主属性对码的依赖关系。如果发生了这种依赖,仍有可能存在数据冗余、插入异常、删除异常和修改异常。这时需对 3NF 进一步规范化,消除主属性对码的依赖关系,向更高一级的范式,即 BC 范式转换。

4.2.7 BC 范式

1. BC 范式的定义

定义 4.9 如果关系模式 R∈1NF,且所有的函数依赖 X→Y(Y 不包含于 X,即 Y⊈X),决定因素 X 都包含了 R 的一个候选码,则称 R 属于 BC 范式(Boyce-Codd normal form),记作 R∈BCNF。

由 BCNF 的定义可以得到以下结论,一个满足 BCNF 的关系模式有:

（1）所有非主属性对每一个候选码都是完全函数依赖。

（2）所有的主属性对每一个不包含它的候选码都是完全函数依赖。

（3）没有任何属性完全函数依赖于非码的任何一组属性。

由于 R∈BCNF,按定义排除了任何属性对候选码的传递依赖与部分依赖,所以 R∈3NF。证明留给读者完成。但若 R∈3NF,则 R 未必属于 BCNF。下面举例说明。

例 4.6 设有关系模式 SCS(SNO,SN,CNO,SCORE),其中 SNO 代表学号,SN 代表学生姓名,并假设不重名,CNO 代表课程号,SCORE 代表成绩。可以判定,SCS 有两个候选键(SNO,CNO)和(SN,CNO),其函数依赖如下:

SNO↔SN　(SNO,CNO)→SCORE　(SN,CNO)→SCORE

唯一的非主属性 SCORE 对键不存在部分函数依赖,也不存在传递函数依赖,则 SCS∈3NF。但是,因为 SNO↔SN,即决定因素 SNO 或 SN 不包含候选键。从另一个角度说,存在着主属性对键的部分函数依赖:(SNO,CNO)$\xrightarrow{p}$SN,(SN,CNO)$\xrightarrow{p}$SNO,所以 SCS 不是 BCNF。正是存在着这种主属性对键的部分函数依赖关系,造成了关系 SCS 中存在着较大的数据冗余,学生姓名的存储次数等于该生所选的课程数,从而会引起修改异常。例如,当要更改某个学生的姓名时,则必须搜索出该名学生的每条记录,并对其姓名逐一修改,这样容易造成数据不一致的问题。解决这一问题的办法仍然是通过投影分解进一步提高范式的等级,将其规范到 BCNF。

2. BCNF 规范化

BCNF 规范化是指把 3NF 的关系模式通过投影分解转换成 BCNF 关系模式的集合。

下面以 3NF 的关系模式 SCS 为例,来说明 BCNF 规范化的过程。

例 4.7 将 SCS(SNO,SN,CNO,SCORE)规范到 BCNF。

SCS 产生数据冗余的原因是在这个关系中存在两个实体,一个为学生实体,属性有 SNO,SN;另一个为选课实体,属性有 SNO,CNO 和 SCORE。根据分解的"一事一地"原则,可以将 SCS 分解成如下两个关系:S(SNO,SN),描述学生实体;SC(SNO,CNO,SCORE),描述学生与课程的联系。

对于 S,有两个候选码 SNO 和 SN;对于 SC,主码为(SNO,CNO)。在这两个关系中,无论主属性还是非主属性都不存在对码的部分函数依赖和传递依赖,S∈BCNF,SC∈BCNF。分解后,S 和 SC 的函数依赖分别如图 4.9 和图 4.10 所示。

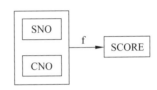

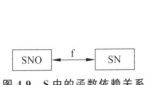

图 4.9　S 中的函数依赖关系　　　　图 4.10　SC 中的函数依赖关系

关系 SCS 转换成两个属于 BCNF 的关系模式后,数据冗余度明显降低。学生的姓名只在关系 S 中存储一次,学生要改名时,只需改动一条学生记录中相应的 SN 值即可,从而不会发生修改异常。

下面再举一个有关 BCNF 规范化的实例。

例 4.8 设有关系模式 STK(S,T,K),S 表示学生学号,T 表示教师号,K 表示课程号,语义假设是,每一位教师只讲授一门课程;每门课程由多个教师讲授;某一学生选定某门课程,就对应一个确定的教师。

根据语义假设,STK 的函数依赖是 $(S,K) \xrightarrow{f} T, (S,T) \xrightarrow{p} K, T \xrightarrow{f} K$。

STK 函数依赖关系如图 4.11 所示。

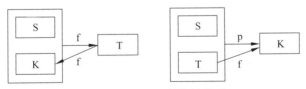

图 4.11　STK 函数依赖关系

这里,很容易判定(S,K),(S,T)都是候选码。

STK 是 3NF,因为没有任何非主属性对码的传递依赖或部分依赖(因为 STK 中没有非主属性)。但 STK 不是 BCNF 关系,因为有 T→K,T 是决定因素,而 T 不包含候选码。

对于不是 BCNF 的关系模式,仍然存在不合适的地方。读者可自己举例指出 STK 的不合适之处。非 BCNF 的关系模式 STK 可分解为 ST(S,T)和 TK(T,K),它们都是 BCNF。

3NF 和 BCNF 是在函数依赖的条件下对模式分解所能达到的分离程度的测度。一个模式中的关系模式如果都属于 BCNF,那么在函数依赖范畴内,它已实现了彻底的分离,已消除了插入和删除异常。3NF 的"不彻底"性表现在可能存在主属性对候选码的部分依赖或传递依赖。

4.2.8　多值依赖与 4NF

前面所介绍的规范化都是建立在函数依赖的基础上,函数依赖表示的是关系模式中属性间的一对一或一对多的联系,但它并不能表示属性间多对多的关系,因而某些关系模式虽然已经规范到 BCNF,但仍然存在一些弊端,本节主要讨论属性间的多对多的联系即多值依赖问题,以及在多值依赖范畴内定义的第四范式。

1. 多值依赖

1) 多值依赖的定义

一个关系属于 BCNF 是否就已经很完美了呢? 先看一个例子。

例 4.9　假设学校中一门课程可由多名教师讲授,教学中他们使用相同的一套参考书,这样可用如图 4.12 所示的非规范化关系来表示课程 C、教师 T 和参考书 R 间的关系。

课程 C	教师 T	参考书 R
数据库系统概论	萨师煊 王珊	数据库原理与技术 数据库系统 SQL Server 2005
计算数学	张平 周峰	数学分析 微分方程

图 4.12　非规范关系 CTR

如果把图 4.12 的关系 CTR 转换成规范化的关系,如图 4.13 所示。

课程 C	教师 T	参考书 R
数据库系统概论	萨师煊	数据库原理与技术
数据库系统概论	萨师煊	数据库系统
数据库系统概论	萨师煊	SQL Server 2005
数据库系统概论	王珊	数据库原理与技术
数据库系统概论	王珊	数据库系统
数据库系统概论	王珊	SQL Server 2005
计算数学	张平	数学分析
计算数学	张平	微分方程
计算数学	周峰	数学分析
计算数学	周峰	微分方程

图 4.13　规范后的关系 CTR

由此可以看出,规范后的关系模式 CTR,只有唯一的一个函数依赖(C,T,R)→U(U 即关系模式 CTR 的所有属性的集合),其码显然是(C,T,R),即全码,因而 CTR 关系属于 BCNF。但是进一步分析可以看出,CTR 还存在着如下弊端。

① 数据冗余大。课程、教师和参考书都被多次存储。

② 插入异常。若增加一名讲授"计算数学"的教师"李静"时,由于这个教师也使用相同的一套参考书,所以需要添加两个元组,即(计算数学,李静,数学分析)和(计算数学,李静,微分方程)。

③ 删除异常。若要删除某一门课的一本参考书,则与该参考书有关的元组都要被删除,如删除"数据库系统概论"课程的一本参考书《数据库系统》,则需要删除(数据库系统概论,萨师煊,数据库系统)和(数据库系统概论,王珊,数据库系统)两个元组。

产生以上弊端的原因主要有以下两方面。

① 对于关系 CTR 中的 C 的一个具体值来说,有多个 T 值与其相对应;同样,C 与 R 间也存在着类似的联系。

② 对于关系 CTR 中的一个确定的 C 值,与其所对应的一组 T 值与 R 值无关。如与"数据库系统概论"课程对应的一组教师与此课程的参考书毫无关系,或者说不管参考书情况如何,"数据库系统概论"课程总是要对应这一组教师的。

从以上两方面可以看出,C 与 T 间的联系显然不是函数依赖,在此称为多值依赖(Multivalued Dependency,MVD)。

定义 4.10 设有关系模式 R(U),U 是属性全集,X、Y、Z 是属性集 U 的子集,且 Z=U-X-Y,如果对于 R 的任一关系,对于 X 的一个确定值,存在 Y 的一组值与之对应,且 Y 的这组值仅仅决定于 X 的值而与 Z 值无关,此时称 Y 多值依赖于 X,或 X 多值决定 Y,记作 X→→Y。在多值依赖中,若 X→→Y 且 Z=U-X-Y≠∅,则称 X→→Y 是非平凡的多值依赖,否则称为平凡的多值依赖。

如在关系模式 CTR 中,对于某一 C、R 属性值组合(数据库系统概论,数据库系统)来说,有一组 T 值{萨师煊,王珊},这组值仅仅决定与课程 C 上的值(数据库系统概论)。也就是说,对于另一个 C、R 属性值组合(数据库系统概论,SQL Server 2005),它对应的一组 T 值仍是{萨师煊,王珊},尽管这时参考书 R 的值已经改变了。因此 T 多值依赖于 C,即 C→→T。

下面是多值依赖的另一形式化定义。设有关系模式 R(U),U 是属性全集,X、Y、Z 是属性集合 U 的子集,且 Z=U-X-Y,r 是关系模式 R 的任一关系,t、s 是 r 的任意两个元组,如果 t[X]=s[X],r 中必有的两个元组 u、v 存在,使得:

① s[X]=t[X]=u[X]=v[X];

② u[Y]=t[Y]且 u[Z]=s[Z];

③ v[Y]=s[Y]且 v[Z]=t[Z]。

则称 X 多值决定 Y 或 Y 多值依赖于 X。

2) 多值依赖与函数依赖的区别

(1) 在关系模式 R 中,函数依赖 X→Y 的有效性仅仅决定于 X、Y 这两个属性集,不涉及第三个属性集,而在多值依赖中,X→→Y 在属性集 U(U=X+Y+Z)上是否成立,不仅要检查属性集 X、Y 上的值,而且要检查属性集 U 的其余属性 Z 上的值。因此,如果 X→→Y 在属性集 W(W⊂U)上成立,但 X→→Y 在属性集 U 上不一定成立。因此,多值依赖的有效性与属性集的范围有关。

如果在 R(U)上有 X━→━→Y,在属性集 W(W⊂U)上也成立,则称 X━→━→Y 为 R(U) 的嵌入型多值依赖。

（2）如果在关系模式 R 上存在函数依赖 X→Y,则任何 Y′包含于 Y 均有 X→Y′成 立,而多值依赖 X━→━→Y 在 R 上成立,但不能断言对于任何包含于 Y 的 Y′,有 X→Y′ 成立。

3）多值依赖的性质

（1）多值依赖具有对称性,即若 X━→━→Y,则 X━→━→Z,其中 Z＝U－X－Y。

（2）多值依赖具有传递性,即若 X━→━→Y,Y━→━→Z,则 X━→━→Z－Y。

（3）函数依赖可看作多值依赖的特殊情况,即若 X→Y,则 X━→━→Y。

（4）多值依赖具有合并性,即若 X━→━→Y,X━→━→Z,则 X━→━→YZ。

（5）多值依赖具有分解性,即若 X━→━→Y,X━→━→Z,则 X━→━→(Y∩Z),X━→━→Y－Z, X━→━→Z－Y 均成立。这说明,如果两个相交的属性子集均多值依赖于另一个属性子集, 则这两个属性子集因相交而分割成的三部分也都多值依赖于该属性子集。

2. 第四范式

1）第四范式的定义

在 4.2.8 节中分析了关系 CTR 虽然属于 BCNF,但还存在着数据冗余、插入异常和 删除异常的弊端,究其原因就是 CTR 中存在非平凡的多值依赖,而决定因素不是码。因 而必须将 CTR 继续分解,如果分解成两个关系模式 CTR1(C,T)和 CTR2(C,R),则它们 的冗余度会明显下降。从多值依赖的定义分析 CTR1 和 CTR2,它们的属性间各有一个 多值依赖 C━→━→T,C━→━→R,都是平凡的多值依赖。因此,含有多值依赖的关系模式中, 减少数据冗余和操作异常的常用方法是将关系模式分解为仅有平凡的多值依赖的关系 模式。

定义 4.11 设有一关系模式 R(U),U 是其属性全集,X、Y 是 U 的子集,D 是 R 上的 数据依赖集。如果对于任一多值依赖 X━→━→Y,此多值依赖是平凡的,或者 X 包含了 R 的一个候选码,则称关系模式 R 是第四范式的,记作 R∈4NF。

由此定义可知,关系模式 CTR 分解后产生的 CTR1(C,T)和 CTR2(C,R)中,因为 C━→━→T,C━→━→R 均是平凡的多值依赖,所以 CTR1 和 CTR2 都是 4NF。

经过上面分析可以得知,一个 BCNF 的关系模式不一定是 4NF,而 4NF 的关系模式 必定是 BCNF 的关系模式,即 4NF 是 BCNF 的推广,4NF 的定义涵盖了 BCNF 的定义。

2）4NF 的分解

把一个关系模式分解为 4NF 的方法与分解为 BCNF 的方法类似,就是把一个关系 模式利用投影的方法消去非平凡且非函数依赖的多值依赖,并具有无损连接性。

例 4.10 设有关系模式 R(A,B,C,E,F,G),数据依赖集 D＝{A━→━→BGC,B→AC, C→G},将 R 分解为 4NF。

解:利用 A━→━→BGC,可将 R 分解为 R1({ABCG},{A━→━→BGC,B→AC,C→G})和 R2({AEF},{A━→━→EF}),其中 R2 无函数依赖又只有平凡的多值依赖,其已是 4NF 的关

系模式。而 R1 根据 4NF 的定义还不是 4NF 的关系模式。

再利用 B→AC 对 R1 再分解为 R11({ABC},{B→AC}) 和 R12({BG},{B→G}),显然 R11,R12 都是 4NF 的关系模式了。

由此对 R 分解得到的 3 个关系模式 R11({ABC},{B→AC})、R12({BG},{B→G}) 和 R2({AEF},{A→→EF}) 都属于 4NF,但此分解丢失了函数依赖{C→G}。若后面一次分解利用函数依赖 C→G 来做,则由此得到 R 的另一分解的 3 个关系模式 R11 ({ABC},{B→AC})、R12({CG},{C→G}) 和 R2({AEF},{A→→EF}),它们同样都是属于 4NF 的关系模式,且保持了所有的数据依赖(说明:A→→BGC 的多值依赖保持在 R11 与 R12 连接后的关系中)。这说明,4NF 的分解结果不是唯一的,结果与选择数据依赖的次序有关。任何一个关系模式都可无损分解成一组等价的 4NF 关系模式,但这种分解不一定具有依赖保持性。

函数依赖和多值依赖是两种最重要的数据依赖。如果只考虑函数依赖,则属于 BCNF 的关系模式的规范化程度已经是最高了。如果考虑多值依赖,则属于 4NF 的关系模式规范化程度是最高的。事实上,数据依赖中除了函数依赖和多值依赖之外,还有其他的数据依赖如连接依赖。函数依赖是多值依赖的一种特殊情况,而多值依赖实际上又是连接依赖的一种特殊情况。但连接依赖不像函数依赖和多值依赖那样可由语义直接导出,而是在关系的连接运算时才反映出来。存在连接依赖的关系模式仍可能遇到数据冗余及插入、修改、删除异常问题。如果消除了属于 4NF 的关系中存在的连接依赖,则可以进一步达到 5NF 的关系模式。下面简单讨论连接依赖和 5NF 这方面的内容。

4.2.9　连接依赖与 5NF*

1. 连接依赖的定义

定义 4.12　设有关系模式 $R(U),R_1(U_1),R_2(U_2),\cdots,R_n(U_n)$,且 $U=U_1\bigcup U_2\bigcup\cdots\bigcup U_n$,$\{R_1,R_2,\cdots,R_n\}$ 是 R 的一个分解,r 为 R 的一个任意的关系实例,若 $r=\Pi_{R_1}(r)\infty\Pi_{R_2}(r)\infty\cdots\infty\Pi_{R_n}(r)$($\Pi_{R_i}(r)$ 表示 r 在 $R_i(U_i)$ 上的投影,即 $\Pi_{U_i}(r),i=1,2,\cdots,n$)则称 R 满足连接依赖(Join Dependency,JD),记作 $\infty(R_1,\cdots,R_n)$。

2. 平凡连接依赖和非平凡连接依赖

设关系模式 R 满足连接依赖,记作 $\infty(R_1,\cdots,R_n)$。若存在 $R_i\in\{R_1,R_2,\cdots,R_n\}$,有 $R=R_i$,则称该连接依赖为平凡的连接依赖,否则称为非平凡连接依赖。

3. 第五范式

定义 4.13　设有关系模式 $R(U),R_1(U_1),R_2(U_2),\cdots,R_n(U_n)$,且 $U=U_1\bigcup U_2\bigcup\cdots\bigcup U_n$,D 是 R 上的函数依赖、多值依赖和连接依赖的集合。若对于 D^+(称为 D 的闭包,是 D 所蕴含的函数依赖、多值依赖和连接依赖的全体,可参阅 4.3 节中的相关概念)中的每个非平凡连接依赖 $\infty(R_1,R_2,\cdots,R_n)$,其中的每个 Ri 都包含 R 的一个候选键,则称 R 属于第五范式,记 $R\in 5NF$。

举例：设关系模式 SPJ(｛S,P,J｝)的属性分别表示供应商、零件、项目等含义,SPJ 表示三者间的供应关系。如果规定模式 SPJ 的关系是三个二元投影(SP(｛S,P｝)、PJ(｛P, J｝)、JS(｛J,S｝))的连接,而不是其中任何两个的连接。例如,设关系中有 <S1,P1,J2> 和 <S1,P2,J1> 两个元组,则 SPJ 满足投影分解为 SP、PJ、SJ 后,SPJ 一定是 SP、PJ、SJ 的连接,那么模式 SPJ 中存在着一个连接依赖∞(SP,PJ,JS)。

在模式 SPJ 存在这个连接依赖时,其关系将存在冗余和异常现象。元组在插入或删除时就会出现各种异常,如插入一元组必须连带插入另一元组,而删除一元组时必须连带删除另外元组等,因为只有这样才能不违反模式 SPJ 存在的连接依赖。

例如,在上面 SPJ 中有两个元组的情况下,再插入元组 <S2,P1,J1>,读者会发现,有 3 个元组的 SPJ,分解后的 3 个二元关系 SP、PJ、SJ 连接后产生的 SPJ 不等于分解前的 SPJ,而是多了一个元组 <S1,P1,J1>,这就表明,根据语义的约束(或为了保证 SPJ 中连接依赖的存在),在插入 <S2,P1,J1> 时,必须同时插入 <S1,P1,J1> 的。读者还可以验证,在 SPJ 中有以上 4 个元组后,再删除 <S2,P1,J1> 或 <S1,P1,J1> 时,也有需要连带删除其余某些元组的现象。这就是 SPJ 中存在非平凡连接依赖后,存在操作异常的现象。

关系 SPJ,其有一个连接依赖∞(SP,PJ,JS)是非平凡的连接依赖,显然不满足 5NF 定义要求,它达不到 5NF。应该把 SPJ 分解成 SP(｛S,P｝)、PJ(｛P,J｝)、JS(｛J,S｝)三个模式,这样,这个分解是无损分解,并且每个模式都是 5NF,各模式已清除了冗余和异常操作现象。

连接依赖也是现实世界属性间联系的一种抽象,是语义的体现。但它不像 FD 和 MVD 的语义那么直观,要判断一个模式是否是 5NF 的往往也比较困难。可以证明,5NF 的模式也一定是 4NF 的模式。根据 5NF 的定义,可以得出一个模式总是可以无损分解成 5NF 的模式集。

4.2.10　规范化小结

在这一章,首先由关系模式表现出的异常问题引出了函数依赖的概念,其中包括完全/部分函数依赖和传递/直接函数依赖之分,这些概念是规范化理论的依据和规范化程度的准则。规范化就是对原关系进行投影,消除决定属性不是候选码的任何函数依赖。一个关系只要其分量都是不可分的数据项,就可称作规范化的关系,也称作 1NF。消除 1NF 关系中非主属性对码的部分函数依赖,得到 2NF;消除 2NF 关系中非主属性对码的传递函数依赖,得到 3NF;消除 3NF 关系中主属性对码的部分函数依赖和传递函数依赖,便可得到一组 BCNF 关系。规范化的目的是使结构更合理,消除异常,使数据冗余尽量小,便于插入、删除和修改。原则是遵从概念单一化"一事一地"原则,即一个关系模式描述一个实体或实体间的一种联系。规范的实质就是概念的单一化。方法是将关系模式投影分解成两个或两个以上的关系模式。要求：分解后的关系模式集合应当与原关系模式"等价",即经过自然连接可以恢复原关系而不丢失信息,并保持属性间合理的联系。

注意：一个关系模式的不同分解可以得到不同关系模式集合,也就是说,分解方法不是唯一的。最小冗余的要求必须以分解后的数据库能够表达原来数据库所有信息为前提来实现。其根本目标是节省存储空间,避免数据不一致性,提高对关系的操作效率,同时满足应用需求。实际上,并不一定要求全部模式都达到 BCNF。有时故意保留部分冗余可能更方便数据查询。尤其对于那些更新频度不高、查询频度极高的数据库系统更是如此。

4.3 数据依赖的公理系统 *

数据依赖的公理系统是模式分解算法的理论基础,下面先讨论函数依赖的一个有效而完备的公理系统——Armstrong 公理系统。

定义 4.14 对于满足一组函数依赖 F 的关系模式 R(U,F),其任何一个关系 r,若函数依赖 X→Y 都成立(即 r 中任意两元组 t,s,若 t[X]=s[X],则 t[Y]=s[Y]),则称 **F 逻辑蕴含 X→Y**。

为了求得给定关系模式的码,为了从一组函数依赖求得蕴含的函数依赖,如已知函数依赖集 F,要问 X→Y 是否为 F 所蕴含,就需要一套推理规则,这组推理规则是 1974 年首先由 Armstrong 提出来的。

Armstrong 公理系统 设 U 为属性集总体,F 是 U 上的一组函数依赖,于是有关系模式 R(U,F)。对 R(U,F)来说有以下的推理规则。

- **A1 自反律**(reflexivity):若 Y⊆X⊆U,则 X→Y 为 F 所蕴含。
- **A2 增广律**(augmentation):若 X→Y 为 F 所蕴含,且 Z⊆U,则 XZ→YZ 为 F 所蕴含。
- **A3 传递律**(transitivity):若 X→Y 及 Y→Z 为 F 所蕴含,则 X→Z 为 F 所蕴含。

注意:由自反律所得到的函数依赖均是平凡的函数依赖,自反律的使用并不依赖于 F。

定理 4.1 Armstrong 推理规则是正确的。

下面从定义出发证明推理规则的正确性。

证:

(1) Y⊆X⊆U。

对 R(U,F)的任一关系 r 中的任意两个元组 t,s:若 t[X]=s[X],由于 Y⊆X,有 t[Y]=s[Y],所以 X→Y 成立,自反律得证。

(2) X→Y 为 F 所蕴含,且 Z⊆U。

设 R(U,F)的任一关系 r 中的任意两个元组 t,s:若 t[XZ]=s[XZ],则有 t[X]=s[X]和 t[Z]=s[Z];由 X→Y,于是有 t[Y]=s[Y],所以 t[YZ]=s[YZ],所以 XZ→YZ 为 F 所蕴含,增广律得证。

(3) 设 X→Y 及 Y→Z 为 F 所蕴含。

设 R(U,F)的任一关系 r 中的任意两个元组 t,s:若 t[X]=s[X],由 X→Y,有 t[Y]=s[Y];再由 Y→Z,有 t[Z]=s[Z],所以 X→Z 为 F 所蕴含,传递律得证。

根据 A1,A2,A3 这 3 条推理规则可以得到下面很有用的推理规则。

- 合并规则:由 X→Y,X→Z,有 X→YZ。

- 伪传递规则：由 X→Y,WY→Z,有 XW→Z。
- 分解规则：由 X→Y 及 Z⊆Y,有 X→Z。

根据合并规则和分解规则,很容易得到这样一个重要事实。

引理 4.1 X→$A_1 A_2 \cdots A_k$ 成立的充分必要条件是 X→A_i 成立(i=1,2,…,k)。

定义 4.15 在关系模式 R(U,F)中,为 F 所蕴含的函数依赖的全体叫作 F 的**闭包**,记为 F^+ 。

人们把自反律、增广律和传递律称为 Armstrong 公理系统。Armstrong 公理系统是有效的、完备的。Armstrong 公理的**有效性**指的是,由 F 出发根据 Armstrong 公理推导出来的每一个函数依赖一定在 F^+ 中;**完备性**指的是 F^+ 中的每一个函数依赖,必定可以由 F 出发根据 Armstrong 公理推导出来。

要证明完备性,首先要解决如何判定一个函数依赖是否属于由 F 根据 Armstrong 公理推导出来的函数依赖集合。当然,如果能求出这个集合,问题就解决了。但不幸的是,这是个 NP 完全问题。如从 F={X→A_1,…,X→A_n}出发,至少可以推导出 2^n 个不同的函数依赖,为此引出了下面的概念。

定义 4.16 设 F 为属性集 U 上的一组函数依赖,X 包含于 U,X_F^+ ={A|X→A 能由 F 根据 Armstrong 公理导出},X_F^+ 称为属性集 **X 关于函数依赖集 F 的闭包**。

由引理 4.1 容易得出以下内容。

引理 4.2 设 F 为属性集 U 上的一组函数依赖,X,Y 包含于 U,X→Y 能由 F 根据 Armstrong 公理导出的充分必要条件是 Y 包含于 X_F^+ 。

于是,判定 X→Y 是否能由 F 根据 Armstrong 公理推导出的问题,就转换为求出 X_F^+ 的子集的问题。这个问题由算法 4.1 解决了。

算法 4.1 求属性集 X(X⊆U)关于 U 上的函数依赖集 F 的闭包 X_F^+ 。

输入：X,F;

输出：X_F^+ 。

步骤：

(1) 令 $X^{(0)}$=X,i=0;

(2) 求 B,这里 B={A|(∃V)(∃W)(V→W∈F∧V⊆$X^{(i)}$∧A∈W)};

(3) $X^{(i+1)}$=B∪$X^{(i)}$;

(4) 判断 $X^{(i+1)}$=$X^{(i)}$ 是否成立;

(5) 若成立或 $X^{(i+1)}$=U,则 $X^{(i+1)}$ 就是 X_F^+,算法终止;

(6) 若不成立,则 i=i+1,返回步骤(2)。

例 4.11 已知关系模式 R(U,F),其中 U={A,B,C,D,E};F={AB→C,B→D,C→E,EC→B,AC→B}。求 $(AB)_F^+$ 。

解：由算法 4.1,设 $X^{(0)}$=AB;计算 $X^{(1)}$;逐一扫描 F 集合中各个函数依赖,找左部为 A、B 或 AB 的函数依赖。得到 AB→C、B→D。于是 $X^{(1)}$=AB∪CD=ABCD。

因为 $X^{(0)}$≠$X^{(1)}$,所以再找出左部为 ABCD 子集的函数依赖,又得到 C→E,AC→B,于是 $X^{(2)}$=$X^{(1)}$∪BE=ABCDE。

因为 $X^{(2)}$ 已等于全部属性的集合,所以 $(AB)_F^+$=ABCDE。

定理 4.2　Armstrong 公理系统是有效的、完备的。

Armstrong 公理系统的有效性可由定理 4.1 得到证明。这里给出完备性的证明。

证明完备性的逆否命题，即若函数依赖 X→Y 不能由 F 从 Armstrong 公理导出，那么它必然不为 F 所蕴含，它的证明分如下三步。

(1) 若 V→W 成立，且 $V \subseteq X_F^+$，则 $W \subseteq X_F^+$。

证：因为 $V \subseteq X_F^+$，所以有 X→V 成立；于是 X→W 成立（因为 X→V，V→W），所以 $W \subseteq X_F^+$。

(2) 构造一张二维表 r，它由下列两个元组构成，可以证明 r 必是 R(U,F) 的一个关系，即 F 中的全部函数依赖在 r 上成立。

$$
\begin{array}{cc}
\overbrace{X_F^+} & \overbrace{U - X_F^+} \\
11\cdots\cdots 1 & 00\cdots\cdots 0 \\
11\cdots\cdots 1 & 11\cdots\cdots 1
\end{array}
$$

若 r 不是 R(U,F) 的关系，则必由于 F 中有函数依赖 V→W 在 r 上不成立所致。由 r 的构成可知，V 必定是 X_F^+ 的子集，而 W 不是 X_F^+ 的子集，可是与第(1)步中 $W \subseteq X_F^+$ 矛盾。所以 r 必是 R(U,F) 的一个关系。

(3) 若 X→Y 不能由 F 从 Armstrong 公理导出，则 Y 不是 X_F^+ 的子集，因此必有 Y 的子集 Y′满足 $Y' \subseteq U - X_F^+$，则 X→Y 在 r 中不成立，即 X→Y 必不为 R(U,F) 蕴含。

Armstrong 公理的完备性及有效性说明了"导出"与"蕴含"是两个完全等价的概念。于是 F^+ 也可以说成是由 F 发出借助 Armstrong 公理导出的函数依赖集合。

从蕴含（或导出）的概念出发，又引出函数依赖集等价和最小依赖集两个概念。

定义 4.17　如果 $G^+ = F^+$，就说函数依赖集 F 覆盖 G（F 是 G 的覆盖，或 G 是 F 的覆盖），或 F 与 G 等价。

引理 4.3　$F^+ = G^+$ 的充分必要条件是 $F \subseteq G^+$ 和 $G \subseteq F^+$。

证：必要性显然成立，这里只证明充分性。

(1) 若 $F \subseteq G^+$，则 $X_F^+ \subseteq X_{G^+}^+$。

(2) 任取 $X \to Y \in F^+$，则有 $Y \subseteq X_F^+ \subseteq X_{G^+}^+$。

所以 $X \to Y \in (G^+)^+ = G^+$，即 $F^+ \subseteq G^+$。

(3) 同理可证 $G^+ \subseteq F^+$，所以 $F^+ = G^+$。

而要判定 $F \subseteq G^+$，只需逐一对 F 中的函数依赖 X→Y 考查 Y 是否属于 $X_{G^+}^+$ 就行了。因此引理 4.3 给出了判定两个函数依赖集等价的可行算法。

定义 4.18　如果函数依赖集 F 满足下列条件，则称 F 为一个极小函数依赖集，也称为最小函数依赖集或最小覆盖。

(1) F 中任一函数依赖的右部仅含有一个属性。

(2) F 中不存在这样的函数依赖 X→A，X 有真子集 Z，使得 F−{X→A}∪{Z→A} 与 F 等价。

(3) F 中不存在这样的函数依赖 X→A，使得 F 与 F−{X→A} 等价。

定理 4.3　每一个函数依赖集 F 均等价一个极小函数依赖集 F_m。此 F_m 称为 F 的最小依赖集。

证：这是个构造性的证明，可分三步对 F 进行"极小化处理"，找出 F 的一个最小依赖集。

(1) 逐一检查 F 中各函数依赖 FD_i：$X \rightarrow Y$，若 $Y = A_1 A_2 \cdots A_k$，$k \geqslant 2$，则用 $\{X \rightarrow A_j | j = 1, 2, \cdots, k\}$ 来取代 $X \rightarrow Y$。

(2) 逐一取出 F 中各函数依赖 FD_i：$X \rightarrow A$，设 $X = B_1 B_2 \cdots B_m$，逐一考查 B_i（$i = 1, 2, \cdots, m$），若 $A \in (X - B_i)_F^+$，则以 $X - B_i$ 取代 X（因为 F 与 $F - \{X \rightarrow A\} \cup \{Z \rightarrow A\}$ 等价的充要条件是 $A \in Z_F^+$ 其中 $Z = X - B_i$）。

(3) 逐一检查 F 中各函数依赖 FD_i：$X \rightarrow A$，令 $G = F - \{X \rightarrow A\}$，若 $A \in X_G^+$，则从 F 中去掉此函数依赖（因为 F 与 G 等价的充要条件是 $A \in X_G^+$）。

最后剩下的 F 就一定是极小依赖集，并且与原来的 F 等价。因为对 F 的每一次"改造"都保证了改造前后的两个函数依赖集等价。这些证明很显然，请读者自行证明。

例 4.12　在 R(U,F) 中，$U = \{A, B, C, D, E, G\}$，$F = \{ABD \rightarrow AC, C \rightarrow BE, AD \rightarrow BG, B \rightarrow E\}$，求最小依赖集。

解：(1) 将 F 中的所有函数依赖的右属性拆成单个属性。

例如：$ABD \rightarrow AC$ 拆分成 $ABD \rightarrow A$ 和 $ABD \rightarrow C$，$C \rightarrow BE$ 拆分成 $C \rightarrow B$ 和 $C \rightarrow E$，$AD \rightarrow BG$ 拆分成 $AD \rightarrow B$ 和 $AD \rightarrow G$。

拆分后 $F = \{ABD \rightarrow A, ABD \rightarrow C, C \rightarrow B, C \rightarrow E, AD \rightarrow B, AD \rightarrow G, B \rightarrow E\}$。

$ABD \rightarrow A$ 为平凡的函数依赖，可以先去掉，得：$F = \{ABD \rightarrow C, C \rightarrow B, C \rightarrow E, AD \rightarrow B, AD \rightarrow G, B \rightarrow E\}$。

(2) 检查每一个函数依赖的左属性（是否有冗余）。

① 检查 $ABD \rightarrow C$：先考虑去掉 A，即 $BD \rightarrow C$，$(BD)_F^+ = \{B, D, E\}$，不包含 C，不能去掉 A；再考虑去掉 D，即 $AB \rightarrow C$，$(AB)_F^+ = \{A, B, E\}$，不包含 C，不能去掉 D；再考虑去掉 B，即 $AD \rightarrow C$，$(AD)_F^+ = \{A, D, B, G, C\}$，包含 C，可去掉 B，得 $F = \{AD \rightarrow C, C \rightarrow B, C \rightarrow E, AD \rightarrow B, AD \rightarrow G, B \rightarrow E\}$。

② 检查 $AD \rightarrow C$：先考虑去掉 A，即 $D \rightarrow C$，$(D)_F^+ = \{D\}$，不包含 C，不能去掉 A；再考虑去掉 D，即 $A \rightarrow C$，$(A)_F^+ = \{A\}$，不包含 C，不能去掉 D。

③ 同理，检查 $AD \rightarrow B$，$AD \rightarrow G$，均不能再简化函数依赖的左属性。

(3) 检查每一个函数依赖是否冗余。

对 $F = \{AD \rightarrow C, C \rightarrow B, C \rightarrow E, AD \rightarrow B, AD \rightarrow G, B \rightarrow E\}$ 中的每个函数依赖，做如下处理。

① 检查 $AD \rightarrow C$：设去掉 $AD \rightarrow C$ 后，令 $G = \{C \rightarrow B, C \rightarrow E, AD \rightarrow B, AD \rightarrow G, B \rightarrow E\}$，$(AD)_G^+ = \{A, D, B, G, E\}$，不包含 C，不能去掉 $AD \rightarrow C$。

② 检查 $C \rightarrow B$：设去掉 $C \rightarrow B$ 后，令 $G = \{AD \rightarrow C, C \rightarrow E, AD \rightarrow B, AD \rightarrow G, B \rightarrow E\}$，$(C)_G^+ = \{C, E\}$，不包含 B，不能去掉 $C \rightarrow B$。

③ 检查 $C \rightarrow E$：设去掉 $C \rightarrow E$ 后，令 $G = \{AD \rightarrow C, C \rightarrow B, AD \rightarrow B, AD \rightarrow G, B \rightarrow E\}$，$(C)_G^+ = \{C, B, E\}$，包含 E，可以去掉 $C \rightarrow E$，得：$F = \{AD \rightarrow C, C \rightarrow B, AD \rightarrow B, AD \rightarrow G, B \rightarrow E\}$。

④ 检查 $AD \rightarrow B$：设去掉 $AD \rightarrow B$ 后，令 $G = \{AD \rightarrow C, C \rightarrow B, AD \rightarrow G, B \rightarrow E\}$，$(AD)_G^+ =$

$\{A,D,C,B,G,E\}$,包含 B,可以去掉 AD→B,得:F=$\{AD→C,C→B,AD→G,B→E\}$。

⑤ 检查 AD→G:设去掉 AD→G 后,令 G=$\{AD→C,C→B,B→E\}$,$(AD)_G^+=\{A,D,C,B,E\}$,不包含 G,不能去掉 AD→G。

⑥ 检查 B→E:设去掉 B→E 后,令 G=$\{AD→C,C→B,AD→G\}$,$(B)_G^+=\{B\}$,不包含 E,不能去掉 B→E。

经过以上 3 步算法最终可得最小函数依赖 F=$\{AD→C,C→B,AD→G,B→E\}$。

应当指出,F 的最小依赖集 F_m 不一定是唯一的,它与对各函数依赖 FD_i 及 X→A 中 X 各属性的处置顺序有关。

例如,F=$\{A→B,B→A,B→C,A→C,C→A\}$,$F_{m1}=\{A→B,B→C,C→A\}$,$F_{m2}=\{A→B,B→A,A→C,C→A\}$。

这里能给出 F 的两个最小依赖 F_{m1},F_{m2}。

若改造后的 F 与原来的 F 相同,说明 F 本身就是一个最小依赖集,因此定理 4.3 的证明给出的最小化过程也可以看成检查 F 是否为极小依赖集的一个算法。

两个关系模式 $R_1(U,F)$,$R_2(U,G)$,如果 F 与 G 等价,那么 R_1 的关系一定是 R_2 的关系。反过来,R_2 的关系也一定是 R_1 的关系。因此,在 R(U,F)中用与 F 等价的依赖集 G 取代 F 是允许的。

4.4 关系分解保持性 *

关系模式的规范化就是要通过对模式进行分解,将一个属于低级范式的关系模式转换成若干属于高级范式的关系模式,从而解决或部分解决插入异常、删除异常、修改复杂、数据冗余等问题。

4.4.1 关系模式的分解

1. 关系模式分解的定义

设有关系模式 R,U 为 R 的属性集。R 的一个分解定义为 ρ(读 rou)=$\{R_1,R_2,\cdots,R_n\}$,其中 R_i 的属性集为 $U_i(i=1,2,\cdots,n)$,且 $U=U_1\cup U_2\cup\cdots\cup U_n$。

2. 函数依赖集的投影

设有关系模式 R,U 为 R 的属性集,F 为 R 上的函数依赖集,ρ=$\{R_1,R_2,\cdots,R_n\}$为 R 的一个分解,其中 R_i 的属性集为 $U_i(i=1,2,\cdots,n)$,则 $F_i=\{X→Y|X→Y\in F^+,X\subseteq U_i,Y\subseteq U_i\}$ 称为函数依赖集 F 在属性集 U_i 上的投影。

3. 对模式分解的要求

一个模式可以有多种分解方法,但要使分解有意义,就应当保证在分解过程中不丢失原有模式中的信息。模式分解的无损连接性和函数依赖保持性就是用来衡量一个模式分解是否导致原有模式中部分信息丢失的两个标准。

4.4.2　模式分解的无损连接性

1. 基于模式分解的关系连接

设有关系模式 $R(U)$，$\rho=\{R_1,R_2,\cdots,R_n\}$ 是 R 的一个分解，其中 R_i 的属性集为 U_i($i=$ $1,2,\cdots,n$)($U_i \subseteq U$)，r 是 R 的一个关系实例，则将 r 在 ρ 中各关系模式上投影的连接 $\Pi_{R_1}(r)\infty\Pi_{R_2}(r)\infty\cdots\infty\Pi_{R_n}(r)$(意即 $\Pi_{U_1}(r)\infty\Pi_{U_2}(r)\infty\cdots\infty\Pi_{U_n}(r)$)记作 $m_\rho(r)$。可以证明，对 $m_\rho(r)$ 有：①$r \subseteq m_\rho(r)$；②若 $s=m_\rho(r)$，则 $\Pi_{R_i}(s)=\Pi_{R_i}(r)$；③$m_\rho(m_\rho(r))=m_\rho(r)$。

2. 无损连接性的定义

定义 4.19　设有关系模式 R，$\rho=\{R_1,R_2,\cdots,R_n\}$ 是 R 的一个分解，若对 R 的任意关系实例 r 都有 $r=m_\rho(r)$，则称 ρ 为具有无损连接性的分解。

3. 无损连接性的判定算法

算法 4.2　设有关系模式 R，$U=\{A_1,A_2,\cdots,A_m\}$ 为 R 的属性集，F 为 R 上的函数依赖集，$\rho=\{R_1,R_2,\cdots,R_n\}$ 为 R 的一个分解。

(1) 建立如下判定表 T，不妨以 $T(R_i,A_j)$ 表示 T 中第 i 行与第 j 列交叉处的单元格，填表要求为，若 R_i 中包含属性 A_j，则在 $T(R_i,A_j)$ 中填入 a_j，否则填入 b_{ij}。

	A_1	A_2	$\cdots$	$\cdots$	A_m
R_1					
R_2					
$\vdots$					
R_n					

(2) 对 F 中的每个函数依赖 $X \rightarrow Y$，若存在 ρ 中关系模式 $R_{s1},R_{s2},\cdots,R_{sk}$($1 \leqslant s1 <$ $s2 < \cdots < sk \leqslant n$)，使对任意 $A_i \in X$，都有 $T(R_{s1},A_i)=T(R_{s2},A_i)=\cdots=T(R_{sk},A_i)$，则对每一 $A_j \in Y$，应修改单元格中的内容，使 $T(R_{s1},A_j)=T(R_{s2},A_j)=\cdots=T(R_{sk},A_j)$。

具体修改方法为，如果存在 $R_{si} \in \{R_{s1},R_{s2},\cdots,R_{sk}\}$，满足 $T(R_{si},A_j)=a_j$，则令 $T(R_{s1},A_j)=\cdots=T(R_{si},A_j)=\cdots=T(R_{sk},A_j)=a_j$，否则令 $T(R_{s1},A_j)=\cdots=T(R_{sk},A_j)=b_{s1j}$。

此外，当对表中某个 b_{ij} 按上述规则进行了修改时，应对表 T 的第 j 列中所有符号 b_{ij} 进行同样的修改，而不管这些符号所在的行是否与关系模式 $R_{s1},R_{s2},\cdots,R_{sk}$ 相对应。

如果在某次修改之后，表中有一行成为 $a_1,a_2,\cdots,a_n$，则可判定分解 ρ 具有无损连接性，算法终止。

(3) 若第(2)步中未对表 T 进行任何修改，则可判定 ρ 不具有无损连接性，算法终止，否则至少使表 T 中减少了一个符号，应返回第(2)步，进行下一轮处理。由于表 T 中符号的个数是有限的，这样的循环一定能够终止。

4. 无损连接性的判定定理

定理 4.4　设有关系模式 R,U 为 R 的属性集,F 为 R 上的函数依赖集,$\rho=\{R_1,$ $R_2,\cdots,R_n\}$ 为 R 的一个分解,用算法 4.2 对 ρ 进行判定,则 ρ 具有无损连接性的充分必要条件是该算法终止时,并且表 T 中有一行为 $a_1,a_2,\cdots,a_n$。

定理 4.5　设有关系模式 R,U 为 R 的属性集,F 为 R 上的函数依赖集,$\rho=\{R_1,R_2\}$ 为 R 的一个分解,R_1 的属性集为 U_1,R_2 的属性集为 U_2,则 ρ 具有无损连接性的充分必要条件是 $(U_1\bigcap U_2)\rightarrow(U_1-U_2)\in F^+$ 或 $(U_1\bigcap U_2)\rightarrow(U_2-U_1)\in F^+$。

4.4.3　模式分解的函数依赖保持性

1. 函数依赖保持性的定义

定义 4.20　设有关系模式 R,U 是 R 的属性集,F 为 R 上的函数依赖集,$\rho=\{R_1,$ $R_2,\cdots,R_n\}$ 为 R 的一个分解,U_i 为 R_i 的属性集,F_i 是 F 在 U_i 上的投影$(i=1,2,\cdots,n)$。如果 $F^+=(F_1\bigcup F_2\bigcup\cdots\bigcup F_n)^+$,则称分解 ρ 具有函数依赖保持性。

2. 函数依赖保持性的判定算法

算法 4.3　设有关系模式 R,U 是 R 的属性集,F 为 R 上的函数依赖集,$\rho=\{R_1,$ $R_2,\cdots,R_n\}$ 为 R 的一个分解,U_i 为 R_i 的属性集,F_i 是 F 在 U_i 上的投影$(i=1,2,\cdots,n)$。令 $G=F_1\bigcup F_2\bigcup\cdots\bigcup F_n$,则必有 $G\subseteq F$,即 $G^+\subseteq F^+$,要判断 $G^+=F^+$ 是否成立,只需判断 $F^+\subseteq G^+$ 是否成立。算法如下:①对 F 中的每个函数依赖 $X\rightarrow Y$,求 X 关于 G 的闭包 X_G^+,若 $Y\nsubseteq X_G^+$,则可判定 ρ 不具有函数依赖保持性,算法终止;②ρ 具有函数依赖保持性,算法终止。

一个无损连接的分解不一定具有函数依赖保持性;同样地,一个具有函数依赖保持性的分解也不一定具有无损连接性。检验一个分解是否具有函数依赖保持性,实际上是检验 $\prod_{R_1}(F)\bigcup\prod_{R_2}(F)\bigcup\cdots\bigcup\prod_{R_k}(F)$ 是否覆盖 F。

例 4.13　设关系模式 R 的属性集 $U=\{A,B,C,D,E\}$,$F=\{A\rightarrow B,B\rightarrow C,D\rightarrow E\}$ 是 R 上的函数依赖集,$\rho=\{R_1(A,B,C),R_2(A,D,E)\}$ 是 R 上的一个模式分解。问题:①求函数依赖集 F 的闭包 F^+;②求函数依赖集 F 在关系模式 R_1、R_2 上的投影;③判断分解 ρ 是否具有无损连接性;④判断分解 ρ 是否具有函数依赖保持性。

解:(1)求函数依赖集 F 的闭包 F^+。

① 对 F 中的函数依赖 $A\rightarrow B$,求属性集 A 关于 F 的闭包 A_F^+。

令 $X(0)=\{A\}$,$Y=\phi$:

对 F 中的函数依赖 $A\rightarrow B$,有 $\{A\}\subseteq X(0)$,所以令 $Y=Y\bigcup\{B\}=\{B\}$;

对 F 中的函数依赖 $B\rightarrow C$,有 $\{B\}\nsubseteq X(0)$,所以不修改 Y;

对 F 中的函数依赖 $D\rightarrow E$,有 $\{D\}\nsubseteq X(0)$,所以不修改 Y;

所以 $X(1)=X(0)\bigcup Y=\{A,B\}$;因为 $X(1)\neq X(0)$ 且 $X(1)\neq U$,所以再令 $Y=\phi$;

对 F 中的函数依赖 $A\rightarrow B$,有 $\{A\}\subseteq X(1)$,所以令 $Y=Y\bigcup\{B\}=\{B\}$;

对 F 中的函数依赖 B→C,有{B}⊆X(1),所以令 Y=Y∪{C}={B,C};

对 F 中的函数依赖 D→E,有{D}⊄X(1),所以不修改 Y;

所以 X(2)=X(1)∪Y={A,B,C};因为 X(2)≠X(1)且 X(2)≠U,所以再令 Y=φ;

对 F 中的函数依赖 A→B,有{A}⊆X(2),所以令 Y=Y∪{B}={B};

对 F 中的函数依赖 B→C,有{B}⊆X(2),所以令 Y=Y∪{C}={B,C};

对 F 中的函数依赖 D→E,有{D}⊄X(2),所以不修改 Y;

所以 X(3)=X(2)∪Y={A,B,C};因为 X(3)=X(2),所以 A_F^+=X(3)={A,B,C}。

② 对 F 中的函数依赖 B→C,求属性集 B 关于 F 的闭包,有 B_F^+=X(2)={B,C}。

③ 对 F 中的函数依赖 D→E,求属性集 D 关于 F 的闭包,有 D_F^+=X(2)={D,E}。

④ 因为 A_F^+={A,B,C},B_F^+={B,C},D_F^+={D,E},所以 F^+={A→B,A→C,B→C,D→E}。

说明:这里求出的 F^+(通常认为它就是 F 的闭包)实际上只是由各函数依赖的决定因素求其闭包后推导出的集合,是真正 F^+ 的一个有意义的等价集,前面已说过求解真正的 F^+ 是个 NP 完全问题,这种求解 F^+ 并没有实际意义。

(2)求函数依赖集 F 在关系模式 R_1、R_2 上的投影。

① 因为 R_1(A,B,C),F^+={A→B,A→C,B→C,D→E},所以 F1={A→B,A→C,B→C}。

② 因为 R_2(A,D,E),F^+={A→B,A→C,B→C,D→E},所以 F2={D→E}。

(3)判断分解 ρ 是否具有无损连接性。

① 根据算法 4.2,构造判定表 T 如下:

	A	B	C	D	E
R_1(A,B,C)	a1	a2	a3	b14	b15
R_2(A,D,E)	a1	b22	b23	a4	a5

② 由 F 中函数依赖 A→B 可将表 T 改为:

	A	B	C	D	E
R_1(A,B,C)	a1	a2	a3	b14	b15
R_2(A,D,E)	a1	a2	b23	a4	a5

由 F 中函数依赖 B→C 可将表 T 改为:

	A	B	C	D	E
R_1(A,B,C)	a1	a2	a3	b14	b15
R_2(A,D,E)	a1	a2	a3	a4	a5

表中已有一行为全 a,所以 ρ 具有无损连接性。

(4)判断分解 ρ 是否具有函数依赖保持性。

F 在 R_1 上的投影 F1={A→B,B→C},F 在 R_2 上的投影 F2={D→E},令 G=F1∪

F2,可得 G=F,必有 $G^+=F^+$,可见分解 ρ 是具有函数依赖保持性的。

或 如(2)所示,F 在 R1 上的投影 F1={A→B,A→C,B→C},F 在 R2 上的投影 F2={D→E},令 G=F1∪F2={A→B,A→C,B→C,D→E},容易得 $G^+=G=${A→B,A→C,B→C,D→E},可得 $G^+=F^+$,可见分解 ρ 是具有函数依赖保持性的。

4.4.4 模式分解算法

在现有的模式分解算法中,分解到 3NF 的算法可以达到具有无损连接性和函数依赖保持性,分解到 BCNF 和 4NF 的算法只能达到具有无损连接性,还不能达到具有函数依赖保持性。

1. 分解到 3NF,具有函数依赖保持性的模式分解算法

算法 4.4 设有关系模式 R,U 为 R 的属性集,F 为 R 上的函数依赖集。先对 F 极小化处理,即计算 F 的最小依赖集,并仍然记作 F。①令模式分解 ρ=∅;②若存在函数依赖 X→Y∈F,满足 X∪Y=U,则令 ρ={R},转步骤⑥;③令 U_0=∅,对 U 中的每个属性 A_i,如果 A_i 既不出现在 F 中任一函数依赖的左端,也不出现在 F 中任一函数依赖的右端,则令 $U_0=U_0 \cup \{A_i\}$;以 U_0 为属性集,构造关系模式 R_0,并令 $ρ=ρ\cup\{R_0\}$,U=U−U_0;④若 F 中存在左端相同的函数依赖 X→Y_1,X→Y_2,…,X→Y_n,则对这些函数依赖进行合并,即令 F=(F−{X→Y_1,X→Y_2,…,X→Y_n}),U_i=X∪Y_1…∪Y_n,以 U_i 为属性集构造关系模式 R_i,F_i={X→($Y_1 \cup Y_2 \cup \cdots \cup Y_n$)},令 $ρ=ρ\cup\{R_i\}$,重复执行步骤④,直至 F 中不存在左端相同的函数依赖;⑤对 F 中剩余的每个函数依赖 X_i→Y_i,令 U_i=$X_i \cup Y_i$,以 U_i 为属性集构造关系模式 R_i,再令 $ρ=ρ\cup\{R_i\}$;⑥算法终止。

定理 4.6 设有关系模式 R,U 是 R 的属性集,F 为 R 上的函数依赖集,G 是与 F 等价的最小函数依赖集,ρ 是由算法 4.4 生成的 R 的一个模式分解,则 ρ 具有函数依赖保持性,且 ρ 中每个关系模式都属于 3NF。

例 4.14 设有关系模式 R(A,B,C,D,E),R 中属性均不可再分解,若只基于函数依赖进行讨论,设函数依赖集 F={AB→C,C→E,A→CD},R 是否已达到 BCNF? 若未达到,试对其进行分解,看是否能分解成若干都达到 BCNF 范式的关系模式,每个分解后的关系模式写成 R(U,F)形式,并要求分解能保持函数依赖性。

解:(1)先求出所有候选码。经分析,候选码中必含有 AB 属性,先考察 AB。

因为 AB→C,C→E,所以 AB→E ①;因为 AB→A,A→CD,所以 AB→CD ②;因为 AB→AB ③;由①②③得,AB→ABCDE,所以 AB 为候选码,并且候选码只有 AB。

(2)判断 R 是否已达到 BCNF?

显然,A、B 为主属性,C、D、E 为非主属性。对非主属性 C 来说,因为有 A→C,所以 AB→C 为部分函数依赖,所以 R 不属于 2NF,所以 R 最高属于 1NF。

(3)分解关系模式成若干都达到 BCNF 的关系模式。

先对 F={AB→C,C→E,A→CD} 最小化为

F={AB→C,C→E,A→C,A→D}(化右部仅含有一个属性)

F={A→C,C→E,A→C,A→D}（化 AB→C 为 A→C）

$F=\{C\rightarrow E,A\rightarrow C,A\rightarrow D\}$(去冗余 $A\rightarrow C$)

接着按算法 4.4 对 R 分解为

$R(U,F)=R1(\{B\},\{\})\cup R2(\{A,C,D\},\{A\rightarrow C,A\rightarrow D\})\cup R3(\{C,E\},\{C\rightarrow E\})$

容易验证以上分解能保持函数依赖性,并且各关系模式均达到 3NF,显然也已达到 BCNF。

2. 分解到 3NF,既具有无损连接性又具有函数依赖保持性的模式分解算法

算法 4.5　设有关系模式 R,U 为 R 的属性集,F 为 R 上的函数依赖集(已做最小化处理)。①用算法 4.4 对关系模式 R 进行分解,生成具有函数依赖保持性的模式分解 ρ,此时 ρ 中的每个关系模式都属于 3NF;②设 X 是 R 的一个候选键,以 X 为属性集构造关系模式 R_X,若不存在某个 U_i 有 $X\subseteq U_i$,则令 $\rho=\rho\cup\{R_X\}$,若存在 U_i 有 $U_i\subseteq X$,则将 R_i 从 ρ 中删除,即 $\rho=\rho-\{R_i\}$;③ρ 为 R 的一个既具有无损连接性又具有函数依赖保持性的模式分解,且 ρ 中的每个关系模式都属于 3NF,算法终止。

定理 4.7　设有关系模式 R,U 为 R 的属性集,F 为 R 上的函数依赖集,$\rho=\{R_1,R_2,\cdots,R_n,R_X\}$ 是由算法 4.5 生成的 R 的一个模式分解,则 ρ 既具有无损连接性,又具有函数依赖保持性,且 ρ 中每个关系模式都属于 3NF。

例 4.15　题目基本同例 4.14,不同之处是若关系 R 未达到 BCNF,试着能分解 R 成若干都达到 BCNF 范式的关系模式,并且分解要既具有无损连接性又具有函数依赖保持性。

解: 先继承例 4.14 的求解结果,则可知 R 的候选键为 AB。

再按算法 4.5,可把 R 分解为

$R(U,F)=R_1(\{B\},\{\})\cup R_2(\{A,C,D\},\{A\rightarrow CD\})\cup R_3(\{C,E\},\{C\rightarrow E\})\cup R_4(\{A,B\},\{\})$

经分析 $\{B\}\subseteq\{A,B\}$,分解集要去掉 R_1,为此最终分解为

$R(U,F)=R_1(\{A,B\},\{\})\cup R_2(\{A,C,D\},\{A\rightarrow CD\})\cup R_3(\{C,E\},\{C\rightarrow E\})$

则以上分解既具有无损连接性,又能保持函数依赖性,并且各关系模式均已达到 3NF,显然也已达到 BCNF。

3. 分解到 BCNF,具有无损连接性的模式分解算法

算法 4.6　设有关系模式 R,U 是 R 的属性集,F 为 R 上的函数依赖集(已做最小化处理)。①令 $\rho=\{R\}$;②如果 ρ 中各关系模式都属于 BCNF,则转步骤④,否则继续;③任选 ρ 中不属于 BCNF 的关系模式 R_i,设 R_i 的属性集为 U_i,F 在 U_i 上的投影为 F_i,由于 R_i 不属于 BCNF,则必存在函数依赖 $X\rightarrow Y\in F_i^+$,其中 X 不是 R_i 的候选键,且 $Y\subseteq X$。分别以属性集 U_i-Y 和 $X\cup Y$ 构造关系模式 R_i' 和 R_i'',令 $\rho=(\rho-\{R_i\})\cup\{R_i',R_i''\}$,转步骤②;④算法终止。

由于 U 中的属性个数有限,该算法经有限次循环后必能终止。

引理 4.4　设有关系模式 R_1、R_2 和 R_3,它们的属性集分别为 U_1、U_2 和 U_3,则$(R_1\infty R_2)\infty R_3=R_1\infty(R_2\infty R_3)$。

引理 4.5　设有关系模式 R，$\rho=\{R_1,R_2,\cdots,R_i,\cdots,R_n\}$ 是 R 的一个具有无损连接性的模式分解，$\sigma=\{S_1,S_2,\cdots,S_m\}$ 是 R_i 的一个具有无损连接性的模式分解，则 $\lambda=\{R_1,R_2,\cdots,R_{i-1},S_1,S_2,\cdots,S_m,R_{i+1},\cdots,R_n\}$ 也是 R 的一个具有无损连接性的模式分解。

引理 4.6　设有关系模式 R，ρ 是 R 的一个具有无损连接性的模式分解，μ 也是 R 的一个模式分解，若 $\rho\subseteq\mu$，则 μ 具有无损连接性。

定理 4.8　设有关系模式 R，U 为 R 的属性集，F 为 R 上的函数依赖集，ρ 是由算法 4.6 生成的 R 的一个模式分解，则 ρ 具有无损连接性，且 ρ 中每个关系模式都属于 BCNF。

例 4.16　题目基本同例 4.14，不同之处是若关系 R 未达到 BCNF，试着能分解 R 成若干都达到 BCNF 范式的关系模式，并且分解要具有无损连接性。

解：先继承例 4.14 的求解结果，则可知 R 的候选键为 AB。

$R(U,F)=R(\{A,B,C,D,E\},\{C\rightarrow E,A\rightarrow C,A\rightarrow D\})$，显然 R 不属于 BCNF，按算法 4.6，可对 R 分解。

针对 $C\rightarrow E$ 做一次分解，可得 $R(U,F)=R_1(\{A,B,C,D\},\{A\rightarrow C,A\rightarrow D\})\bigcup R_2(\{C,E\},\{C\rightarrow E\})$，显然 R_1 不属于 BCNF。

针对 $A\rightarrow C$ 再做一次分解，可得 $R(U,F)=R_1(\{A,B,D\},\{A\rightarrow D\})\bigcup R_3(\{A,C\},\{A\rightarrow C\})\bigcup R_2(\{C,E\},\{C\rightarrow E\})$，显然 R_1 还不属于 BCNF。

针对 $A\rightarrow D$ 再做一次分解，可得 $R(U,F)=R_1(\{A,B\},\{\})\bigcup R_4(\{A,D\},\{A\rightarrow D\})\bigcup R_3(\{A,C\},\{A\rightarrow C\})\bigcup R_2(\{C,E\},\{C\rightarrow E\})$。

经分析，R_1、R_2、R_3、R_4 均已属于 BCNF，R_3 与 R_4 主码相同可以考虑合并，为此最终分解，可得 $R(U,F)=R_1(\{A,B\},\{\})\bigcup R_4(\{A,D\},\{A\rightarrow D\})\bigcup R_3(\{A,C\},\{A\rightarrow C\})\bigcup R_2(\{C,E\},\{C\rightarrow E\})$ 或 $R(U,F)=R_1(\{A,B\},\{\})\bigcup R_{34}(\{A,C,D\},\{A\rightarrow D,A\rightarrow C\})\bigcup R_2(\{C,E\},\{C\rightarrow E\})$，则以上分解具有无损连接性，并且各关系模式均已达到 BCNF。

4. 分解到 4NF，具有无损连接性的模式分解算法

算法 4.7　设有关系模式 R，U 是 R 的属性集，D 为 R 上的多值依赖集。①令 $\rho=\{R\}$；②如果 ρ 中各关系模式都属于 4NF，则转步骤④，否则继续；③任选 ρ 中不属于 4NF 的关系模式 R_i，由于 R_i 不属于 4NF，则必存在 R_i 上的多值依赖 $X\rightarrow\rightarrow Y\in D$，其中 $Z=U_i-X-Y\neq\varnothing$，且 X 不是 R_i 的候选键。分别以属性集 U_i-Y 和 $X\bigcup Y$ 构造关系模式 R_i' 和 R_i''，令 $\rho=(\rho-\{R_i\})\bigcup\{R_i',R_i''\}$，转步骤②；④算法终止。

定理 4.9　设有关系模式 R，U 为 R 的属性集，D 为 R 上的多值依赖集，ρ 是由算法 4.7 生成的 R 的一个模式分解，则 ρ 具有无损连接性，且 ρ 中每个关系模式都属于 4NF。

例 4.17　设有关系模式 $R(A,B,C,D,E)$，R 中属性均不可再分解，设数据依赖集 $D=\{A\rightarrow\rightarrow B,C\rightarrow E,A\rightarrow C,A\rightarrow D\}$，R 是否已达到 4NF？若未达到，试对其进行分解，将 R 分解成若干都达到 4NF 范式的关系模式，并且分解要具有无损连接性。

解：显然 R 不属于 4NF，按算法 4.7，可对 R 分解。

方法 1：采用先 $A\rightarrow\rightarrow B$，再 $C\rightarrow E$ 的分解顺序。

针对 $A\rightarrow\rightarrow B$ 做一次分解，可得 $R(U,F)=R_1(\{A,C,D,E\},\{C\rightarrow E,A\rightarrow C,A\rightarrow D\})\bigcup$

$R_2(\{A,B\},\{A\rightarrow\rightarrow B\})$，显然 R_2 属于 4NF 了,但 R_1 不属于 4NF。

针对 $C\rightarrow E$ 再做一次分解,可得 $R(U,F)=R_1(\{A,C,D\},\{A\rightarrow C,A\rightarrow D\})\cup R_3(\{C,E\},\{C\rightarrow E\})\cup R_2(\{A,B\},\{A\rightarrow\rightarrow B\})$。

经分析,R_1、R_2、R_3 均已属于 4NF,为此最终分解,可得 $R_1(\{A,C,D\},\{A\rightarrow C,A\rightarrow D\})\cup R_3(\{C,E\},\{C\rightarrow E\})\cup R_2(\{A,B\},\{A\rightarrow\rightarrow B\})$,则以上分解具有无损连接性,并且各关系模式均已达到 4NF。

方法 2:采用先 $A\rightarrow\rightarrow B$,再 $A\rightarrow C$ 的分解顺序。

$R(U,F)=R(\{A,B,C,D,E\},\{A\rightarrow\rightarrow B,C\rightarrow E,A\rightarrow C,A\rightarrow D\})$,$R$ 不属于 4NF,按算法 4.7,可对 R 分解。

针对 $A\rightarrow\rightarrow B$ 做一次分解,可得 $R(U,F)=R_1(\{A,C,D,E\},\{C\rightarrow E,A\rightarrow C,A\rightarrow D\})\cup R_2(\{A,B\},\{A\rightarrow\rightarrow B\})$,显然 R_1 不属于 4NF。

针对 $A\rightarrow C$ 再做一次分解,可得 $R(U,F)=R_1(\{A,D,E\},\{A\rightarrow D\})\cup R_3(\{A,C\},\{A\rightarrow C\})\cup R_2(\{A,B\},\{A\rightarrow\rightarrow B\})$,显然 R_1 还不属于 4NF(并且丢失了函数依赖 $C\rightarrow E$)。

针对 $A\rightarrow D$ 再做一次分解,可得 $R(U,F)=R_1(\{A,E\},\{\})\cup R_4(\{A,D\},\{A\rightarrow D\})\cup R_3(\{A,C\},\{A\rightarrow C\})\cup R_2(\{A,B\},\{A\rightarrow\rightarrow B\})$。

经分析,R_1、R_2、R_3、R_4 均已属于 4NF,R_3 与 R_4 主码相同可以考虑合并,为此最终分解,可得 $R(U,F)=R_1(\{A,E\},\{\})\cup R_4(\{A,D\},\{A\rightarrow D\})\cup R_3(\{A,C\},\{A\rightarrow C\})\cup R_2(\{A,B\},\{A\rightarrow\rightarrow B\})$ 或 $R(U,F)=R_1(\{A,E\},\{\})\cup R_{34}(\{A,C,D\},\{A\rightarrow D,A\rightarrow C\})\cup R_2(\{A,B\},\{A\rightarrow\rightarrow B\})$,则以上分解具有无损连接性,并且各关系模式均已达到 4NF。

方法 3:采用先 $C\rightarrow E,A\rightarrow C$,再 $A\rightarrow D$ 的分解顺序。

$R(U,F)=R(\{A,B,C,D,E\},\{A\rightarrow\rightarrow B,C\rightarrow E,A\rightarrow C,A\rightarrow D\})$,$R$ 不属于 4NF,按算法 4.7,可对 R 分解。

针对 $C\rightarrow E$ 做一次分解,可得 $R(U,F)=R_1(\{A,B,C,D\},\{A\rightarrow\rightarrow B,A\rightarrow C,A\rightarrow D\})\cup R_2(\{C,E\},\{C\rightarrow E\})$,显然 R_1 不属于 4NF。

针对 $A\rightarrow C$ 再做一次分解,可得 $R(U,F)=R_1(\{A,B,D\},\{A\rightarrow\rightarrow B,A\rightarrow D\})\cup R_3(\{A,C\},\{A\rightarrow C\})\cup R_2(\{C,E\},\{C\rightarrow E\})$,显然 R_1 还不属于 4NF。

针对 $A\rightarrow D$ 再做一次分解,可得 $R(U,F)=R_1(\{A,B\},\{A\rightarrow\rightarrow B\})\cup R_4(\{A,D\},\{A\rightarrow D\})\cup R_3(\{A,C\},\{A\rightarrow C\})\cup R_2(\{C,E\},\{C\rightarrow E\})$。

经分析,R_1、R_2、R_3、R_4 均已属于 4NF,R_3 与 R_4 主码相同可以考虑合并,为此最终分解,可得 $R(U,F)=R_1(\{A,B\},\{A\rightarrow\rightarrow B\})\cup R_4(\{A,D\},\{A\rightarrow D\})\cup R_3(\{A,C\},\{A\rightarrow C\})\cup R_2(\{C,E\},\{C\rightarrow E\})$ 或 $R(U,F)=R_1(\{A,B\},\{A\rightarrow\rightarrow B\})\cup R_{34}(\{A,C,D\},\{A\rightarrow D,A\rightarrow C\})\cup R_2(\{C,E\},\{C\rightarrow E\})$,则以上分解具有无损连接性,并且各关系模式均已达到 4NF。

4.5 小　　结

本章讨论了如何设计关系模式问题。关系模式设计有好与坏之分,其设计好坏与数据冗余度和各种数据异常问题直接相关。

　　本章在函数依赖、多值依赖的范畴内讨论了关系模式的规范化,在整个讨论过程中,只采用了两种关系运算——投影和自然连接。

　　关系模式在分解时应保持"等价",有数据等价和语义等价两种,分别用无损分解和保持依赖两个特征来衡量。前者能保持泛关系(假设分解前存在着一个单一的关系模式,而非一组关系模式,在这样假设下的关系称为泛关系)在投影连接以后仍能恢复,而后者能保证数据在投影或连接中其语义不会发生变化。

　　范式是衡量关系模式优劣的标准,范式表达了模式中数据依赖应满足的要求。要强调的是,规范化理论主要为数据库设计提供了理论的指南和参考,并不是关系模式规范化程度越高,实际应用该关系模式就越好,实际上必须结合应用环境和现实世界的具体情况合理地选择数据库模式的范式等级。

　　本章最后还简单介绍了模式分解相关的理论基础——数据依赖的公理系统。

习　题

一、选择题

1. 关系模式中数据依赖问题的存在,可能会导致库中数据插入异常,这是指(　　)。

　　A. 插入了不该插入的数据

　　B. 数据插入后导致数据库处于不一致状态

　　C. 该插入的数据不能实现插入

　　D. 以上都不对

2. 若属性 X 函数依赖于属性 Y 时,则属性 X 与属性 Y 之间具有(　　)的联系。

　　A. 一对一　　　　　　B. 一对多　　　　　　C. 多对一　　　　　　D. 多对多

3. 关系模式中的候选键(　　)。

　　A. 有且仅有一个　　　　　　　　　　B. 必然有多个

　　C. 可以有一或多个　　　　　　　　　D. 以上都不对

4. 规范化的关系模式中,所有属性都必须是(　　)。

　　A. 相互关联的　　　　　　　　　　　B. 互不相关的

　　C. 不可分解的　　　　　　　　　　　D. 长度可变的

5. 设关系模式 R{A,B,C,D,E},其函数依赖集 F={AB→C,DC→E,D→B},则可导出的函数依赖是(　　)。

　　A. AD→E　　　　　B. BC→E　　　　　C. DC→AB　　　　D. DB→A

6. 设关系模式 R 属于第一范式,若在 R 中消除了部分函数依赖,则 R 至少属于(　　)。

　　A. 第一范式　　　　B. 第二范式　　　　C. 第三范式　　　　D. 第四范式

7. 若关系模式 R 中的属性都是主属性,则 R 至少属于(　　)。

　　A. 第三范式　　　　B. BC 范式　　　　C. 第四范式　　　　D. 第五范式

8. 下列关于函数依赖的叙述中,不正确的是(　　)。

A. 由 X→Y,X→Z,有 X→YZ　　　　　　B. 由 XY→Z,有 X→Z 或 Y→Z

C. 由 X→Y,WY→Z,有 XW→Z　　　　　D. 由 X→Y 及 Z⊆Y,有 X→Z

9. 在关系模式 R(A,B,C)中,有函数依赖集 F＝{AB→C,BC→A},则 R 最高达到(　　)。

　　A. 第一范式　　　　B. 第二范式　　　　C. 第三范式　　　　D. BC 范式

10. 设有关系模式 R(A,B,C),其函数依赖集 F＝{A→B,B→C},则 R 最高达到(　　)。

　　A. 1NF　　　　　　B. 2NF　　　　　　C. 3NF　　　　　　D. BCNF

二、填空题

1. 数据依赖主要包括_____依赖、_____依赖和连接依赖。

2. 一个不好的关系模式会存在_____、_____和_____等弊端。

3. 设 X→Y 为 R 上的一个函数依赖,若_____,则称 Y 完全函数依赖于 X。

4. 设关系模式 R 上有函数依赖 X→Y 和 Y→Z 成立,若_____且_____,则称 Z 传递函数依赖于 X。

5. 设关系模式 R 的属性集为 U,K 为 U 的子集,若_____,则称 K 为 R 的候选键。

6. 包含 R 中全部属性的候选键称为_____。不在任何候选键中的属性称为_____。

7. Armstrong 公理系统是_____的和_____的。

8. 第三范式是基于_____依赖的范式,第四范式是基于_____依赖的范式。

9. 关系数据库中的关系模式至少应属于_____范式。

10. 规范化过程是通过投影分解,把_____的关系模式"分解"为_____的关系模式。

三、简答题

第5章

chapter 5

数据库设计

本 章 要 点

数据库设计的目标就是根据特定的用户需求及一定的计算机软硬件环境,设计并优化数据库的逻辑结构和物理结构,建立高效、安全的数据库,为数据库应用系统的开发和运行提供良好的平台。

数据库技术是研究如何对数据进行统一、有效地组织、管理和加工处理的计算机技术,该技术已应用于社会方方面面,大到一个国家的信息中心,小到个体小企业,都会利用数据库技术对数据进行有效的管理,以达到提高生产效率和决策水平的目标。一个国家的数据库建设规模(指数据库的个数、种类),数据库的信息量的大小和使用频度已成为衡量这个国家信息化程度高低的重要标志之一。

本章详细介绍了设计一个数据库应用系统需经历的6个阶段,即系统需求分析、概念结构设计、逻辑结构设计、物理结构设计、数据库实施与数据库运行与维护。其中,概念结构设计和逻辑结构设计是本章的重点,也是本章的难点。

5.1 数据库设计概述

思政材料

5.1.1 数据库设计的任务、内容和特点

1. 数据库设计的任务

数据库设计是指根据用户需求研制数据库结构并应用数据库的过程。具体地说,**数据库设计**是指对于给定的应用环境,构造最优的数据库模式,建立数据库及其应用系统,使之能有效地存储数据,满足用户的信息要求和处理要求,也就是把现实世界中的数据,根据各种应用处理的要求,加以合理组织,使之能满足硬件和操作系统的特性,利用已有的 DBMS 来建立能够实现系统目标的数据库。数据库设计的优劣直接影响信息系统的质量和运行效果。因此,设计一个结构优化的数据库是对数据进行有效管理的前提和正确利用信息的保证。

2. 数据库设计的内容

数据库设计内容包括数据库的结构设计和数据库的行为设计两方面。

数据库的结构设计是指根据给定的应用环境,进行数据库的模式设计或子模式的设计。它包括数据库的概念结构设计、逻辑结构设计和物理结构设计,即设计数据库框架或数据库结构。数据库结构是静态的,稳定的,一经形成后通常情况下是不容易也不需要改变的,因此,结构设计又称为静态模式设计。

数据库的行为设计是指数据库用户的行为和动作。在数据库系统中,用户的行为和动作指用户对数据库的操作,这些要通过应用程序来实现,数据库的行为设计就是操作数据库的应用程序的设计,即设计应用程序、事务处理等,因此,行为设计是动态的,行为设计又称为动态模式设计。

3. 数据库设计的特点

数据库设计既是一项涉及多学科的综合性技术,又是一项庞大的软件工程项目,具有如下特点。

(1) 数据库建设是硬件、软件和干件(技术和管理的界面)的结合。

(2) 数据库设计应该与应用系统设计相结合,也就是说,要把行为设计和结构设计密切结合起来,是一种"反复探寻,逐步求精的过程"。首先从数据模型开始设计,以数据模型为核心展开,将数据库设计和应用设计相结合,建立一个完整、独立、共享、冗余小和安全、有效的数据库系统。

早期的数据库设计致力于数据模型和建模方法的研究,着重于应用中数据结构特性的设计,而忽视了对数据行为的设计。结构特性设计是指数据库总体概念的设计,所设计的数据库应具有最小数据冗余、能反映不同用户需求、能实现数据充分共享。行为特性是指数据库用户的业务活动,通过应用程序去实现。用户通过应用程序访问和操作数据库,用户的行为是和数据库紧密相关的。显然,数据库结构设计和行为设计必须相互参照进行。

5.1.2　数据库设计方法简述

数据库设计是一项工程技术,需要科学理论和工程方法作为指导,否则,工程的质量很难保证。为了使数据库设计更合理、更有效,人们通过努力探索,提出了各种各样的数据库设计方法,在很长一段时间内,数据库设计主要采用直观设计法。**直观设计法**也称为手工试凑法,是最早使用的数据库设计方法。这种方法与设计人员的经验和水平有直接的关系,缺乏科学理论和工程原则的支持,设计的质量很难保证,常常是数据库运行了一段时间以后又发现了各种问题,再进行重新修改,增加了维护的代价。因此,它不适应信息管理发展的需要,后来又提出了各种数据库设计方法,这些方法运用了软件工程的思想和方法,提出了数据库设计的规范,这些方法都属于规范设计方法,其中比较著名的有新奥尔良(New Orleans)法。它是目前公认的比较完整和权威的一种规范设计法,它将数据库设计分为4个阶段:需求分析(分析用户的需求)、概念结构设计(信息分析和定义）、逻辑结构设计（设计的实现）和物理结构设计（物理数据库设计）。其后，S.B.Yao 等又将数据库设计分为 5 个步骤。大多数设计方法都起源于新奥尔良法，并在设计的每个阶段采用一些辅助方法来具体实现，下面简单介绍几种比较有影响的设计方法。

1. 基于 E-R 模型的数据库设计方法

基于 E-R 模型的数据库设计方法的基本思想是在需求分析的基础上，用 E-R 图构造一个反映现实世界实体与实体之间联系的企业模式，然后再将此企业模式转换成基于某一特定的 DBMS 的概念模式。

E-R 方法的基本步骤是：①确定实体类型；②确定实体联系；③画出 E-R 图；④确定属性；⑤将 E-R 图转换成某个 DBMS 可接受的逻辑数据模型；⑥设计记录格式。

2. 基于 3NF 的数据库设计方法

基于 3NF 的数据库设计方法的基本思想是在需求分析的基础上确定数据库模式中的全部属性与属性之间的依赖关系，将它们组织在一个单一的关系模式中，然后再将其投影分解，消除其中不符合 3NF 的约束条件，把其规范成若干 3NF 关系模式的集合。

3. 计算机辅助数据库设计方法

计算机辅助数据库设计是数据库设计趋向自动化的一个重要方面，其设计的基本思想不是要把人从数据库设计中赶走，而是提供一个交互式过程，一方面充分利用计算机的速度快、容量大和自动化程度高的特点，完成比较规则、重复性大的设计工作；另一方面又充分发挥设计者的技术和经验，做出一些重大的决策，人机结合，互相渗透，帮助设计者更好地进行数据库设计。常见的辅助设计工具有 ORACLE Designer、Sybase PowerDesigner、Microsoft Office Visio 等。

计算机辅助数据库设计主要分为需求分析、概念结构设计、逻辑结构设计、物理结构设计几个步骤。设计中，哪些可在计算机辅助下进行？能否实现全自动化设计呢？这是计算机辅助数据库设计需要研究的课题。

当然，除了介绍的几种方法以外，还有基于视图的数据库设计方法，基于视图的数据库设计方法是先从分析各个应用的数据着手，其基本思想是为每个应用建立自己的视图，然后再把这些视图汇总起来，合并成整个数据库的概念模式。这里不再详细介绍。

5.1.3 数据库设计的步骤

思政材料

按照规范化的设计方法，以及数据库应用系统开发过程，数据库的设计过程可分为以下 6 个设计阶段（见图 5.1）：系统需求分析、概念结构设计、逻辑结构设计、物理结构设计、数据库实施、数据库运行与维护。

数据库设计中，前两个阶段是面向用户的应用要求，面向具体的问题，中间两个阶段是面向数据库管理系统，最后两个阶段是面向具体的实现方法。前四个阶段可统称为"分析和设计阶段"，后面两个阶段统称为"实现和运行阶段"。

数据库设计之前，首先必须选择参加设计的人员，包括系统分析人员，数据库设计人

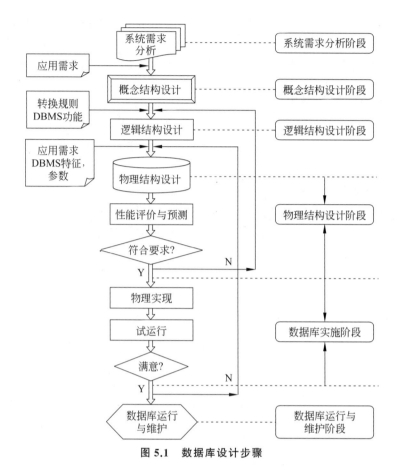

图 5.1 数据库设计步骤

员和程序员、用户和数据库管理员。系统分析和数据库设计人员是数据库设计的核心人员,他们将自始至终参加数据库的设计,他们的水平决定了数据库系统的质量。用户和数据库管理员在数据库设计中也是举足轻重的人物,他们主要参加需求分析和数据库的运行维护,他们的积极参与不但能加速数据库的设计,而且也是决定数据库设计是否成功的重要因素。程序员是在系统实施阶段参与进来,分别负责编制程序和准备软硬件环境。

如果所设计的数据库应用系统比较复杂,还应该考虑是否需要使用数据库设计工具和 CASE 工具,以提高数据库设计的质量,并减少设计工作量。

以下是数据库设计 6 个步骤的具体介绍。

1. 系统需求分析阶段

系统需求分析是指准确了解和分析用户的需求,这是最困难、最费时、最复杂的一步,但也是最重要的一步。它决定了以后各步设计的速度和质量。需求分析做得不好,可能会导致整个数据库设计返工重做。

2. 概念结构设计阶段

概念结构设计是指对用户的需求进行综合、归纳与抽象,形成一个独立于具体

DBMS 的概念模型,是整个数据库设计的关键。

3. 逻辑结构设计阶段

逻辑结构设计是指将概念模型转换成某个 DBMS 所支持的数据模型,并对其进行优化。

4. 物理结构设计阶段

物理结构设计是指为逻辑数据模型选取一个最适合应用环境的物理结构(包括存储结构和存取方法)。

5. 数据库实施阶段

数据库实施是指建立数据库,编制与调试应用程序,组织数据入库,并进行试运行。

6. 数据库运行与维护阶段

数据库运行与维护是指对数据库系统实际运行使用,并实时进行评价、调整与修缮。

可以看出,设计一个数据库不可能一蹴而就,它往往是上述各个阶段的不断反复。以上 6 个阶段是从数据库应用系统设计和开发的全过程来考察数据库设计的问题。因此,它既是数据库也是应用系统的设计过程。在设计过程中,努力使数据库设计和系统其他部分的设计紧密结合,把数据和处理的需求收集,分析,抽象,设计和实现在各个阶段同时进行、相互参照、相互补充,以完善数据和处理两方面的设计。按照这个原则,数据库各个阶段的设计可用图 5.2 描述。

设计各阶段	设计描述	
	数　据	处　理
系统需求分析	数据字典,全系统中数据项、数据流、数据存储的描述	数据流图和判定表(或判定树)、数据字典中处理过程的描述
概念结构设计	概念模型(E-R 图) 数据字典	系统说明书,包括: (1) 新系统要求、方案和概图; (2) 反映新系统信息的数据流图
逻辑结构设计	某种数据模型 关系模型	系统结构图 模块结构图
物理结构设计	存储安排 存取方法选择 存取路径建立	模块设计 IPO 表
数据库实施	编写模式 装入数据 数据库试运行	程序编码 编译连接 测试
数据库运行与维护	性能测试、转储/恢复数据库、重组和重构	新旧系统转换,运行,维护(修正性、适应性、改善性维护)

图 5.2　数据库各个设计阶段的描述

在图 5.2 中有关处理特性的描述中,采用的设计方法和工具属于软件工程和管理信息系统等课程中的内容,本书不再讨论,这里重点介绍数据特性的设计描述以及在结构特性中参照处理特性设计以完善数据模型设计的问题。

按照这样的设计过程,经历这些阶段能形成数据库的各级模式,如图 5.3 所示。在系统需求分析阶段,综合各用户的应用需求;在概念结构设计阶段形成独立于机器特点,独立于各 DBMS 产品的概念模型,在本书中就是 E-R 图;在逻辑结构设计阶段将 E-R 图转换成具体的数据库产品支持的数据模型,如关系模型中的关系模式;然后根据用户处理的要求、安全性完整性要求等,在基本表的基础上再建立必要的视图(可认为是外模式或子模式);在物理结构设计阶段,根据 DBMS 特点和处理性能等的需要,进行物理结构设计(如存储安排、建立索引等),形成数据库内模式;在数据库实施阶段开发设计人员基于外模式,进行系统功能模块的编码与调试;设计成功的话就进入系统的数据库运行与维护阶段。

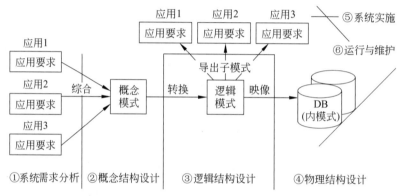

图 5.3　数据库设计过程与数据库各级模式

下面就以图 5.1 所示的规范化六步骤来进行介绍。

5.2　系统需求分析

需求分析简单的说是分析用户的要求,需求分析是设计数据库的起点,需求分析的结果是否准确地反映了用户的实际需求,将直接影响到后面的各阶段的设计,并影响到设计结果是否合理与实用。也就是说,如果这一步走得不对,获取的信息或分析结果就有误,那么后面的各步设计即使再优化也只能前功尽弃。因此,必须高度重视系统的需求分析。

5.2.1　需求分析的任务

需求分析的任务是通过详细调查现实世界要处理的对象(如组织、部门、企业等),通过充分对原系统的工作概况的了解,明确用户的各种需求(如数据需求、完整性约束条件、事物处理和安全性要求等),然后在此基础上确定新系统的功能,新系统必须充分考虑今后可能的扩充和变化,不能只是仅仅按当前应用需求来设计数据库及其功能要求。

数据库需求分析的任务主要包括"数据或信息"和"处理"两方面。

（1）信息要求:指用户需要从数据库中获得信息的内容与性质。由信息要求可以导出各种数据要求。

（2）处理要求:指用户有什么处理要求(如响应时间、处理方式等),最终要实现什么处理功能。

具体而言,需求分析阶段的任务包括以下几方面。

1. 调查、收集、分析用户需求,确定系统边界

进行需求分析首先是调查清楚用户的实际需求,与用户达成共识。以确定这个目标的功能域和数据域。具体做法如下。

（1）调查组织机构情况。包括了解该组织的部门组成情况、各部门的职责等,为分析信息流程做准备。

（2）调查各部门的业务活动情况,包括了解各部门输入和使用什么数据,如何加工处理这些数据? 输出什么信息? 输出到什么部门? 输出结果的格式是什么? 这是调查的重点。

（3）在熟悉业务的基础上,明确用户对新系统的各种要求,如信息要求,处理要求,完全性和完整性要求。因为,用户可能缺少计算机方面的知识,不知道计算机能做什么,不能做什么,从而不能准确地表达自己的需求。另外,数据库设计人员不熟悉用户的专业知识,不易理解用户的真正需求,甚至误解用户的需求,因此,设计人员必须不断与用户深入交流,才能完全掌握用户的真正需求。

（4）确定系统边界。即确定哪些活动由计算机和将来由计算机来完成,哪些只能由人工来完成。由计算机完成的功能是新系统应该实现的功能。

2. 编写系统需求分析说明书

系统需求分析说明书也称为系统需求规范说明书,是系统分析阶段的最后工作,是对需求分析阶段的一个总结,编写系统需求分析说明书是一个不断反复、逐步完善的过程。系统需求分析说明书一般应包括如下内容。

（1）系统概况,包括系统的目标、范围、背景、历史和现状等;

（2）系统的原理和技术;

（3）系统总体结构和子系统结构说明;

（4）系统总体功能和子系统功能说明;

（5）系统数据处理概述、工程项目体制和设计阶段划分;

（6）系统方案及技术、经济、实施方案可行性等。

完成系统需求分析说明书后,在项目单位的主持下要组织有关技术专家评审说明书内容,这也是对整个需求分析阶段结果的再审查。审核通过后由项目方和开发方领导签字认同。

随系统需求分析说明书可提供以下附件。

（1）系统的软硬件支持环境的选择及规格要求(所选择的数据库管理系统、操作系

统、计算机型号及其网络环境等)。

(2) 组织机构图、组织之间联系图和各机构功能业务一览图。

(3) 数据流程图、功能模块图和数据字典等图表。

系统需求分析说明书及其附件内容,一经双方确认,它们就是设计者和用户方的权威性文献,是今后各阶段设计与工作的依据,也是评判设计者是否完成项目的依据。

5.2.2　需求分析的方法

调查了解了用户的需求以后,还需要进一步分析和表达用户的需求,用于需求分析的方法有很多种,主要的方法有自顶向下和自底向上两种,其中自顶向下的结构化分析方法(Structured Analysis,SA)是一种简单实用的方法。SA 方法是从最上层的系统组织入手,采用自顶向下、逐层分解的方法分析系统。

SA 方法把每个系统都抽象成图 5.4 的形式。图 5.4 只是给出了最高层次抽象的系统概貌,要反映更详细的内容,可将处理功能分解为若干子系统,每个子系统还可以继续分解,直到把系统工作过程表示清楚为止。在处理功能逐步分解的同时,它们所用的数据也逐级分解,形成有若干层次的数据流图。

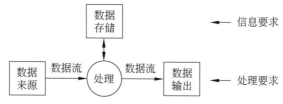

图 5.4　系统最高层数据抽象图

数据流图表达了数据和处理过程的关系。在 SA 方法中,处理过程的处理逻辑常常借助判定表和判定树来描述。系统中的数据则借助数据字典(DD)来描述。

下面介绍一下数据字典和数据流图。

1. 数据字典

数据流图表达了数据和处理的关系,数据字典则是系统中各类数据描述的集合,是各类数据结构和属性的清单。它与数据流图互为解释,数据字典贯穿于数据库需求分析直到数据库运行的全过程,在不同的阶段其内容形式和用途各有区别,在需求分析阶段,它通常包含以下 5 部分内容。

1) 数据项

数据项是不可再分的数据单位,对数据项的描述包括以下内容。

数据项描述=｛数据项名,数据项含义说明,别名,数据类型,长度,取值范围,取值含义,与其他数据项的逻辑关系,数据项之间的联系｝。其中,取值范围、与其他数据项的逻辑关系定义了数据的完整性约束条件。

2) 数据结构反映了数据之间的组合关系

数据结构描述=｛数据结构名,含义说明,组成：｛数据项或数据结构｝｝

3）数据流

数据流是数据结构在系统内传输的路径。

数据流描述＝｛数据流名，说明，数据流来源，数据流去向，组成：｛数据结构｝，平均流量，高峰期流量｝。

- 数据流来源是说明该数据流来自哪个过程。
- 数据流去向是说明该数据流将到哪个过程去。
- 平均流量是指在单位时间（每天、每周、每月等）里的传输次数。
- 高峰期流量则是指在高峰时期的数据流量。

4）数据存储

数据存储是数据结构停留或保存的地方，也是数据流的来源和去向之一。

数据存储描述＝｛数据存储名，说明，编号，流入的数据流，流出的数据流，组成：｛数据结构｝，数据量，存取方式｝

- 流入的数据流指出数据来源。
- 流出的数据流指出数据去向。
- 数据量：每次存取多少数据，每天（或每小时、每周等）存取几次等信息。
- 存取方法：批处理/联机处理；检索/更新；顺序检索/随机检索。

5）处理过程

处理过程的具体处理逻辑一般用判定表或判定树来描述。数据字典中只需要描述处理过程的说明性信息。

处理过程描述＝｛处理过程名，说明，输入：｛数据流｝，输出：｛数据流｝，处理：｛简要说明｝｝

其中简要说明主要说明该处理过程的功能及处理要求。

- 功能要求：该处理过程用来做什么。
- 处理要求：处理频度要求（如单位时间里处理多少事务，多少数据量）；响应时间要求等。

处理要求是后面物理结构设计的输入及性能评价的标准。

最终形成的数据流图和数据字典为"系统需求分析说明书"的主要内容，这是下一步进行概念结构设计的基础。

2. 数据流图

数据流图（Data Flow Diagram，DFD）表达了数据与处理的关系。

数据流图中的基本元素如下。

（1）圆圈〇表示处理，输入数据在此进行变换产生输出数据。其中注明处理的名称。

（2）矩形￢￣描述一个输入源点或输出汇点。其中注明源点或汇点的名称。

（3）命名的箭头——▶描述一个数据流。内容包括被加工的数据及其流向，流线上要注明数据名称，箭头代表数据流动方向。

(4) 向右开口的矩形框 |‾‾‾‾| 表示文件和数据存储,要在其内标明相应的具体名称。

一个简单的系统可用一张数据流图来表示。当系统比较复杂时,为了便于理解,控制其复杂性,可以采用分层描述的方法,一般用第一层描述系统的全貌,第二层分别描述各子系统的结构。如果系统结构还比较复杂,那么可以继续细化,直到表达清楚为止,在处理功能逐步分解的同时,它们所用的数据也逐级分解,形成若干层次的数据流图。数据流图表达了数据和处理过程的关系。

5.3 概念结构设计

5.3.1 概念结构设计的必要性

将需求分析得到的用户需求抽象为信息结构(即概念模型)的过程就是概念结构设计,它是整个数据库设计的关键。概念结构设计以用户能理解的形式表达信息为目标,这种表达与数据库系统的具体细节无关,它所涉及的数据独立于 DBMS 和计算机硬件,可以在任何 DBMS 和计算机硬件系统中实现。

在进行功能数据库设计时,如果将现实世界中的客观对象直接转换为机器世界中的对象,就会感到比较复杂,注意力往往被牵扯到更多的细节限制方面,而不能集中在最重要的信息的组织结构和处理模式上,因此,通常是将现实世界中的客观对象首先抽象为不依赖任何 DBMS 支持的数据模型。故概念模型可以看成现实世界到机器世界的一个过渡的中间层次。概念模型是各种数据模型的共同基础,比数据模型更独立于机器、更抽象。将概念结构设计从设计过程中独立出来,可以带来以下好处。

(1) 任务相对单一化,设计复杂程度大大降低,便于管理。

(2) 概念模式不受具体的 DBMS 的限制,也独立于存储安排和效率方面的考虑,因此,更稳定。

(3) 概念模型不含具体 DBMS 所附加的技术细节,更容易被用户理解,因而更能准确反映用户的信息需求。

设计概念模型的过程称为概念模型设计。

5.3.2 概念模型设计的特点

在需求分析阶段所得到的应用要求应该首先抽象为信息世界的结构,才能更好、更准确地用某一 DBMS 实现这些需求。

概念结构设计的特点有以下几点。

(1) 易于理解,从而可以用它和不熟悉计算机的用户交换意见,用户的积极参与是数据库设计成功的关键。

(2) 能真实、充分地反映现实世界,包括事物和事物之间的联系,能满足用户对数据的处理要求,是对现实世界的一个真实模型。

（3）易于更改，当应用环境和应用要求改变时，容易对概念模型修改和扩充。

（4）易于向关系、网状、层次等各种数据模型转换。

人们提出了许多概念模型，其中最著名、最简单实用的一种是 E-R 模型，它将现实世界的信息结构统一用属性、实体以及实体间的联系来描述。

5.3.3　概念结构的设计方法和步骤

1. 概念结构的设计方法

设计概念结构的 E-R 模型可采用如下 4 种方法。

（1）自顶向下。首先定义全局概念结构的框架，然后逐步细化，如图 5.5 所示。

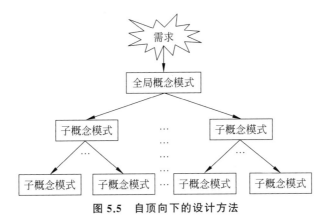

图 5.5　自顶向下的设计方法

（2）自底向上。首先定义各局部应用的子概念结构，然后将它们集成起来，得到全局概念结构，如图 5.6 所示。

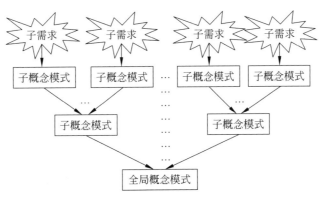

图 5.6　自底向上的设计方法

（3）逐步扩张。首先定义最重要的核心概念结构，然后向外扩充，以滚雪球的方式逐步生成其他概念结构，直至总体概念结构，如图 5.7 所示。

（4）混合策略。将自顶向下和自底向上相结合，用自顶向下策略设计一个全局概念结构的框架，以它为骨架集成由自底向上策略所设计的各局部概念结构。

图 5.7　逐步扩张的设计方法

其中最常用的方法是自底向上,即自顶向下地进行需求分析,再自底向上地设计概念模式结构。

2. 概念结构设计的步骤

对于自底向上的设计方法来说,设计概念结构的步骤分为两步(见图 5.8)。

(1)进行数据抽象,设计局部 E-R 模型。

(2)集成各局部 E-R 模型,形成全局 E-R 模型。

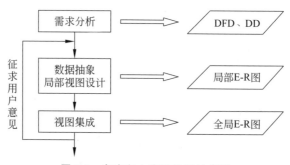

图 5.8　自底向上方法的设计步骤

3. 数据抽象与局部 E-R 模型设计

概念结构设计是对现实世界的抽象。所谓抽象就是对实际的人、物、事和概念进行人为的处理,它抽取人们关心的共同特性,忽略了非本质的细节,并把这些概念加以精确描述。这些概念组成了某种模型。

1)数据抽象

在系统需求分析阶段,最后得到了多层数据流图、数据字典和系统需求分析说明书。建立局部 E-R 模型,就是根据系统的具体情况,在多层数据流图中选择一个适当层次的数据流图作为设计 E-R 图的出发点。

设计局部 E-R 模型一般要经历实体的确定与定义、联系的确定与定义、属性的确定等过程。设计局部 E-R 模型的关键就在于正确划分实体和属性。实体和属性在形式上并无可以明显区分的界限,通常是按照现实世界中事物的自然划分来定义实体和属性,将现实世界中的事物进行数据抽象,得到实体和属性。一般有分类和聚集两种数据抽象。

(1)分类。定义某一类概念作为现实世界中一组对象的类型,将一组具有某些共同特性和行为的对象抽象为一个实体,对象和实体之间是 is member of 的关系,如"王平"是学生当中的一员,她具有学生们共同的特性和行为:在哪个班,学习哪个专业,年龄是多少等。

（2）聚集 。定义某个类型的组成成分，将对象的类型的组成成分抽象为实体的属性。抽象了对象内部类型和成分的 is part of 的语义，如学号、姓名、性别等都可以抽象为学生实体的属性。

2）局部视图设计

选择好一个局部应用之后，就要对局部应用逐一设计分 E-R 图，也称局部 E-R 图。将各局部应用涉及的数据分别从数据字典中抽取出来，参照数据流图，标定各局部应用中的实体、实体的属性、标识实体的键，确定实体之间的联系及其类型（1∶1,1∶n,m∶n），确定联系的属性等。

实际上实体和属性是相对而言的，往往要根据实际情况进行必要的调整，在调整时要遵守如下两条原则。

（1）属性不能再具有需要描述的性质。即属性必须是不可分的数据项，不能再由另一些属性组成。

（2）属性不能与其他实体具有联系。联系只发生在实体之间。

符合上述两条特性的事物一般作为属性对待。为了简化 E-R 图的处置，现实世界中的事物凡能够作为属性对待的，应尽量作为属性。

例如，"学生"由学号、姓名等属性进一步描述，根据准则（1），"学生"只能作为实体，不能作为属性。

再如，"职称"通常作为教师实体的属性，但在涉及住房分配时，由于分房与职称有关，也就是说职称与住房实体之间有联系，根据准则（2），这时把"职称"作为实体来处理会更合适些，如图 5.9 所示。

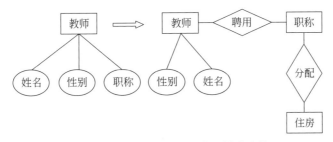

图 5.9　"职称"作为一个属性或实体

3）涉及扩展 E-R 模型的设计

（1）实体是有多方面性质的，也就是实体是由属性来刻画的，而属性没有进一步更小信息来刻画，属性为含义明确、独立的最小信息单元。也即当属性还需进一步用其他信息来说明或描述时，属性可提升为实体。如图 5.10 中的"城市"信息。

（2）单值属性应作为实体或联系的属性，而多值属性或多实体有相同属性值时，该属性可提升为实体。如图 5.11 中的"电话"信息。另外，在允许有一定冗余的情况下，多值属性也可用多个单值属性来表示，例如产品往往有多种不同类型的价格，为此产品价格是多值属性，在数据库逻辑模式设计时，产品价格可分解为经销价格、代销价格、批发价格和零售价格等若干单值属性（设计时，产品价格也可以提升为价格实体来实现）。

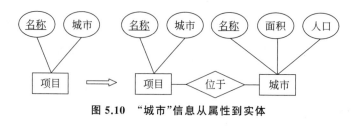

图 5.10　"城市"信息从属性到实体

图 5.11　"电话"信息

（3）若实体中除了多值属性之外还有其他若干属性，则将该多值属性定义为另一实体，如图 5.12 所示。

图 5.12　多值属性外实体有其他若干属性时的再设计

下面举例说明局部 E-R 模型设计。

例 5.1　设有如下实体。

学生：学号、单位名称、姓名、性别、年龄、选修课程名；

课程：编号、课程名、开课单位、任课教师号；

教师：教师号、姓名、性别、职称、讲授课程编号；

单位：单位名称、电话、教师号、教师姓名。

上述实体中存在如下联系。

（1）一个学生可选修多门课程，一门课程可为多个学生选修；

（2）一个教师可讲授多门课程，一门课程可为多个教师讲授；

（3）一个系可有多个教师，一个教师只能属于一个系。

根据上述约定，可以得到学生选课局部 E-R 图和教师授课局部 E-R 图，分别如图 5.13 和图 5.14 所示。

4. 全局 E-R 模型设计

各个局部视图，即分 E-R 图建立好后，还需要对它们进行合并，集成为一个整体的概念数据结构，即全局 E-R 图。也就是视图的集成，视图的集成有如下两种方式。

（1）一次集成法：一次集成多个分 E-R 图，通常用于局部视图比较简单，如图 5.15 所示。

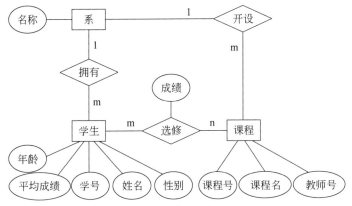

图 5.13 学生选课局部 E-R 图

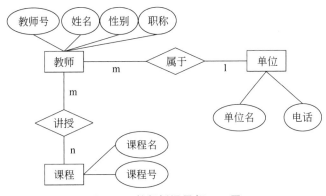

图 5.14 教师授课局部 E-R 图

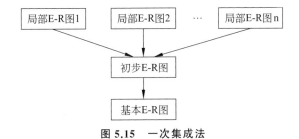

图 5.15 一次集成法

（2）逐步累积式：首先集成两个局部视图（通常是比较关键的两个局部视图），以后每次将一个新的局部视图集成进来，如图 5.16 所示。

由图 5.16 可知，不管用哪种方法，集成局部 E-R 图都分为两个步骤，如图 5.17 所示。

① 合并：解决各个局部 E-R 图之间的冲突，将各个局部 E-R 图合并起来生成初步 E-R 图。

② 修改与重构：消除不必要的冗余，生成基本 E-R 图。

1）合并分 E-R 图，生成初步 E-R 图

这个步骤将所有的局部 E-R 图综合成全局概念结构。全局概念结构不仅要支持所有的局部 E-R 模型，而且必须合理地完成一个完整、一致的数据库概念结构。由于各个

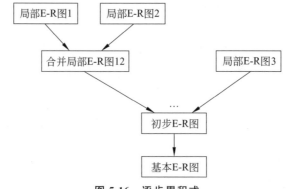

图 5.16 逐步累积式

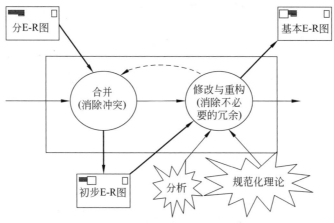

图 5.17 视图的集成

局部应用所面向的问题不同且由不同的设计人员进行设计,所以各分 E-R 图之间必定会存在许多不一致的地方,称为冲突。因此,合并分 E-R 图时并不能简单地将各分 E-R 图画到一起,而是必须着力消除各分 E-R 图中不一致的地方,以形成一个能为全系统中所有用户共同理解和接受的统一概念模型。合理消除各分 E-R 图的冲突是合并分 E-R 图的主要工作与关键所在。

E-R 图中的冲突有 3 种:属性冲突,命名冲突与结构冲突。

(1) 属性冲突。

① 属性冲突。属性值的类型、取值范围或取值集合不同。如由于学号是数字,因此某些部门(即局部应用)将学号定义为整数形式,而由于学号不用参与运算,因此另一些部门(即另一局部应用)将学号定义为字符型形式等。

② 属性取值单位冲突。如学生的身高,有的以米为单位,有的以厘米为单位,有的以尺为单位。

解决属性冲突的方法通常是用讨论、协商等行政手段加以解决。

(2) 命名冲突。

命名不一致可能发生在实体名、属性名或联系名之间。其中属性的命名冲突更为常见,一般表现为同名异义或异名同义。

① 同名异义。不同意义的对象在不同的局部应用中具有相同的名字。如局部应用 A 中将教室称为房间,局部应用 B 中将学生宿舍称为房间。

② 异名同义(一义多名)。同一意义的对象在不同的局部应用中具有不同的名字。如有的部门把教科书称为课本,有的部门则把教科书称为教材。

命名冲突可能发生在属性级、实体级、联系级上。其中属性的命名冲突更为常见。解决命名冲突的方法通常是用讨论、协商等行政手段加以解决。

(3) 结构冲突。

结构冲突有如下 3 类。

① 同一对象在不同应用中具有不同的抽象,如教师的职称在某一局部应用中被当作实体,而在另一应用中被当作属性。

解决方法:通常是把属性变换为实体或把实体变换为属性,使同一对象具有相同的抽象。变换时要遵循两个原则(见 5.3.3 节中抽象为实体或属性的两个原则)。

② 同一实体在不同局部视图中所包含的属性不完全相同,或者属性的排列次序不完全相同。

解决方法:使该实体的属性取各分 E-R 图中属性的并集,再适当设计属性的次序。

③ 实体之间的联系在不同局部视图中呈现不同的类型,如在局部应用 X 中 E1 与 E2 发生联系,而在局部应用 Y 中 E1、E2、E3 三者之间有联系。也可能实体 E1 与 E2 在局部应用 A 中是多对多联系,而在局部应用 B 中是一对多联系。

解决方法:根据应用语义对实体联系的类型进行综合或调整。

下面以例 5.1 中已画出的两个局部 E-R 图为例,来说明如何消除各局部 E-R 图之间的冲突,进行局部 E-R 模型的合并,从而生成初步全局 E-R 图(见图 5.18)。

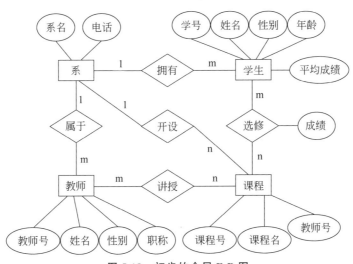

图 5.18 初步的全局 E-R 图

首先,这两个局部 E-R 图中存在着命名冲突,学生选课局部 E-R 图中的实体"系"与教师任课局部 E-R 图中的实体"单位",都是指系,即所谓异名同义,合并后统一改为"系",这样属性"名称"和"单位"即可统一为"系名"。

其次,还存在着结构冲突,实体"系"和实体"课程"在两个局部 E-R 图中的属性组成不同,合并后这两个实体的属性组成为各局部 E-R 图中的同名实体属性的并集。解决上述冲突后,合并两个局部 E-R 图,能生成初步的全局 E-R 图,如图 5.18 所示。

2) 消除不必要的冗余,设计基本 E-R 图

在初步的 E-R 图中,可能存在冗余的数据和冗余的实体间联系,冗余的数据是指可由基本数据导出的数据,冗余的联系是指可由其他联系导出的联系。冗余数据和冗余联系容易破坏数据库的完整性,给数据库维护增加困难,当然并不是所有的冗余数据与冗余联系都必须加以消除,有时为了提高某些应用的效率,不得不以冗余信息作为代价。设计数据库概念模型时,哪些冗余信息必须消除,哪些冗余信息允许存在,需要根据用户的整体需求来确定。把消除不必要的冗余后的初步 E-R 图称为基本 E-R 图。采用分析的方法来消除数据冗余,以数据字典和数据流图为依据,根据数据字典中关于数据项之间逻辑关系的说明来消除冗余。

前面图 5.13 和图 5.14 在形成初步 E-R 图后,"课程"实体中的属性"教师号"可由"讲授"这个联系导出。再可消除冗余数据"平均成绩",因为平均成绩可由"选修"联系中的属性"成绩"经过计算得到,所以"平均成绩"属于冗余数据。还需消除冗余联系,其中"开设"属于冗余联系,因为该联系可以通过"系"和"教师"之间的"属于"联系与"教师"和"课程"之间的"讲授"联系推导出来,最后便可得到基本的 E-R 模型,如图 5.19 所示。

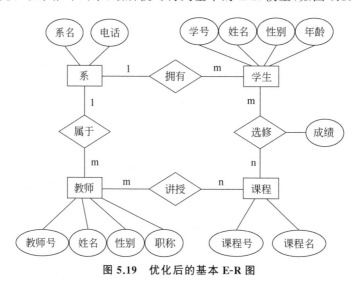

图 5.19　优化后的基本 E-R 图

5.4　逻辑结构设计

5.4.1　逻辑结构设计的任务和步骤

概念结构是各种数据模型的共同基础。为了能够用某一 DBMS 实现用户需求,还必须将概念结构进一步转换为相应的数据模型,这正是数据库逻辑结构设计所要完成的

任务。

一般的逻辑结构设计分为以下 3 个步骤(见图 5.20)。

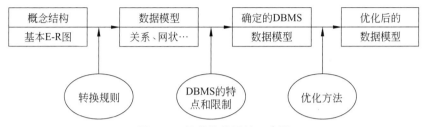

图 5.20 逻辑结构设计三步骤

(1) 将概念结构转换为一般的关系、网状、层次模型。

(2) 将转换来的关系、网状、层次模型向特定 DBMS 支持下的数据模型转换。

(3) 对数据模型进行优化。

5.4.2 初始化关系模式设计

1. 基本 E-R 模型转换原则

概念结构设计中得到的 E-R 图是由实体、属性和联系组成的,而关系数据库逻辑结构设计的结果是一组关系模式的集合,因此,将 E-R 图转换为关系模型实际上是将实体、属性和联系转换成关系模式。在转换过程中要遵守以下原则。

(1) 一个实体转换为一个关系模式。

① 关系的属性:实体的属性。

② 关系的键:实体的键。

(2) 一个 m∶n 联系转换为一个关系模式。

① 关系的属性:与该联系相连的各实体的键以及联系本身的属性。

② 关系的键:各实体键的组合。

(3) 一个 1∶n 联系可以转换为一个关系模式。

① 关系的属性:与该联系相连的各实体的码以及联系本身的属性。

② 关系的码:n 端实体的键。

说明:一个 1∶n 联系也可以与 n 端对应的关系模式合并,这时需要把 1 端关系模式的码和联系本身的属性都加入 n 端对应的关系模式中。

(4) 一个 1∶1 联系可以转换为一个独立的关系模式。

① 关系的属性:与该联系相连的各实体的键以及联系本身的属性。

② 关系的候选码:每个实体的码均是该关系的候选码。

说明:一个 1∶1 联系也可以与任意一端对应的关系模式合并,这时需要把任一端关系模式的码及联系本身的属性都加入另一端对应的关系模式中。

(5) 3 个或 3 个以上实体间的一个多元联系转换为一个关系模式。

① 关系的属性:与该多元联系相连的各实体的键以及联系本身的属性。

② 关系的码：各实体键的组合。

2. 基本 E-R 模型转换的具体做法

(1) 把一个实体转换为一个关系。先分析该实体的属性，从中确定主键，然后再将其转换为关系模式。

例 **5.2**　以图 5.19 为例将 4 个实体分别转换为关系模式(带下画线的为主键)。

学生(学号,姓名,性别,年龄)；

课程(课程号,课程名)；

教师(教师号,姓名,性别,职称)；

系(系名,电话)。

(2) 把每个联系转换成关系模式。

例 **5.3**　把图 5.19 中的 4 个联系也转换成关系模式。

属于(教师号,系名)；

讲授(教师号,课程号)；

选修(学号,课程号,成绩)；

拥有(系名,学号)。

(3) 3 个或 3 个以上的实体间的一个多元联系在转换为一个关系模式时,与该多元联系相连的各实体的主键及联系本身的属性均转换成为关系的属性,转换后所有得到的关系的主键为各实体键的组合。

例 **5.4**　图 5.21 表示供应商、项目和零件 3 个实体之间的多对多联系,如果已知 3 个实体的主键分别为"供应商号"、"项目号"与"零件号",则它们之间的联系"供应"转换为关系模式：供应(供应号,项目号,零件号,数量)。

3. 涉及扩展 E-R 模型的转换原则及具体做法

(1) 多值属性。多值属性可转换为独立的关系,属性由多值属性所在实体的码与多值属性组成。

如对学生实体含有的所选课程多值属性(见图 5.22),可将所选课程多值属性转换为选课关系模式：选课(学号,所选课程号)。

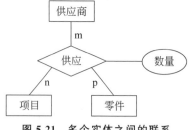

图 5.21　多个实体之间的联系

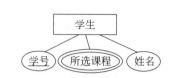

图 5.22　含多值属性的学生实体

(2) 复合属性。复合属性要将每个组合属性作为复合属性所在实体的属性或将组合属性组合成一个或若干简单属性。

如图 5.23 所示,学生的出生日期由年、月、日复合而成,学生实体组成关系模式时可设计为学生(学号,姓名,出生年份,出生月份,出生日)或学生(学号,姓名,出生日期)(其中的出生日期为组合而成的简单属性)。

图 5.23　含复合属性的学生实体

(3) 弱实体集。弱实体集所对应的关系的码由弱实体集本身的分辩符再加上所依赖的强实体集的码组成。这样,弱实体集与强实体集之间的联系已在弱实体集的组合码中体现了,如图 5.24 所示。

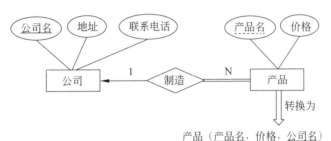

产品 (<u>产品名</u>,价格,<u>公司名</u>)

图 5.24　弱实体集"产品"转换为关系模式

(4) 含特殊化或普遍化的 E-R 图的一般转换方法。①高层实体集和低层实体集分别转换为关系表;②低层实体集所对应的关系包括高层实体集的码。例如,图 5.25 中"转换之一"所示。

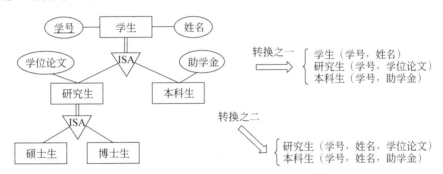

图 5.25　含特殊化或普遍化的 E-R 图的一般转换方法

(5) 如果特殊化是不相交并且是全部的,即一个高层实体最多并且只能属于一个低层实体集,则可以不为高层实体集建立关系码,低层实体集所对应的关系包括上层实体集的所有属性。例如,图 5.25 中"转换之二"所示。

(6) 含聚集的 E-R 图的一般转换方法。当实体集 A 与 B 以及它们的联系 R 被整体看成实体集 C 时,C 与另一实体集 D 构成联系 S,则联系 S 所转换对应的关系模式的码是由联系 R 和实体集 D 的码组合构成的。如含聚集的图(见 1.2.3 节二维码文件里的图 10)E-R 图所示,联系的联系"使用"转换成的关系模式为使用(<u>机号,工号,项号</u>),其码为联系"参加"的码(工号,项号)与机器实体集的码(机号)的组合。

(7) 含范畴的 E-R 图的一般转换方法。设实体 T 是基于实体 $E_1,E_2,\cdots,E_n$ 的范畴,则可以把范畴 T 的码加入超实体集 $E_1,E_2,\cdots,E_n$ 相应的关系模式中来反映相互的关系；也可以在范畴 T 对应转换的关系模式中设置放置超实体集 $E_1,E_2,\cdots,E_n$ 各对应的码的属性来体现范畴的关系（这要求超实体集 $E_1,E_2,\cdots,E_n$ 的码的域各不相交）。如含范畴的图（见 1.2.3 节二维码文件里的图 11）E-R 图所示，转换到关系模型时，方法之一可以把范畴"账户"的码（如账号）作为"单位"超实体集的属性，也作为"人"超实体集的属性；方法之二在范畴"账户"对应的关系模式中放置超实体"单位"或"人"的码的属性（如名称）。

5.4.3　关系模式的规范化

数据库逻辑结构设计的结果不是唯一的。为了进一步提高数据库应用系统的性能还应该根据应用需要适当地修改、调整数据模型的结构，也就是对数据库模型进行优化，关系模型的优化通常是以规范化理论为基础。具体方法如下。

（1）确定数据依赖，按系统需求分析阶段所得到的语义，分别写出每个关系模式内部各属性之间的数据依赖以及不同关系模式属性之间的数据依赖。

（2）对于各个关系模式之间的数据依赖进行极小化处理，消除冗余的联系。

（3）按照数据依赖的理论对关系模式逐一进行分析，考查是否存在部分函数依赖、传递函数依赖、多值依赖等，确定各关系模式分别属于第几范式。

（4）按照需求分析阶段得到的各种应用对数据处理的要求，分析对于这样的应用环境这些模式是否合适，确定是否要对它们进行合并或分解。

（5）按照需求分析阶段得到的各种应用对数据处理的要求，对关系模式进行必要的分解或合并，以提高数据操作的效率和存储空间的利用率。

5.4.4　关系模式的评价与改进

在初步完成数据库逻辑结构设计之后，在进行物理结构设计之前，应对设计出的逻辑结构（这里为关系模式）的质量和性能进行评价，以便改进。

1. 模式的评价

对模式的评价包括设计质量的评价和性能评价两方面。设计质量的标准有可理解性、完整性和扩充性。遗憾的是，这些几乎没有一个是能够有效而严格地进行度量的，只能做大致估计。至于数据模式的性能评价，由于缺乏物理结构设计所提供的数量测量标准，因此，也只能进行实际性能评估，它包括逻辑数据记录存取数、传输量以及物理结构设计算法的模型等。常用逻辑记录存取（Logical Record Access，LRA）方法来进行数据模式性能的评价。

2. 数据模式的改进

根据对数据模式的性能估计，对已生成的模式进行改进。如果因为系统需求分析、概念结构设计的疏忽导致某些应用不能支持，则应该增加新的关系模式或属性。如果因为性能考虑而要求改进，则可使用合并或分解的方法。

1）分解

为了提高数据操作的效率和存储空间的利用率，常用的方法就是分解，对关系模式的分解一般分为水平分解和垂直分解两种。

水平分解指把（基本）关系的元组分为若干子集合，定义每个子集合为一个子关系，以提高系统的效率。

垂直分解是指把关系模式 R 的属性分解为若干子集合，形成若干子关系模式。垂直分解的原则：经常在一起使用的属性从 R 中分解出来形成一个子关系模式；优点：可以提高某些事务的效率；缺点：可能使另一些事务不得不执行连接操作，从而降低了效率。

2）合并

具有相同主键的关系模式，且对这些关系模式的处理主要是查询操作，而且经常是多关系的查询，那么可对这些关系模式按照组合频率进行合并。这样便可以减少连接操作而提高查询速度。

必须强调的是，在进行模式的改进时，决不能修改数据库信息方面的内容。假设修改信息内容无法改进数据模式的性能，则必须重新进行概念结构设计。

5.5 物理结构设计

数据库物理结构设计的任务是为上一阶段得到的数据库逻辑模式，即数据库的逻辑结构选择合适的应用环境与物理结构，即确定有效地实现逻辑结构模式的数据库存储模式，确定在物理设备上所采用的存储结构和存取方法，然后对该存储模式进行性能评价、完善性改进，经过多次反复，最后得到一个性能较好的存储模式。

5.5.1 确定物理结构

物理结构设计不仅依赖于用户的应用要求，而且依赖于数据库的运行环境，即DBMS 和设备特性。数据库物理结构设计内容包括记录存储结构的设计，存储路径的设计，记录集簇的设计。

1. 记录存储结构的设计

逻辑模式表示的是数据库的逻辑结构，其中的记录称为逻辑记录，而存储记录则是逻辑记录的存储形式，记录存储结构的设计就是设计存储记录的结构形式，它涉及不定长数据项的表示，数据项编码是否需要压缩和采用何种压缩，记录间互联指针的设置以及记录是否需要分割以节省存储空间等在逻辑结构设计中无法考虑的问题。

2. 关系模式的存取方法选择

数据库系统是多用户共享的系统，对同一个关系要建立多条存取路径才能满足多用户的多种应用要求。物理结构设计的第一个任务就是要确定选择哪些存取方法，即建立哪些存取路径。

DBMS 常用存取方法有索引方法(目前主要是 B$^+$ 树索引方法),聚簇(Cluster)方法和 HASH 方法。

1) 索引方法

索引方法的主要内容:对哪些属性列建立索引,对哪些属性列建立组合索引,对哪些索引要设计为唯一索引。当然并不是越多越好,关系上定义的索引数过多会带来较多的额外开销,如维护索引的开销,查找索引的开销。

2) 聚簇方法

为了提高某个属性(或属性组)的查询速度,把这个或这些属性(称为聚簇码)上具有相同值的元组集中存放在连续的物理块,称为聚簇。聚簇的用途:大大提高按聚簇属性进行查询的效率,如假设学生关系按所在系建有索引,现在要查询信息系的所有学生名单。信息系的 500 名学生分布在 500 个不同的物理块上时,至少要执行 500 次 I/O 操作。如果将同一系的学生元组集中存放,则每读一个物理块可得到多个满足查询条件的元组,从而显著地减少了访问磁盘的次数。节省存储空间:聚簇以后,聚簇码相同的元组集中在一起了,因而聚簇码值不必在每个元组中重复存储,只要在一组中存一次就行了。

3) HASH 方法

当一个关系满足下列两个条件时,可以选择 HASH 存取方法。

(1) 该关系的属性主要出现在等值连接条件中或主要出现在相等比较选择条件中。

(2) 该关系的大小可预知且关系的大小不变或该关系的大小动态改变但所选用的 DBMS 提供了动态 HASH 存取方法。

5.5.2　评价物理结构

和前面几个设计阶段一样,在确定了数据库的物理结构之后,要进行评价,重点是时间和空间效率的评价。如果评价结果满足设计要求,则可进行数据库实施,实际上,往往需要经过反复测试才能优化物理结构设计。

5.6　数据库实施

数据库实施是指根据逻辑结构设计和物理结构设计的结果,在计算机上建立实际的数据库结构,装入数据,进行测试和试运行的过程。数据库实施的工作内容包括用 DDL 定义数据库结构,组织数据入库,编制与调试应用程序,数据库试运行。

5.6.1　用 DDL 定义数据库结构

确定了数据库的逻辑结构与物理结构后,就可以用所选用的 DBMS 提供的数据定义语言(DDL)来严格描述数据库结构(数据库各类对象及其联系等)。

5.6.2　组织数据入库

数据库结构建立好后,就可以向数据库中装载数据了。组织数据入库是数据库实施阶段最主要的工作。

数据装载方法有人工方法与计算机辅助数据入库方法两种。

1. 人工方法

人工方法适用于小型系统,其步骤如下。

(1) 筛选数据。需要装入数据库中的数据通常都分散在各部门的数据文件或原始凭证中,因此,首先必须把需要入库的数据筛选出来。

(2) 转换数据格式。筛选出来的需要入库的数据,其格式往往不符合数据库要求,还需要进行转换。这种转换有时可能很复杂。

(3) 输入数据。将转换好的数据输入计算机中。

(4) 校验数据。检查输入的数据是否有误。

2. 计算机辅助数据入库方法

计算机辅助数据入库方法适用于中大型系统,其步骤如下。

(1) 筛选数据。

(2) 输入数据。由录入员将原始数据直接输入计算机中。数据输入子系统应提供输入界面。

(3) 校验数据。数据输入子系统采用多种校验技术检查输入数据的正确性。

(4) 转换数据。数据输入子系统根据数据库系统的要求,从录入的数据中抽取有用成分,对其进行分类,然后转换数据格式。抽取、分类和转换数据是数据输入子系统的主要工作,也是数据输入子系统的复杂性所在。

(5) 综合数据。数据输入子系统对转换好的数据根据系统的要求进一步综合成最终数据。

5.6.3　编制与调试应用程序

数据库应用程序的设计应该与数据库设计并行。在数据库实施阶段,当数据库结构建立好后,就可以开始编制与调试数据库的应用程序(包括在数据库服务器端创建存储过程、触发器等)。调试应用程序时由于真实数据入库尚未完成,可先使用模拟数据。

5.6.4　数据库试运行

应用程序调试完成,并且已有一小部分数据入库后,就可以开始数据库的试运行。数据库试运行也称为联合调试,其主要工作如下。

1. 功能测试

实际运行应用程序,执行对数据库的各种操作,测试应用程序的各种功能。

2. 性能测试

测量系统的性能指标,分析是否符合设计目标。

数据库物理结构设计阶段在评价数据库结构估算时间、空间指标时,作了许多简化和假设,忽略了许多次要因素,因此结果必然很粗糙。数据库试运行则是要实际测量系统的各种性能指标(不仅是时间、空间指标),如果结果不符合设计目标,则需要返回物理结构设计阶段,调整物理结构,修改参数;有时甚至需要返回逻辑结构设计阶段,调整逻辑结构。

重新设计物理结构甚至逻辑结构,会导致数据重新入库。由于数据入库工作量实在太大,所以可以采用分期输入数据的方法。

(1) 先输入小批量数据供先期联合调试使用。

(2) 待试运行基本合格后再输入大批量数据。

(3) 逐步增加数据量,逐步完成运行评价。

在数据库试运行阶段,系统还不稳定,硬、软件故障随时都可能发生。系统的操作人员对新系统还不熟悉,误操作也不可避免。因此,必须做好数据库的备份和恢复工作,尽量减少对数据库的破坏。

5.6.5　整理文档

在程序的编制和试运行中,应将发现的问题和解决方法记录下来,将它们整理存档为资料,供以后正式运行和改进时参考,全部的调试工作完成之后,应该编写应用系统的技术说明书,在系统正式运行时给用户,完整的资料是应用系统的重要组成部分。

5.7　数据库运行与维护

数据库试运行结果符合设计目标后,数据库就可以真正投入运行了。数据库投入运行标志着开发任务的基本完成和维护工作的开始,对数据库设计进行评价、调整、修改等维护工作是一个长期的任务,也是设计工作的继续和提高。

对数据库经常性的维护工作主要是由 DBA 完成的,主要内容有数据库的安全性与完整性控制,数据库性能的监视与改善,数据库的重组织和重构建等。

5.7.1　数据库的安全性与完整性控制

DBA 必须根据用户的实际需要授予不同的操作权限,在数据库运行过程中,由于应用环境的变化,对安全性的要求也会发生变化,DBA 需要根据实际情况修改原有的安全性控制。由于应用环境的变化,数据库的完整性约束条件也会变化,也需要 DBA 不断修正,以满足用户要求。

5.7.2　数据库性能的监视与改善

在数据库运行过程中,DBA 必须监督系统运行,对监测数据进行分析,找出改进系统性能的方法。

(1) 利用监测工具获取系统运行过程中一系列性能参数的值。

（2）通过仔细分析这些数据，判断当前系统是否处于最佳运行状态。

（3）如果不是，则需要通过调整某些参数来进一步改进数据库性能。

5.7.3 数据库的重组织和重构造

为什么要重组织数据库？因为数据库运行一段时间后，由于记录的不断增、删、改，会使数据库的物理存储变坏，从而降低数据库存储空间的利用率和数据的存取效率，使数据库的性能下降。因此要对数据库进行重新组织，即重新安排数据的存储位置，回收垃圾，减少指针链，改进数据库的响应时间和空间利用率，提高系统性能。DBMS 一般都提供了供重组织数据库使用的实用程序，帮助 DBA 重新组织数据库。

数据库的重组织，并不改变原设计的逻辑和物理结构，而数据库的重构造则不同，它是指部分修改数据库的模式和内模式。

由于数据库应用环境发生变化，增加了新的应用或新的实体，取消了某些旧的应用，有的实体与实体间的联系也发生了变化等，使原有的数据库设计不能满足新的需要，必须要调整数据库的模式和内模式。例如，在表中增加或删除某些数据项，改变数据项的类型，增加或删除某个表，改变数据库的容量，增加或删除某些索引等。当然数据库的重构也是有限的，只能做部分修改。如果应用变化太大，重构也无济于事，说明此数据库应用系统的生命周期已经结束，应该设计新的数据库应用系统了。

5.8 小 结

数据库设计这一章主要讨论数据库设计的方法和步骤，本章介绍了数据库设计的 6 个阶段：系统需求分析、概念结构设计、逻辑结构设计、物理结构设计、数据库实施、数据库运行与维护。其中重点的是概念结构设计和逻辑结构设计，这也是数据库设计过程中最重要的两个环节。

学习本章，要努力掌握书中讨论的基本方法和开发设计步骤，特别要能在实际的应用系统开发中运用这些思想，设计符合应用要求的数据库应用系统。

习 题

一、选择题

1. 下列对数据库应用系统设计的说法中正确的是（ ）。

　A. 必须先完成数据库的设计，才能开始对数据处理的设计

　B. 应用系统用户不必参与设计过程

　C. 应用程序员可以不必参与数据库的概念结构设计

　D. 以上都不对

2. 在系统需求分析阶段，常用（ ）描述用户单位的业务流程。

    A. 数据流图   B. E-R 图   C. 程序流图   D. 判定表

3. 下列对 E-R 图设计的说法中错误的是(   )。

    A. 设计局部 E-R 图中,能作为属性处理的客观事物应尽量作为属性处理

    B. 局部 E-R 图中的属性均应为原子属性,即不能再细分为子属性的组合

    C. 对局部 E-R 图集成时既可以一次实现全部集成,也可以两两集成,逐步进行

    D. 集成后所得的 E-R 图中可能存在冗余数据和冗余联系,应予以全部清除

4. 下列属于逻辑结构设计阶段任务的是(   )。

    A. 生成数据字典   B. 集成局部 E-R 图

    C. 将 E-R 图转换为一组关系模式   D. 确定数据存取方法

5. 将一个一对多联系型转换为一个独立关系模式时,应取(   )为关键字。

    A. 一端实体型的关键属性   B. 多端实体型的关键属性

    C. 两个实体型的关键属性的组合   D. 联系型的全体属性

6. 将一个 M 对 N(M>N)的联系型转换成关系模式时,应(   )。

    A. 转换为一个独立的关系模式

    B. 与 M 端的实体型所对应的关系模式合并

    C. 与 N 端的实体型所对应的关系模式合并

    D. 以上都可以

7. 在从 E-R 图到关系模式的转换过程中,下列说法错误的是(   )。

    A. 一个一对一的联系型可以转换为一个独立的关系模式

    B. 一个涉及三个以上实体的多元联系也可以转换为一个独立的关系模式

    C. 对关系模型优化时,有些模型可能要进一步分解,有些模型可能要合并

    D. 关系模式的规范化程度越高,查询的效率就越高

8. 对数据库的物理结构设计优劣评价的重点是(   )。

    A. 时空效率   B. 动态和静态性能

    C. 用户界面的友好性   D. 成本和效益

9. 下列不属于数据库物理结构设计阶段任务的是(   )。

    A. 确定选用的 DBMS   B. 确定数据的存放位置

    C. 确定数据的存取方法   D. 初步确定系统配置

10. 确定数据的存储结构和存取方法时,下列策略中(   )不利于提高查询效率。

    A. 使用索引

    B. 建立聚簇

    C. 将表和索引存储在同一磁盘上

    D. 将存取频率高的数据与存取频率低的数据存储在不同磁盘上

二、填空题

1. 在设计分 E-R 图时,由于各子系统分别面向不同的应用,所以各分 E-R 图之间难免存在冲突,这些冲突主要包括_____、_____和_____三类。

2. 数据字典中的_____是不可再分的数据单位。

3. 若在两个局部 E-R 图中都有实体"零件"的"重量"属性,而所用重量单位分别为公斤和克,则称这两个 E-R 图存在_____冲突。

4. 设有 E-R 图如图 5.26 所示,其中实体"学生"的关键属性是"学号",实体"课程"的关键属性是"课程编码",设将其中联系"选修"转换为关系模式 R,则 R 的关键字应为属性集_____。

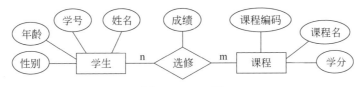

图 5.26　E-R 图

5. 确定数据库的物理结构主要包括三方面内容,即 _____、_____ 和 _____。

6. 将关系 R 中在属性 A 上具有相同值的元组集中存放在连续的物理块上,称为对关系 R 基于属性 A 进行_____。

7. 数据库设计的重要特点之一要把_____设计和_____设计密切结合起来,并以_____为核心而展开。

8. 数据库设计一般分为如下 6 个阶段:系统需求分析、_____、_____、物理结构设计、数据库实施、数据库运行与维护。

9. 概念结构设计的结果是得到一个与_____无关的模型。

10. 在数据库设计中,_____是系统各类数据的描述的集合。

三、简答题

第6章

chapter 6

MySQL 简介

MySQL 是支持 SQL(Structured Query Language,结构化查询语言)的一个开源的关系数据库服务器。本章主要对 MySQL 的特性和体系结构进行简单介绍。

6.1 MySQL 数据库特性

思政材料

如果你正在寻找一种免费的或不昂贵的数据库管理系统,可以有几个选择,如 MySQL、mSQL、Postgres(一种免费的但不支持来自商业供应商引擎的系统)等。在将 MySQL 与其他数据库系统进行比较时,所要考虑的最重要的因素是性能,支持,特性(与 SQL 的一致性、扩展等),认证条件和约束条件,价格等。相比之下,MySQL 具有许多吸引人之处。

(1) 速度。MySQL 运行速度很快。开发者声称 MySQL 可能是目前所能得到的最快的数据库。

(2) 容易使用。MySQL 是一个高性能且相对简单的数据库系统,与一些更大系统的设置管理相比,其复杂程度较低。

(3) 价格。MySQL 对多数个人用户来说是免费的。

(4) 支持查询语言。MySQL 可以使用 SQL(结构化查询语言),SQL 是一种所有现代数据库系统都选用的语言;MySQL 也可以通过 ODBC(开放式数据库连接)与应用程序相连。

(5) 性能。许多客户机可同时连接到服务器。多个客户机可同时使用多个数据库。可利用几种输入查询并查看结果的界面来交互式地访问 MySQL。这些界面为命令行客户机程序、Web 浏览器或 X Window System 客户机程序。此外,还有由各种语言(如 C、Perl、Java、PHP 和 Python)编写的界面。

(6) 连接性和安全性。MySQL 是完全网络化的,其数据库可在因特网上的任何地方访问,而且 MySQL 还能控制哪些人不能看到你的数据。

(7) 可移植性。MySQL 可运行在各种版本的 UNIX 以及其他非 UNIX 的系统(如 Windows 和 OS/2)上。MySQL 可运行在从家用 PC 到高级的服务器上。

如果,你对价格、速度和性能等方面要求较高,那么 MySQL 将是很适合的。

MySQL 8.0 是世界上最受欢迎的开源数据库中令人兴奋的新版本,并且全面改进。

一些关键的增强功能如下。

(1) 数据字典(data dictionary)。MySQL 现在包含一个事务数据字典,用于存储有关数据库对象的信息。在以前的 MySQL 版本中,字典相关数据存储在元数据文件和非事务表中。MySQL 8.0 支持原子 DDL,原子 DDL 能将 DDL 操作相关联的数据字典更新,能将存储引擎操作和二进制日志写入、合并到单个原子事务中。这样事务要么被提交,伴随着的变更持久化到数据字典中、存储引擎和二进制日志中,要么事务中断回滚而恢复到被提交之前。

(2) 安全和账户管理(security and account management)。

① MySQL 系统数据库中的授权表现在是 InnoDB(事务)表。以前,这些是 MyISAM(非事务)表。

② 新的 caching_sha2_password 身份验证插件可用。

③ MySQL 现在支持角色。

④ MySQL 现在维护有关密码历史的信息,从而限制了以前密码的重用。

⑤ MySQL 现在支持 FIPS(联邦信息处理标准)模式。FIPS 模式对加密操作施加了条件,如对可接受的加密算法的限制或对更长密钥长度的要求。

(3) 资源管理(resource management)。MySQL 现在支持资源组的创建和管理,并允许将服务器内运行的线程分配给特定组,以便线程根据组可用的资源执行。

(4) InnoDB 增强功能。

① auto-increment。

② 遇到索引树损坏时,InnoDB 会向重做日志中写入损坏标志,这使得损坏标志可以安全崩溃(即能确保数据库在发生索引树损坏的意外崩溃时,仍然能够保持数据的一致性和持久性)。

③ InnoDB memcached 插件支持多个 get 操作。

④ 新的动态变量 innodb_deadlock_detect 可用于禁用死锁检测。

⑤ 新的 INFORMATION_SCHEMA. INNODB_CACHED_INDEXES 表报告每个索引在 InnoDB 缓冲池中缓存的索引页数。

⑥ InnoDB 表空间加密功能支持重做日志和撤销日志数据的加密。

⑦ InnoDB 支持使用 SELECT … FOR SHARE 和 SELECT … FOR UPDATE 锁定读取语句的 NOWAIT 和 SKIP LOCKED 选项。如果请求的行被另一个事务锁定,NOWAIT 会立即返回该语句。

(5) 字符集支持(character set support)。默认字符集已从 latin1 更改为 utf8mb4。

(6) JSON 增强功能(JSON enhancements)。

(7) 数据类型支持(data type support)。MySQL 现在支持将表达式用作数据类型规范中的默认值。

(8) 优化器增强(optimizer)。

① MySQL 现在支持隐形索引(测试删除索引对查询性能的影响)。

② MySQL 现在支持降序索引。

③ MySQL 现在支持创建索引表达式值而不是列值的功能索引键部分。

（9）公用表表达式（common table expressions）。

（10）窗口函数（window functions）。MySQL 现在支持窗口函数，对于查询中的每一行，它使用与该行相关的行执行 RANK()、LAG() 和 NTILE()、ROW_NUMBER() 等函数。

（11）正则表达式支持（regular expression support）。REGEXP_LIKE() 函数以 REGEXP 和 RLIKE 运算符的方式执行正则表达式匹配，这些运算符现在是该函数的同义词。此外，REGEXP_INSTR()、REGEXP_REPLACE() 和 REGEXP_SUBSTR() 函数可用于查找匹配位置并分别执行子串替换和提取。regexp_stack_limit 和 regexp_time_limit 系统变量提供对匹配引擎的资源消耗的控制。

（12）内部临时表（internal temporary tables）。

（13）连接管理。MySQL 服务器现在允许专门为管理连接配置 TCP / IP 端口。这提供了用于普通连接的网络接口上允许的单个管理连接的替代方法，即使已建立 max_connections 连接也是如此。

（14）插件。以前，MySQL 插件可以用 C 或 C++编写。插件使用的 MySQL 头文件现在包含 C++代码，这意味着插件必须用 C++编写，而不用 C 编写。

6.2　MySQL 体系结构

MySQL 基础架构如图 6.1 所示。Connection Pool 位于连接层，Management Services & Utilities、SQL Interface、Parser、Optimizer、Caches&Buffers 位于 SQL 层，Pluggable Storage Engines 位于存储引擎层，File system、Files & Logs 位于文件系统层。Connectors 理解为各种客户端、应用服务，主要指的是不同语言与 SQL 的交互。

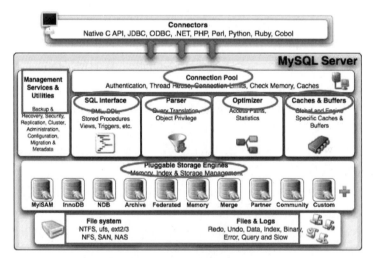

图 6.1　MySQL 基础架构

1. 连接层

应用程序通过接口（如 ODBC、JDBC）来连接 MySQL，最先连接处理的是连接层。

连接层包括通信协议,线程处理,用户名、密码认证 3 部分。

(1) 通信协议负责检测客户端版本是否兼容 MySQL 服务端。

(2) 线程处理是指每一个连接请求都会分配一个对应的线程,相当于一条 SQL 对应一个线程,一个线程对应一个逻辑 CPU,在多个逻辑 CPU 之间进行切换。

(3) 用户名、密码认证用来验证用户创建的账号、密码,以及 host 主机授权是否可以连接到 MySQL 服务器。

Connection Pool(连接池)位于连接层。由于每次建立连接都需要消耗很多时间,连接池的作用就是将用户连接、用户名、密码、权限校验、线程处理等需要缓存的需求缓存下来,下次可以直接用已经建立好的连接,提升服务器性能。

2. SQL 层

SQL 层是 MySQL 的核心,MySQL 的核心服务都是在这层实现的。主要包含权限判断、查询缓存、查询解析器、预处理器、查询优化器、缓存和执行计划。

(1) 权限判断可以审核用户有没有访问某个库、某个表或者表里某行数据的权限。

(2) 查询缓存通过 Query Cache 进行操作,如果数据在 Query Cache 中,则直接返回结果给客户端,不必再进行查询解析、优化和执行等过程。

(3) 查询解析器针对 SQL 语句进行解析,判断语法是否正确。

(4) 预处理器对解析器无法解析的语义进行处理。

(5) 查询优化器对 SQL 进行改写和相应的优化,并生成最优的执行计划,就可以调用程序的 API 接口,通过存储引擎层访问数据。

Management Services & Utilities、SQL Interface、Parser、Optimizer 和 Caches & Buffers 位于 SQL 层,详细功能说明如表 6.1 所示。

表 6.1　SQL 层功能说明

名　　称	说　　明
Management Services & Utilities	MySQL 的系统管理和控制工具,包括备份恢复、MySQL 复制、集群等
SQL Interface(SQL 接口)	用来接收用户的 SQL 命令,返回用户需要查询的结果,如 SELECT FROM 就是调用 SQL Interface
Parser(查询解析器)	在 SQL 命令传递到解析器的时候会被解析器验证和解析,以便 MySQL 优化器可以识别的数据结构或返回 SQL 语句的错误
Optimizer(查询优化器)	SQL 语句在查询之前会使用查询优化器对查询进行优化,同时验证用户是否有权限进行查询,缓存中是否有可用的最新数据。它使用“选取-投影-连接”策略进行查询。例如,在 SELECT id,name FROM student WHERE gender="女";语句中,SELECT 查询先根据 WHERE 语句进行选取,而不是将表全部查询出来以后再进行 gender 过滤。SELECT 查询先根据 id 和 name 进行属性投影,而不是将属性全部取出以后再进行过滤,将这两个查询条件连接起来生成最终查询结果
Caches & Buffers(查询缓存)	如果查询缓存有命中的查询结果,查询语句就可以直接去查询缓存中取数据。这个缓存机制是由一系列小缓存组成的,如表缓存、记录缓存、key 缓存、权限缓存等

3. 存储引擎层

Pluggable Storage Engines 位于存储引擎层。存储引擎层是 MySQL 数据库区别于其他数据库最核心的一点,也是 MySQL 最具特色的一个地方,主要负责 MySQL 中数据的存储和提取。因为在关系数据库中,数据的存储是以表的形式存储的,所以存储引擎也可以称为表类型(即存储和操作此表的类型)。

4. 文件系统层

文件系统层主要是将数据库的数据存储在操作系统的文件系统之上,并完成与存储引擎的交互。

5. 插件式存储引擎

MySQL Server 使用可插件式存储引擎体系结构(也称作表类型),使存储引擎能够加载到正在运行的 MySQL 服务器中或从中卸载。应用程序编程人员和 DBA 通过位于存储引擎之上的连接器 API 和服务层来处理 MySQL 数据库。如果应用程序的变化需要改变底层存储引擎,可能需要增加 1 个或多个额外的存储引擎以支持新的需求。

要确定服务器支持哪些存储引擎,请使用"SHOW ENGINES;"语句(详见图 6.2)。Support 列中的值指示是否可以使用引擎。YES、NO 或 DEFAULT 值表示引擎可用、不可用或可用并且当前设置为默认存储引擎。MySQL 的 9 种存储引擎见如下二维码。

Engine	Support	Comment	Transactions	XA	Savepoints
FEDERATED	NO	Federated MySQL storage engine	NULL	NULL	NULL
MRG_MYISAM	YES	Collection of identical MyISAM tables	NO	NO	NO
MyISAM	YES	MyISAM storage engine	NO	NO	NO
BLACKHOLE	YES	/dev/null storage engine (anything you write to it disappears)	NO	NO	NO
CSV	YES	CSV storage engine	NO	NO	NO
MEMORY	YES	Hash based, stored in memory, useful for temporary tables	NO	NO	NO
ARCHIVE	YES	Archive storage engine	NO	NO	NO
InnoDB	DEFAULT	Supports transactions, row-level locking, and foreign keys	YES	YES	YES
PERFORMANCE_SCHEMA	YES	Performance Schema	NO	NO	NO

图 6.2　MySQL 8.0.x 版本里存储引擎及其目前状态

对于整个服务器或方案,并不一定要使用相同的存储引擎,可以为方案中的每个表使用不同的存储引擎,这点很重要。例如,一个应用程序可能主要使用 InnoDB 表,其中一个 CSV 表用于将数据导出到电子表格,一些 MEMORY 表用于临时工作区。

(1) 查看现有的存储引擎。如果需要确定目前服务器支持什么存储引擎,可以使用 SHOW ENGINES 命令来确定。

例 6.1　确定数据库已支持的存储引擎及其目前状态。

解: mysql> SHOW ENGINES;

运行结果：在 MySQL 8.0.x 版本里，会类似如图 6.2 所示。

其中，Support 指服务器是否支持该存储引擎；Transactions 指该存储引擎是否支持事务处理；XA 指该存储引擎是否支持分布式事务处理；Savepoints 指该存储引擎是否支持保存点。

（2）将存储引擎指定给表。可以在创建新表时指定存储引擎，或通过使用 ALTER TABLE 语句指定存储引擎。

① 要想在创建表时指定存储引擎，可使用 ENGINE 参数。

例 6.2 创建存储引擎为 MyISAM 的表。

解：
```
mysql >CREATE TABLE engineTest(
    ->    id INT
    ->) ENGINE = MyISAM;
```

② 要想更改已有表的存储引擎，可使用 ALTER TABLE 语句。

例 6.3 修改表的存储引擎为 ARCHIVE。

解：
```
ALTER TABLE engineTest ENGINE = ARCHIVE;
```

6.3 MySQL 汉字乱码问题的处理方法

1. 汉字乱码问题

使用 MySQL 数据库时，经常会遇到汉字乱码问题，主要表现如下。

（1）对 MySQL 数据库命令显示、输入、修改时出现乱码或命令出错。

（2）网页显示 MySQL 数据时所有汉字都变成了问号（?）。

（3）用 PHPmyAdmin 输入汉字正常，但当 PHP 网页显示 MySQL 数据时汉字就变成了问号，并且有多少个汉字就有多少个问号。

（4）用 PHPmyAdmin 输入数据时发生错误，不让输入或出现乱码。

（5）用 PHP＋MySQL 做系统的时候发现数据库的汉字在数据库里是显示正常的，但是一旦数据库与 PHP 连接，汉字就会显示为多个问号。

2. 解决汉字乱码的方法

解决使用 MySQL 数据库时出现汉字乱码问题，有以下方法可以检查与配置，经处理后一般汉字乱码问题都能得到解决。

（1）只要是 gb2312，gbk，utf8 等支持多字节编码的字符集都可以存储汉字，当然，gb2312 中的汉字数量远少于 gbk，而 gb2312，gbk 等都可在 utf8 下编码。

（2）用命令 SHOW VARIABLES LIKE 'character_set_%';查看当前字符集设定。

```
+-------------------------+---------+
| Variable_name           | Value   |
+-------------------------+---------+
| character_set_client    | gbk     |
```

```
| character_set_connection     | gbk      |
| character_set_database       | utf8mb4  |
| character_set_filesystem     | binary   |
| character_set_results        | gbk      |
| character_set_server         | utf8mb4  |
| character_set_system         | utf8     |
+------------------------------+----------+
```

显示中文乱码主要有两个设置：character_set_connection 和 character_set_results，如果这两个设置不支持中文编码，就会出现乱码，只要用"set character_set_results = gbk；"就设置成中文编码了。

(3) "set names charset_name；"还可以一次性设置客户端的所有字符集。例如："mysql_query("SET NAMES UTF8")；"如果需要存放 gbk 编码字符，可在连接成功后执行 set names gbk 命令。

(4) 网页文件 head 设置编码支持汉字，可类似如下设置：

```
<meta http-equiv="Content-Type" content="text/html; charset=utf8" />
```

(5) 页面在保存的时候使用 utf8 编码保存，可以用记事本或 convertz802(ConvertZ ver 8.02) 转换文件。

(6) 在 MySQL 中新建数据库的时候，数据库选择 utf8 等编码字符集，如设定为 utf8_unicode_ci(Unicode(多语言)，不区分大小写)，数据库里表 table 的编码设置为 utf8，Collation 选用 utf8_general_ci，表 table 里面的每个字段的编码也都设置为 utf8，Collation 选用 utf8_general_ci。举例说明如下。

① 设置数据库默认编码。

安装 MySQL 时可选择编码，如果已经安装过，可以更改文件 my.ini(此文件在 MySQL 的安装目录下)中的配置以达到设置编码的目的，分别在[mysql]和[mysqlld]配置段中增加或修改 default_character_set=gb2312，打开 my.ini 文件，内容类似如下：

```
[client]
  port=3306
[mysql]
  default-character-set=gb2312
[mysqld]
# The default character set that will be used when a new schema or table is
# created and no character set is defined
  default-character-set=gb2312
```

② 新建数据库后，数据库目录下有个 db.opt 文件，此处编码与数据库编码要保持一致。内容类似如下：

```
default-character-set=gb2312
default-collation=gb2312_chinese_ci
```

(7) 在 PHP 连接数据库的时候，也就是在 mysql_connect() 之后加入：

```
//设置数据的字符集 utf8
mysql_query("set names 'utf8' ");
mysql_query("set character_set_client=utf8");
mysql_query("set character_set_results=utf8");
```

utf8 是国际标准编码(含有汉字编码)，为使汉字显示正常，utf8 也可换成 gb2312 或 gbk 等。

(8) 客户端工具编码。客户端工具编码设置与数据库编码设置类似，找到客户端工具设置字符集处，设置为 utf8、gb2312 或 gbk，这样客户端工具可以直接写入汉字数据，不会产生乱码。

(9) Web 网页开发 web.config 中编码设置。

① 连接字符串中的编码设置(使用 MySQL Connector Net 6.4.3)。

```
<connectionStrings>
  <add name="MySqlServer" connectionString="Data Source=127.0.0.1;User ID=
root;Password=123456;DataBase=kcgl;Charset=gb2312"/>
</connectionStrings>
```

② 读取与写入的编码设置。

```
<globalization responseEncoding ="gb2312" requestEncoding ="gb2312"/>
```

如果需要做一个繁体字网站，可把以上设置编码的地方变成 gbk 即可。

(10) .NET 编程时，也可在连接字符串中指定使用汉字字符集。连接字符串类似如下：

```
public static string connectionString = "Data Source=mh;Password=zhou;
User=root;Location=localhost;Port=3306;CharSet=gb2312";
```

第二部分

实验篇

第 7 章

MySQL 数据库系统基础操作

7.1 实 验 目 的

安装某数据库管理系统,了解该数据库管理系统的组织结构和操作环境,熟悉数据库管理系统的基本使用方法。

7.2 背 景 知 识

学习与使用数据库,首先要选择并安装某数据库管理系统。目前,主流的数据库管理系统有 Oracle、MS SQL Server、MySQL、DB2、Informix、Sybase、PostgreSQL、OceanBase、TiDB、openGauss、Access 等。自 1996 年开始,从一个简单的 SQL 工具到当前"世界上最受欢迎的开放源代码数据库"的地位,MySQL 已经走过了一段很长的路。全球知名的开发者工具公司 JetBrains 对外发布了《2023 年开发者生态系统报告》,报告表明 MySQL 在全球范围内仍是最流行的数据库。

目前,MySQL 的最新社区版本是 8.0.36(截至 2024 年 2 月)。在 8.0 版本中,MySQL 做了很多改进(具体略)。

总之,MySQL 成为了一个更加符合 SQL-92 标准的高性能、多线程、多用户、建立在客户-服务器结构上的 RDBMS。本书以 8.0.19 版本为例,介绍 MySQL 的安装和使用。

7.3 实 验 示 例

7.3.1 安装 MySQL

1. 选择 MySQL 版本

MySQL 数据库服务器和客户机软件可以在多种操作系统上运行,如 Linux、FreeBSD、macOS、Windows 等。如图 7.1 所示,下载时可选择相应的操作系统。

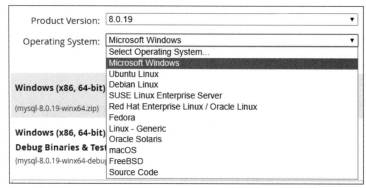

图 7.1　安装启动界面

在下载安装包之前,首先需要确定将要安装的 MySQL 版本。最佳选择是 MySQL AB 官方网站推荐的最终稳定版(Generally Available,GA)。该版本是正式发布版。如果要用到新版本的一些新增功能,可以选择安装最新的开发版本,如测试版或候选发行版(Releace Candidate,RC)。如果正使用的数据库或 API 应用程序必须在老版本之下才能运行,可以选择安装旧的正式发布版。

进入 MySQL 的官方下载页面: http://www.mysql.com/downloads/或 https://dev.mysql.com/downloads/。在该页面中可知,MySQL 及其相关工具,打开网页看到的可能是更高版本的安装软件信息,如果想找旧的发布版本,可进入页面: http://downloads.mysql.com/archives.php。在下载页上至少能找到如下软件。

- MySQL Community Server。MySQL Community Server 是 MySQL 的免费版本(即社区版),包括了 MySQL 数据库服务器软件、客户端软件。
- MySQL Workbench。MySQL Workbench(工作台)是一个专用于 MySQL 的 ER/数据库建模工具,使用 MySQL Workbench 还可以设计和创建新的数据表,操作现有的数据库以及执行更复杂的服务器管理功能。
- MySQL Cluster。MySQL Cluster 是 MySQL 适合于分布式计算环境的高实时、高冗余版本。它采用了 NDB Cluster 存储引擎,允许在 1 个 Cluster 中运行多个 MySQL 服务器。在 MyQL 5.0 及以上的二进制版本中,以及与最新的 Linux 版本兼容的 RPM 中提供了该存储引擎。(注意,要想获得 MySQL Cluster 的功能,必须安装 mysql-server 和 mysql-max RPM)。
- MySQL Connectors。MySQL Connectors 提供基于标准驱动程序 JDBC、ODBC 和.net 的连接,允许开发者选择语言来建立数据库应用程序。

下面讲解如何安装 Windows 分发版与 Linux 分发版;简要介绍 MySQL 数据库的使用及 MySQL Workbench 的安装和简单使用。本书所有示例基于 MySQL Community Server 8.0.19 和 MySQL Workbench 8.0 CE(Community Edition)。

2. 安装 Windows 分发版

在 Windows 系统的服务器上安装 MySQL 是一件非常容易的事情。在 MySQL 网站上，下载 MySQL Community Server 安装软件包（如 mysql-installer-community-8.0.19.0.msi），可根据自己操作系统是 32 位或 64 位，选择性下载。

　　这里下载的安装包为 mysql-installer-community-8.0.19.0.msi。双击该安装包，启动安装过程。具体内容可扫描下方二维码获取。

　　安装完成后，可以通过以下方法验证。首先需要打开本地服务，查看 MySQL 服务是否启动，如未启动则需手动设置为启动该服务，如图 7.2 所示。在"开始"菜单中，打开刚刚安装的 MySQL 命令行客户端 MySQL 8.0 Command Line Client，输入 root 密码可以直接登录。输入 show databases，会显示 emploeeims 和 jxgl 等之前创建的数据库，即验证安装成功，如图 7.3 所示。

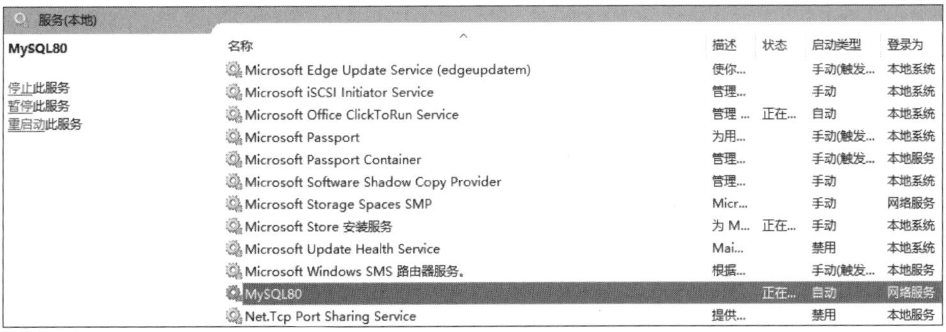

图 7.2　服务信息界面

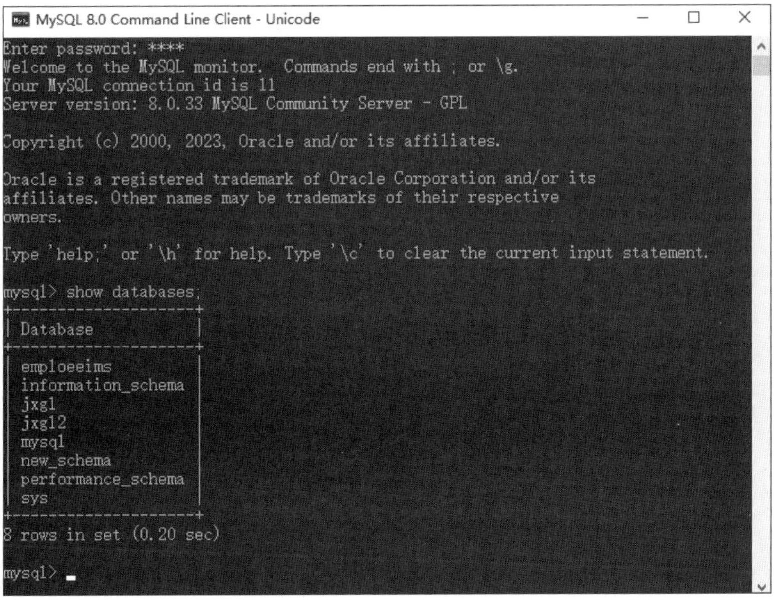

图 7.3　显示数据库界面

也可通过客户端工具验证。这里最开始安装了 MySQL Workbench 8.0,那么直接打开这个工具来连接,输入连接名(任意取一个连接名字),Hostname 默认为 127.0.0.1,端口号这里默认为 3306,然后输入用户名(root)与密码。单击 Test Connection 按钮测试连接,看到 Successfully made the MySQL connection 则表示提供的连接信息正常,然后单击 OK 按钮进行连接,如图 7.4 所示。

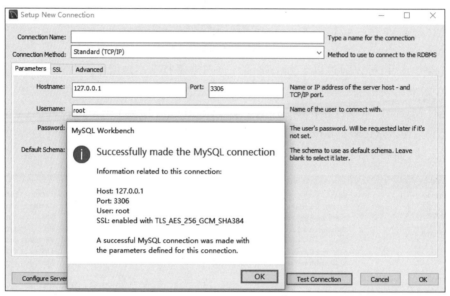

图 7.4　Workbench 连接界面

3. 安装 Linux 分发版

如果服务器运行在 Linux 系统上,Linux 通过 RPM 包格式(RPM 最初代表的是 Red Hat Package Manager)安装软件,建议使用 RPM 包而不是源码分发版。目前,仅有少量的 Linux 分发版支持 RPM,如 Red Hat Linux 企业版以及 SuSE Linux 企业版。对于其他的 Linux 分发版,MySQL RPM 建立在 Linux 的内核或已被安装在服务器的各种类型库上。每个版本的 MySQL 都有一些 RPM 文件以供下载。其中,两个重要的文件是服务器和客户机文件,它们的名称是 mysql-community-server-8.0.19-1.el8.x86_64.rpm 和 mysql-community-client-8.0.19-1.el8.x86_64.rpm,其中 8.0.19 是 MySQL 实际的版本号。除了这两个文件之外,还有包含客户机共享库的 RPM(mysql-community-libs-8.0.19-1.el8.x86_64.rpm),还有适用于特定客户机的库和 C API 的 RPM(mysql-community-devel-8.0.19-1.el8.x86_64.rpm)。将所需安装的 RPM 文件安装到服务器,在文件所在目录的命令行中输入以下命令:

```
$rpm -ivh mysql-community-server-8.0.19-1.el8.x86_64.rpm\
mysql-community-client-8.0.19-1.el8.x86_64.rpm
```

如果服务器上已安装了旧版本,将会收到一个出错的提示信息,安装也会被取消。如果想升级现有版本,将上述内容中的 i 替换为大写的字母 U 即可。安装完成后,

mysqld 程序将会启动或自动重启。

7.3.2　MySQL 的简单使用

MySQL 安装成功后会在"开始"菜单中生成类似如图 7.5 所示的程序组与程序项（包括 MySQL 8.0 Command Line Client、MySQL Installer-Community、MySQL Workbench 8.0 CE 等）。

在 Windows 下，MySQL 安装成功后会在磁盘上生成如图 7.6 所示的目录情况。

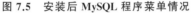

图 7.5　安装后 **MySQL** 程序菜单情况　　　图 7.6　安装后 **MySQL** 系统程序目录情况

1. 启动或停止 **MySQL** 服务器命令

启动或停止 MySQL 服务器有如下几种选择方式，在启动时任选一种即可。

1）在 Windows 服务中启动

在默认安装 MySQL 时，启动系统就会运行 MySQL。可以在 Windows 服务管理里把自动启动改为手动。启动和关闭 MySQL 都可以手动完成。

2）在命令提示符下用 net start 命令以 Windows 服务的方式启动

启动：net start MySQL；

关闭：net stop MySQL。

3）利用 MySQLAdmin（MySQL 早期管理工具）管理工具关闭服务器

关闭：MySQLAdmin -u root -p 密码 shutdown。

注意：MySQLAdmin -? 可获得更多命令参数与使用帮助。

4）利用 MySQLAdmin 管理工具重载权限、表等信息

重载：MySQLAdmin -u root -p 密码 reload。

5）利用 MySQLAdmin 管理工具修改 root 的密码

修改 root 密码：MySQLAdmin -u root -p password 新密码。

可以在-p 后面直接给出密码，将以明文显示密码。

注意：-p 后面直接加密码不能有空格，-u 后面的用户名可以加也可以不加空格。

2. 连接和退出 **MySQL** 服务器命令

1）使用客户机连接 MySQL 服务器

MySQL 客户机程序是命令行（command-line）程序，用来发送命令给 MySQL 服务

器。例如,发送 SQL 命令查询数据库或改变数据库中表的定义。

其格式如下:

```
mysql -h 主机地址 -u 用户名 -p 用户密码
```

注:mysql -? 可获得更多命令参数与使用帮助。

例 7.1　使用客户机连接到本机上的 MySQL 服务器。

解:打开 Windows 控制台程序(DOS 界面或命令窗口),选择"开始"→"运行"命令,在"运行"的对话框中输入 cmd,单击"确定"按钮进入控制台。

```
C:\>mysql -uroot -p123456
```

错误:"mysql"不是内部或外部命令,也不是可运行的程序或批处理文件。

解决方法:将 MySQL 的安装路径(本书的安装路径为 C:\Program Files\MySQL\MySQL Server 8.0\bin)加入操作系统的环境变量中。

添加方法:右击"我的电脑",选择"属性"→"高级"命令或选择"控制面板"→"系统和安全"→"系统"→"高级系统设置"→"系统属性",接着选择"环境变量"→"系统变量"命令,双击 Path 后将 mysql 的路径 C:\Program Files\MySQL\MySQL Server 8.0\bin 添加进去,单击"确定"按钮。添加完毕之后,打开 Windows 的控制台,再到控制台中输入上文语句并执行之。

```
C:\>mysql -uroot -p123456
Welcome to the MySQL monitor.  Commands end with ; or \g.
Your MySQL connection id is 12
Server version: 8.0.19 MySQL Community Server - GPL
Copyright (c) 2000, 2020, Oracle and/or its affiliates. All rights reserved.
Oracle is a registered trademark of Oracle Corporation and/or its
affiliates. Other names may be trademarks of their respective
owners.
Type 'help;' or '\h' for help. Type '\c' to clear the current input statement.
mysql>
```

成功进入 MySQL 客户机程序,可以在此输入各种命令将其发送给 MySQL 服务器。

例 7.2　使用客户机连接到远程主机上的 MySQL 服务器。假设远程主机的 IP 为 110.110.110.110,用户名为 root,密码为 abcd123。则输入以下命令:

```
mysql -h110.110.110.110 -uroot -pabcd123
```

注:u 和 root 间不用加空格。但是,这种方式并不安全,因为密码是以明文方式在网上传输的。另外,无论什么时候其他用户获取服务器上正在运行的进程列表都可以看到该密码。

可以不指定 -p 选项后的密码,命令如下,窗口提示输入密码(密码不在窗口回显)。

```
mysql -h110.110.110.110 -uroot -p
```

2) 退出 MySQL 服务器

其格式如下:

```
exit(回车)
```

3. mysql(输入行编辑器)

MySQL 具有内建的 GNU Readline 库,允许对输入行进行编辑。可以对当前输入的行进行处理,或调出以前输入的行并重新执行它们(原样执行或做进一步的修改后执行)。在输入一行并发现错误时,可以在按 Enter 键(回车键)前,在行内退格并进行修改。如果输入了一个有错的查询,那么可以调用该查询并对其进行编辑以解决问题,然后重新提交。

1) 使用 mysql 输入查询

本节描述输入命令的基本原则,使用几个查询,即可了解 mysql 是如何工作的。

例 7.3　查询服务器的版本号和当前系统日期。在 mysql>提示输入如下命令并按回车键:

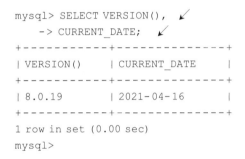

```
mysql> SELECT VERSION(),
    -> CURRENT_DATE;
+-----------+--------------+
| VERSION() | CURRENT_DATE |
+-----------+--------------+
| 8.0.19    | 2021-04-16   |
+-----------+--------------+
1 row in set (0.00 sec)
mysql>
```

该查询说明 MySQL 的如下几方面。

(1) 一个命令通常由 SQL 语句组成,随后跟着一个分号(有一些情况不需要分号,早先提到的 exit 是一个例子,后面将会看到其他例子)。

(2) 当发出一个命令时,MySQL 将它发送给服务器执行并显示返回的结果,然后显示另一个 mysql>表示它准备好接受其他命令。

(3) MySQL 用表格(行和列)方式显示查询输出。第一行包含列的标签,随后的行是查询(记录)结果。通常,列标签是取自数据库表的列的名字。如果检索一个表达式而非表列的值(如刚才的例子),MySQL 用表达式本身标记列。

(4) MySQL 显示返回了多少行,以及查询花了多长时间。

(5) 不必全在一个行内给出一个命令,较长命令可以输入多个行中。MySQL 通过寻找终止分号而不是输入行的结束来决定语句在哪结束(换句话说,MySQL 接受自由格式的输入,它收集输入行但直到看见分号才执行)。

(6) 本例中,在输入多行查询的第一行后,要注意提示符如何从 mysql>变为->。表 7.1 显示出可以看见的各个提示符并简述它们所表示的 mysql 的状态。

2) 从文本文件执行 SQL 语句

在上文,采用交互式的方法,在 mysql>处输入查询并且查看结果,也可以以批处理方式运行 mysql。为了以批处理方式运行,首先,把想要运行的命令放在一个文件中,然后告诉 mysql 从文件读取它。

表 7.1 MySQL 提示符

提示符	含　　义
mysql>	准备好接受新命令
->	等待多行命令的下一行
'>	等待下一行,等待以单引号("'")开始的字符串的结束
">	等待下一行,等待以双引号(""")开始的字符串的结束
`>	等待下一行,等待以反斜点("`")开始的识别符的结束
/*>	等待下一行,等待以/*开始的注释的结束

(1) 其格式如下。

```
C:\> mysql < batch-file
```

如果需要在命令行上指定连接参数,命令格式如下:

```
C:\> mysql -h 127.0.0.1 -u user -p < batch-file
Enter password: ********
```

如果正在运行 mysql(即 mysql>提示符时),可以使用 source 或\.命令执行 SQL 脚本文件:

```
mysql> source filename
```

例 7.4 有一个脚本文件(test.sql),其文件内容为

```
SHOW DATABASES;
CREATE DATABASE test;
USE test;
CREATE TABLE table_1(i int) ENGINE = MyISAM;
```

如何执行以上脚本文件?
解:

```
C:\> mysql -h localhost -u root -p <c:\test.sql
```

或

```
mysql> source c:\test.sql
```

(2) 使用批处理方式的优点如下。

① 如果重复地运行查询(如每天或每周),把它做成一个脚本以避免每次执行时都重新输入。

② 可以通过复制并编辑脚本文件从类似的、现有的查询生成一个新查询。正在开发查询时,批模式也是很有用的,特别是对多行命令或多行语句序列。

③ 可以散发脚本。

7.3.3 MySQL 图形工具

除了以上介绍的 MySQL 的简单使用方法外,为了能提高 MySQL 的开发效率,还有

多款 MySQL 的图形界面工具。

1）早期 MySQL 5.X GUI Tools Bundle(mysql-gui-tools-5.0-r17-win32.msi)

MySQL 官方工具(适合本地操作,管理员默认用户名为 root,密码是在配置 sql 时设置的,server host 是 localhost)。下载该软件的安装包,下载地址为 http://dev.mysql.com/downloads/gui-tools/。接下来,下载并安装 VS.NET 的 FRAMEWORK 第 3.5 版安装包,之后双击 MySQL GUI Tools 安装包进行安装。该安装包中有 3 个 GUI 客户程序供 MySQL 服务器使用。

(1) MySQL Administrator。MySQL Administrator 是一个强大的图形管理工具,可以方便地管理和监测 MySQL 数据库服务器,通过可视化界面更好地了解其运行状态。MySQL Administrator 将数据库管理和维护综合成一个无缝的环境,拥有清晰、直观的图形化用户界面。

(2) MySQL Query Browser。MySQL Query Browser 是方便图形化工具,支持创建、执行和优化 SQL 查询(MySQL 数据库服务器)。MySQL Query Browser 支持拖放构建、分析及管理查询。

(3) MySQL Migration Toolkit。MySQL Migration Toolkit 是一个功能强大的迁移工具台,可以帮助用户从私有数据库快速迁移至 MySQL。通过向导驱动接口,MySQL Migration Toolkit 会采用可行的迁移方法,引导用户通过必要的步骤来成功完成数据迁移计划。

2）phpMyAdmin(phpMyAdmin-3.2.3)

如果使用 PHP＋MySQL 这对黄金组合,那么 phpMyAdmin 比较适合(适合远程操作,服务器需 PHP 环境支持)。下载地址为 http://www.phpmyadmin.net。支持中文,管理数据库也非常方便,不足之处在于对大数据库的备份和恢复不方便。

3）MySQLDumper

MySQLDumper 使用 PHP 开发的 MySQL 数据库备份恢复程序,解决了使用 PHP 进行大数据库备份和恢复的问题,数百兆的数据库都可以方便地备份、恢复,不用担心网速太慢导致中断问题,非常方便、易用。这个软件是德国人开发的,还没有中文语言包。

4）Navicat

Navicat 是一个桌面版 MySQL 数据库管理和开发工具。和微软 SQL Server 的管理器很像,易学易用。Navicat 使用图形化的用户界面,可以让用户使用和管理更为轻松。支持中文,有免费版本提供。

5）SQL Maestro MySQL Tools Family

SQL Maestro Group 提供了完整的数据库管理、开发和管理工具,适用于所有主流 DBMS。通过 GUI 界面,可以执行查询和 SQL 脚本,管理用户以及他们的权限,导入、导出和数据备份。同时,还可以为所选定的表以及查询生成 PHP 脚本,并转移任何 ADO 兼容数据库到 MySQL 数据库。

6）MySQL Workbench 8.0 图形界面工具

该图形用户界面为 Oracle 公司推出的配套图形界面。MySQL Workbench(工作台)

取代了 MySQL GUI Tools Bundle,MySQL Workbench 提供了支持 DBAs 和 developers 共用的集成开发工具环境,具体包括如下几种。

(1) Database Design & Modeling。数据库设计与建模工具,允许用户图形化创建数据库模型;将数据模型正向转换为数据库和将数据库逆向转换为数据模型;使用表设计器可以简单、方便地编辑数据库的各个对象,如表、列、索引、触发器、分区、用户管理、权限和视图等。

(2) SQL Development。允许用户创建和管理数据库,可以在 SQL Editor 中编辑和执行 SQL 语句,取代 MySQL Query Browser。

(3) Server Administration。服务器管理器,取代 MySQL Administrator。允许用户创建和管理服务器实例。

MySQL Workbench 有两个版本:社区版和标准版。社区版免费,而标准版提供一些额外的企业管理功能,因此需要付费。下面简要介绍 MySQL Workbench 8.0 社区版。

1. 在 Windows 中安装 MySQL Workbench

进入 MySQL 的官方下载页面: https://dev.mysql.com/downloads/。选择 MySQL Workbench (GUI Tool),进入其下载页面: MySQL Workbench 8.0.23。选择操作系统平台(本书主要介绍 Windows 操作系统,平台为 Microsoft Windows)。该软件在 Windows 平台下版本有 32 位与 64 位之分。

这里下载 64 位自动安装包(mysql-workbench-community-8.0.19-winx64.msi),双击该软件包进行安装。在 setup type 步骤中,可以选择完全安装或典型安装。

MySQL Workbench 8.0 安装成功后会在"开始"菜单中生成其相应的程序组与程序项。选择 MySQL Workbench 8.0 CE 程序开始运行。

下节简要介绍 MySQL Workbench 的基本使用。如果以前使用过 MySQL Workbench,那么可以跳过此节的学习。MySQL Workbench 的使用方法需要在本机安装 MySQL 服务器。如果需要连接远程服务器,需要获得可信远程连接。

2. MySQL Workbench 的基本使用

当打开 MySQL Workbench 时,出现图 7.7 所示的启动界面。MySQL Workbench 的使用从添加 MySQL 连接(MySQL Connections)开始。可以单击 Rescan servers 来发现 MySQL 服务器并自动创建连接,或单击 MySQL Connections 右边的"+"号来手动设置连接,如图 7.8 所示。

成功设置连接后,MySQL Workbench 启动界面如图 7.9 所示,较图 7.7 多了 3 个 MySQL 连接点,代表可以管理这 3 个连接点的 MySQL 服务器。

单击 Workbench 已创建的某个连接后,会出现密码输入界面,如图 7.10 所示。正确输入密码后,出现图 7.11 所示连接所对应服务器实例(本地服务器和远程服务器)的管理界面。

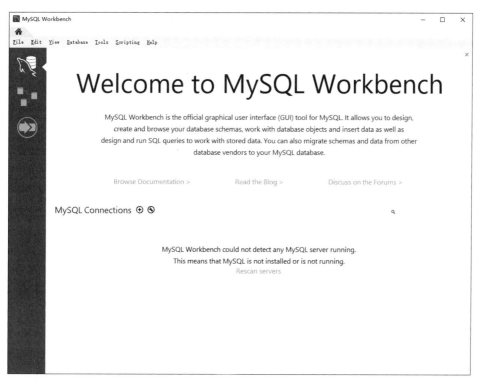

图 7.7 MySQL Workbench 启动界面

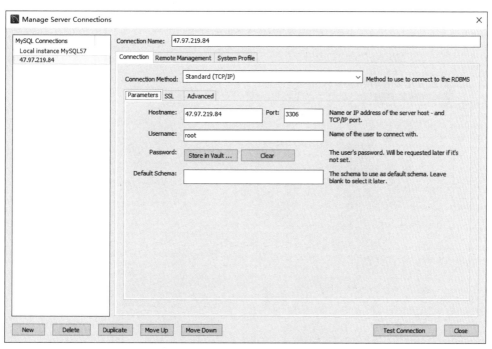

图 7.8 MySQL Connection 建立界面

图 7.9 MySQL Workbench 带连接的启动界面

图 7.10 MySQL 连接的密码输入界面

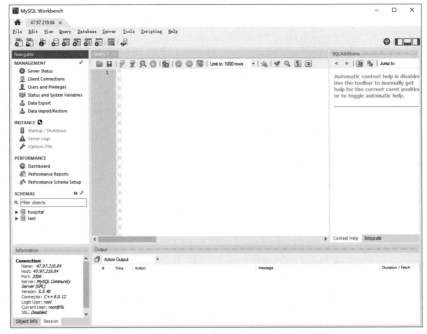

图 7.11 连接所对应服务器实例的管理界面

　　MySQL Workbench 管理界面的基本使用是比较便捷的。在图 7.11 中,界面第 2 行是功能管理页面框,这里有"主界面"(Home) 与"一个打开的连接"两个页面框,Workbench 管理界面可以同时有许多并列的不同管理功能的页面框;第 3 行是菜单操作行,包含几乎所有管理功能;第 4 行是常用功能工具按钮操作行,便于快捷操作;第 4 行以下是固定布局的管理功能子窗体部分,是实现管理操作的主要管理界面区。主要管理界面区的左边分上、下两部分,上部为 Navigator 导航器(含 MANAGEMENT 功能管理、INSTANCE 数据库引擎、PERFORMANCE 性能检测、SCHEMAS 数据库管理),下部为 Information 信息区(含 Object Info 对象信息、Session 会话等);右边是主要管理操作区,以页面框的方式呈现各种管理与操作界面,如 Query 查询页面(在此执行各种 SQL 命令)、服务器状态管理页面等。

　　MySQL Workbench 管理界面集成了多种便捷的管理操作方法。另外,在管理界面各对象上右击会出现快捷菜单。因此,使用 MySQL Workbench 管理界面对数据库操作管理是非常方便的,各管理功能的具体介绍略。

7.4　实 验 内 容

　　实验内容可扫描下方二维码获取。

第 8 章

chapter 8

MySQL 数据库基础操作

8.1 实 验 目 的

掌握数据库的基础知识,了解数据库的物理组织与逻辑组成情况,学习创建、修改、查看、缩小、更名、删除等数据库的基本操作方法。

8.2 背 景 知 识

数据库管理系统是操作和管理数据的系统软件,它一般提供两种操作与管理数据的手段:一种是相对简单易学的交互式界面操作方法;另一种是程序设计人员通过命令或代码(如 SQL)的方式来操作与管理数据的使用方法。

大中型数据库系统中数据的组织形式一般为,数据库是一个逻辑总体,由表、视图、存储过程、索引、用户等众多逻辑对象组成。数据库作为一个整体对应于磁盘上一个或多个磁盘文件。MySQL 也是如此。

MySQL 中创建数据库时如果选择不同的存储引擎,数据库的文件类型和格式不同。在 MySQL 8.0 的 Windows 分发版中,InnoDB 存储引擎作为 MySQL 的默认存储引擎,是为事务处理而设计的,特别是为处理多而生存周期比较短的事务而设计。一般来说,这些事务基本上都会正常结束,只有少数会回滚。InnoDB 是目前事务型存储引擎中使用最多的。除了它的高并发性之外,另一个著名的特性是外键约束,这一点 MySQL 服务器本身并不支持。InnoDB 提供了基于主键的极快速的查询。InnoDB 把表和索引存储在一个表空间中,表空间可以包含数个文件(或原始磁盘分区)。除了 InnoDB 存储引擎之外还有其他的存储引擎,如 MyISAM,Memory,Cluster/NDB 等。

本实验给出了创建和管理数据库的两种方法:交互式和命令式。

8.3 实 验 示 例

创建数据库是实施数据库应用的第一步,创建结构合理的数据库需要合理规划和设计,需要理解数据库物理存储结构与逻辑结构。从本实验开始正式介绍 MySQL 数据库

的各方面。在 MySQL 中,database 和 schema 是一个概念,本节介绍示例数据库(jxgl)
的相关操作,包括查看、建立和删除等。

8.3.1　MySQL Workbench 交互式创建数据库

在 MySQL Workbench 中交互式创建自己的数据库,可以采用的方法如下。

(1) MySQL Workbench 中打开对某 MySQL 服务器的连接后,在数据库管理界面
左侧 Navigator 管理区域的 Schemas 管理页面上右击,弹出快捷菜单,选择 Create
Schema…命令,如图 8.1 所示。

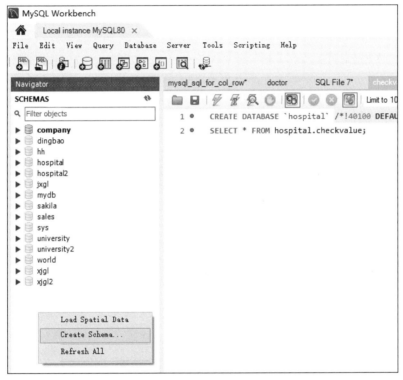

图 8.1　弹出快捷菜单

(2) 在界面右边弹出的 new schema 页面对话框里,填写数据库名(Schema 名称)及
选择数据库使用的字符集与数据集等,再单击 Apply 按钮提交,如图 8.2 所示。

说明:也可以直接按工具条上第 4 个工具按钮 来呈现 new schema 页面对话框。

(3) 提交后出现查看 SQL 脚本对话框,确认后再次单击 Apply 按钮提交,如图 8.3
所示。在出现的提交 SQL 脚本对话框,单击 Finish 按钮完成创建,如图 8.4 所示。

(4) 完成数据库创建后,新数据库出现在左侧 Navigator 管理区域的 Schemas 管理
页面上,如图 8.5 所示。

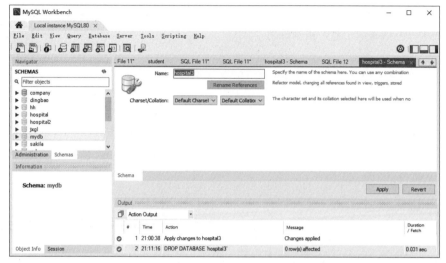

图 8.2　填写数据库名（Schema 名称）

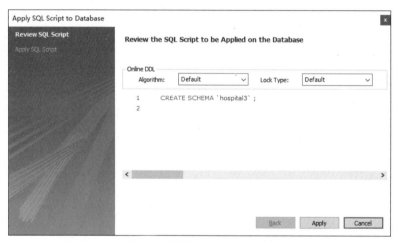

图 8.3　查看 SQL 脚本对话框

图 8.4　提交 SQL 脚本对话框

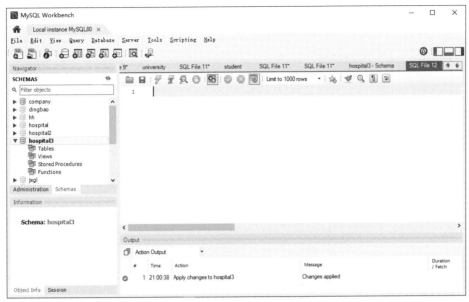

图 8.5　完成新建数据库后的情况

8.3.2　SQL 语句创建数据库

句法：CREATE DATABASE|Schema db_name。

功能：CREATE DATABASE|Schema db_name 用给定的名字(db_name)创建一个数据库。

注：*如果数据库已经存在，会报错。*

在 MySQL 中创建数据库，会在 MySQL 数据库目录里创建包含对应数据库中表的文件的数据库同名的子目录，MySQL 数据库默认目录地址为 C：\Documents and Settings\All Users\Application Data\MySQL\MySQL Server 5.5 \data\或 C:\Program Data\MySQL\MySQL Server 8.0\Data(在不同操作系统安装不同 MySQL 版本，目录地址会不同)。如果数据库在初始创建时没有任何表，CREATE DATABASE 语句只是在 MySQL 数据库目录下面创建一个目录。

例 8.1　创建 jxgl 数据库。

解：`mysql> CREATE DATABASE jxgl;`

然后利用 SHOW DATABASES 观察效果。

8.3.3　SHOW 显示已有的数据库

句法：SHOW DATABASES [LIKE wild]。

如果使用 LIKE wild 部分，wild 字符串可以是一个使用 SQL 的"％"和"_"通配符的字符串。

功能：SHOW DATABASES 列出在 MySQL 服务器主机上的数据库。

例 **8.2**　查看某服务器上 MySQL 数据库。

解：

```
mysql>SHOW DATABASES;
+----------+
| Database    |
+----------+
| jxgl        |
| mysql       |
| mytest      |
| test        |
| test1       |
+----------+
```

或

```
mysql>SHOW DATABASES like 'my%';
+---------------+
| Database (my%)   |
+---------------+
| mysql            |
| mytest           |
+---------------+
```

或用 mysqlshow 程序也可以得到已有数据库列表。

```
C:\>mysqlshow -h localhost -u root -p
```

注：C:\> mysqlshow -? 可获得更多命令参数与使用帮助。

8.3.4　USE 选用数据库

句法：USE db_name。

功能：USE db_name 语句告诉 MySQL 使用 db_name 数据库作为随后查询的缺省数据库。数据库保持到会话结束，或发出另外一个 USE 语句。

例 **8.3**　进入 jxgl 数据库。

解：

```
mysql> USE jxgl;
```

8.3.5　删除数据库

1. 使用 SQL 语句删除数据库

句法：DROP DATABASE [IF EXISTS] db_name。

功能：DROP DATABASE 表示删除数据库中的所有表和数据库。要小心使用这个命令。

DROP DATABASE 返回从数据库目录被删除的文件的数目。

2. 用 mysqladmin 创建和删除

在命令行环境下可以使用 mysqladmin 创建和删除数据库。

创建数据库：C:\> mysqladmin CREATE db_name。

删除数据库：C:\> mysqladmin DROP db_name。

例 8.4　在命令行环境中，创建和删除数据库 jxgl。

解：创建数据库：

```
C:\> mysqladmin -h localhost -u root -p CREATE jxgl
```

删除数据库：

```
C:\> mysqladmin -h localhost -u root -p DROP jxgl
```

3. 直接在数据库目录中创建或删除

数据库目录是 MySQL 数据库服务器存放数据文件的地方，不仅包括有关表的文件，还包括数据文件和 MySQL 的服务器选项文件。

例 8.5　进入 mysql 之后，使用 SHOW VARIABLES 显示 my.ini 中相关路径信息：

解：

```
mysql> show variables like '%dir';
+----------------------+----------------------------------+
| Variable_name        | Value                            |
+----------------------+----------------------------------+
| basedir              | D:\Program Files\MySQL\MySQL Server 8.0\ |
| datadir              | C:\Documents and Settings\All Users\
Application Data\MySQL\MySQL Server 8.0\Data\          |
| tmpdir               | C:\WINDOWS\TEMP                  |
| ……                  | ……                              |
+----------------------+----------------------------------+
10 rows in set (0.00 sec)
```

由例 8.5 可知，basedir 为 MySQL 的安装路径；datadir 为数据库存放位置；tmpdir 为临时存放位置。在 datadir 目录下面创建一个文件夹，即可创建一个数据库，同样目录删除即是删除数据库。

8.4　实　验　内　容

1. 使用 MySQL Workbench，按实验示例所述方法创建 jxgl 数据库。

2. 使用 SQL 语句创建订报数据库（DingBao），能指定数据库的缺省字符集为 gbk。

3. 使用各种命令对所创建的数据库进行管理，在磁盘上能找到自己创建的数据库所对应的文件目录及表等对象文件。

第 9 章

表、索引与视图的基础操作

9.1 实 验 目 的

(1) 掌握数据库表与视图的基础知识。

(2) 掌握创建、修改、使用和删除表的不同方法。

(3) 掌握索引的使用方法。

(4) 掌握创建、修改、使用和删除视图的不同方法。

9.2 背 景 知 识

在关系数据库中,每个关系都对应为一张表,表是数据库中最主要的对象,是信息世界实体或实体间联系的数据表示,是用来存储与操作数据的逻辑结构。使用数据库时,绝大多数时间都在与表打交道,因此,掌握 MySQL 中表的相关知识与相关操作是非常重要的。

1. 表的基础知识

表是包含所有形式数据的对象。表的定义是定义列的集合,数据在表中的组织方式与在电子表格中相似,都是按行和列的格式进行组织的。每一行代表一个唯一的记录,每一列代表记录中的一个字段。

用户通过交互的方式或使用数据操作语言(DML) T-SQL 语句(查询 SELECT 命令、更新 INSERT、UPDATE、DELETE 命令)来使用表中的数据。

2. 对关系的定义和内容维护

关系数据库中,关系模式是型,关系是值。关系模式是对关系的描述,一个关系模式应当是一个五元组,它可以形式化表示为 $R(U,D,dom,F)$。为此,创建关系表需要指定:关系名(R),关系的所有属性(U),各属性的数据类型和长度(D 和 dom),属性与属性之间或关系表的完整性约束规则(F)。表的完整性约束可以通过约束,默认值和 DML 触发器来保证。

关系是关系模式在某一时刻的状态或内容。所谓关系表的维护就是随着时间的推移不断地添加、修改或删除表记录内容来动态跟踪数据变化,以反映现实世界某类事物的变化状况。

3. 表的设计

设计数据库时应该先确定需要多少表,每个表中的字段是什么以及各个表的存取权限等。

(1) 确定表中每个字段的数据类型,可以限制添加数据的变化范围。

(2) 确定表中每个字段是否允许为空值,空值(NULL)并不等于零、空白或零长度字符串,而是意味着没有输入,值不确定。

(3) 确定是否要使用以及何时使用约束、默认值和触发器? 确定哪些列是主键? 哪些是外键?

(4) 需要的索引类型以及需要建立哪些索引。

(5) 设计的数据库一般应该符合第三范式的要求。

4. 视图

在关系数据库系统中,视图为用户提供了多种看待数据库数据的方法和途径,是关系数据库系统中的一种重要对象。视图是从一个或多个基本表(或视图)中导出的表,它与基本表不同,是个虚表。通过视图可以操作数据,基本表的数据变化也可以在视图中体现出来。视图一经定义,其使用方式与基本表的使用方式基本相同。

5. 索引

索引是与视图或表相关联的文件组织结构,通过索引可以加快从表或视图中检索行的速度。索引包含由表或视图中的一列或多列生成的键,这些键储存在一个结构(B+树)中,使 MySQL 可以快速、有效地查找与键值相关联的行。索引可以简单理解为是键值与键值相关联行的存取地址的一张表。

表或视图的索引可以粗分为以下两类:聚集索引和非聚集索引。在聚集索引中,表中的各行的物理顺序与键值的逻辑(索引)顺序相同,表只能包含一个聚集索引。非聚集索引的表中各行的物理顺序与键值的逻辑顺序不匹配。聚集索引比非聚集索引有更快的数据访问速度。

可以利用索引快速定位表中的特定信息,相对于顺序查找来说,利用索引查找能更快地获取信息。通常情况下,只有当经常查询索引列中的数据时,才需要在表上查询列创建索引。索引将占用磁盘空间,并且降低添加、删除和修改行的速度。不过在多数情况下,索引带来的数据检索速度的优势大大超过它的不足之处。

9.3 实验示例

本书实验主要使用的示例数据库为包括如下 3 个表的信息。

① 学生表 student,由学号(sno)、姓名(sname)、性别(ssex)、年龄(sage)、所在系别

(sdept)5 个属性组成,记为 student(sno,sname,ssex,sage,sdept),其中主码为 sno。

② 课程表 course,由课程号(cno)、课程名(cname)、先修课号(cpno)、学分(ct)4 个属性组成,记为 course(cno,cname,cpno,ct),其中主码为 cno。

③ 学生选课 sc,由学号(sno)、课程号(cno)、成绩(grade)3 个属性组成,记为 sc(sno,cno,grade),其中主码为(sno,cno),Sno 为外码参照 student 表中的 sno,Cno 为外码参照 course 表中的 cno。

表内容如表9.1～表9.3所示。

表 9.1　student 表

Sno	Sname	Ssex	Sage	Sdept
2005001	钱横	男	18	CS
2005002	王林	女	19	CS
2005003	李民	男	20	IS
2005004	赵欣然	女	16	MA

表 9.2　course 表

Cno	Cname	Cpno	Ct
1	数据库系统	5	4
2	数学分析	NULL	2
3	信息系统导论	1	3
4	操作系统原理	6	3
5	数据结构	7	4
6	数据处理基础	NULL	4
7	C 语言	6	3

表 9.3　sc 表

Sno	Cno	Grade
2005001	1	87
2005001	2	67
2005001	3	90
2005002	2	95
2005003	3	88

创建数据库之后,就可以在该数据库中创建表、索引和视图了。

与 SQL Server 不同,在 MySQL 中,数据表的存储引擎(也称为表类型)是插入式的,在建表时可以选择不同的存储引擎。MySQL 总是创建一个.frm 文件保存表和列定义,根据存储引擎确定索引和数据是否在其他文件中存储。如果追求最小的使用空间和最高的效率,选择存储引擎为 MyISAM,这种表只能创建主键约束。如果想提高安全性或追求多人并行操作,选择存储引擎为 InnoDB,这种表可以创建主、外键约束。在 MySQL 5.5 之前,默认的存储引擎为 MyISAM,而 5.5 版本及之后,默认的存储引擎为 InnoDB。在本书中,表的存储引擎选择为 InnoDB。

在 MySQL 中每一个数据库都会在定义好(或者默认)的数据目录下存在一个以数据库名字命名的文件夹,用来存放该数据库中各种表数据文件。

不同的 MySQL 存储引擎有各自不同的数据文件,存放位置也有区别。

多数存储引擎的数据文件都存放在和 MyISAM 数据文件位置相同的目录下,但是每个数据文件的扩展名却各不一样,如 MyISAM 存储引擎的扩展名为 MYD,Innodb 存储引擎的扩展名为 ibd,Archive 存储引擎的扩展名为 arc,CSV 存储引擎的扩展名为 csv 等。MySQL 常用文件类型如下。

1. frm 文件

与表相关的元数据(meta)信息都存放在 frm 文件中,包括表结构的定义信息等。不论是什么存储引擎,每一个表都会有一个以表名命名的 frm 文件。所有的 frm 文件都存放在所属数据库的文件夹下面。

2. MYD 文件

MYD 文件由 MyISAM 存储引擎专用,存放 MyISAM 表的数据。每一个 MyISAM 表都会有一个 MYD 文件与之对应,同样存放于所属数据库的文件夹下,和 frm 文件在一起。

3. MYI 文件

MYI 文件也是专属于 MyISAM 存储引擎的,主要存放 MyISAM 表的索引相关信息。对于 MyISAM 存储来说,可以被 cache 的内容主要就是来源于 MYI 文件。每一个 MyISAM 表对应一个 MYI 文件,存放位置和 frm 以及 MYD 一样。

4. ibd 文件和 ibdata 文件

这两种文件都是存放 Innodb 数据和索引的文件,之所以有两种文件来存放 Innodb 的数据(包括索引),是因为 Innodb 的数据存储方式能够通过配置来决定是使用共享表空间存放存储数据(系统共享表空间文件: ibdata1、ibdata2 等),还是独享表空间存放存储数据(表名.ibd)。

5. log 文件

log 文件为日志文件,或系统日志文件,如 ib_logfile1、ib_logfile2 等。

9.3.1　MySQL Workbench 创建表

本实验内容为在上文创建的 jxgl 数据库中,创建 student、course 和 sc 三个表。

在 MySQL Workbench 中创建表,可以采用 3 种方法。前两种用交互式界面创建,第三种为用 CREATE TABLE 命令创建。

1. 从其他表模板复制表结构来创建表

表模板复制后,再用交互方式编辑修改成自己的表结构。如图 9.1 所示,先启动表模板复制表结构,这里选择了与 student 表相似的 s 表模板来复制创建。

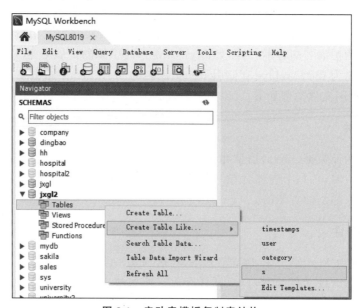

图 9.1　启动表模板复制表结构

选择 s 表模板后,接着出现如图 9.2 所示的表结构交互式修改界面,在这个界面,可以修改表名、字段名、字段类型等来完成新表结构的设计。

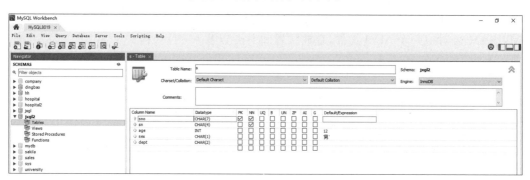

图 9.2　复制表结构后的修改界面

修改表名和字段名等项目后新的 student 表结构情况,如图 9.3 所示。

确认修改好后,单击 Apply 按钮来提交修改。如图 9.4 所示,显示要创建表的 CREATE TABLE 命令,再次单击 Apply 按钮提交后,完成 student 表结构的创建。

2. 交互方式设计与创建表结构

交互方式设计与创建表结构,由如图 9.5 所示来启动。

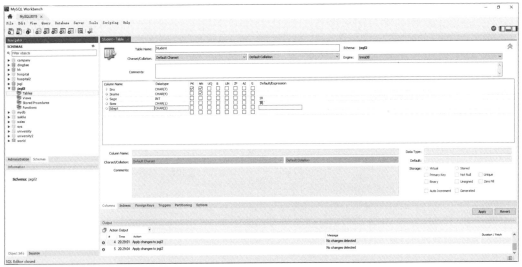

图 9.3 修改后新的 student 表结构情况

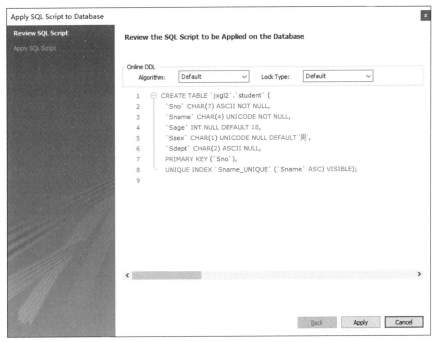

图 9.4 student 表结构创建确认窗口

选择 Create Table …命令后,窗口右部出现如图 9.6 所示的表结构交互式设计界面,在这个界面,可以修改表名、字段名、字段类型等,来完成新表结构的设计。

说明:也可以直接单击工具条上第 5 个按钮![按钮图标]来完成操作。

在如图 9.6 所示表结构交互式设计界面上可进行如下操作。

(1) 在 Table Name 文本框里填写表名;Schema:jxgl2 表示新建表所属架构或数据库为 jxgl2;Charset/Collation 表示表中数据所采用的字符集和排序规则的选择;Engine

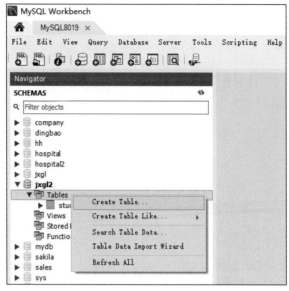

图 9.5　Create Table …启动交互方式表结构设计

图 9.6　表结构交互式设计界面

可选择存储引擎;Comments 文本框里填写关于表的说明信息。

(2) 在 Columns 选项卡中,设置表中的属性列,包括列名(Column Name),数据类型(Datatype)和是否为主键约束(PK)、非空值(NN)、唯一值(UQ)、二进制列(B)、无符号类型(UN)、数值取 0 值(ZF)、自动种子增加(AI)、生成列(G)、缺省值(Default/Expression)等。如图 9.7 所示,定义框内各行属性列时,框下显示当前正选中或正设置的属性列的相关属性设置情况或还可进一步设置的属性(例如,Charset/Collation 属性列里数据的字符集和排序规则的选择，Comments 对属性列的说明等）。

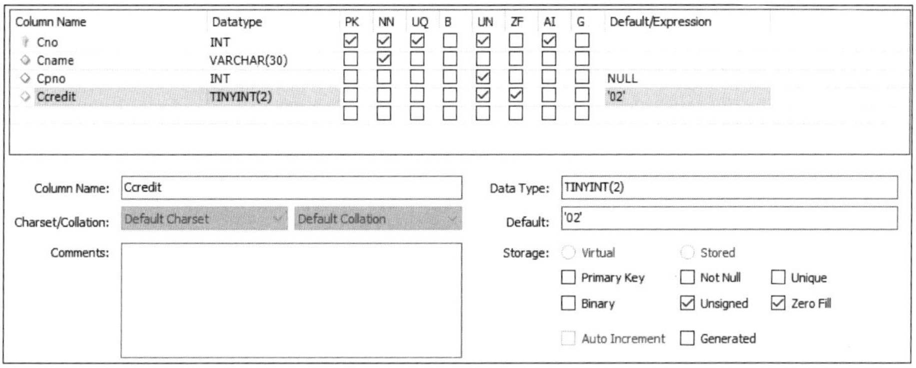

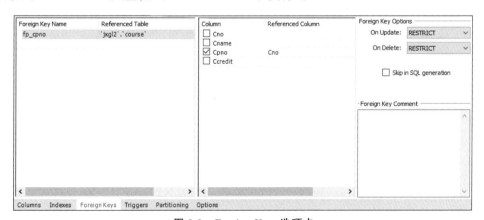

图 9.7　Columns 选项卡

（3）在 Indexes 选项卡中，设置索引，如图 9.8 所示。

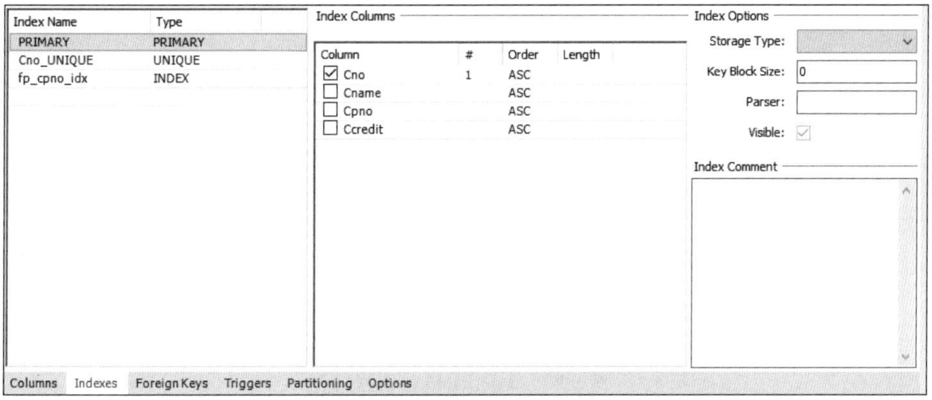

图 9.8　Indexes 选项卡

（4）在 Foreign Keys 选项卡中，设置外键约束，在 Foreign Key Options 下面设置修改或删除事件违背约束规则时采用的动作（见图 9.9）：RESTRICT（受限）、CASCADE（级联）、SET NULL（赋空值）、NO ACTION（不执行）。

图 9.9　Foreign Keys 选项卡

（5）在 Triggers 选项卡中，定义触发器，如图 9.10 所示。

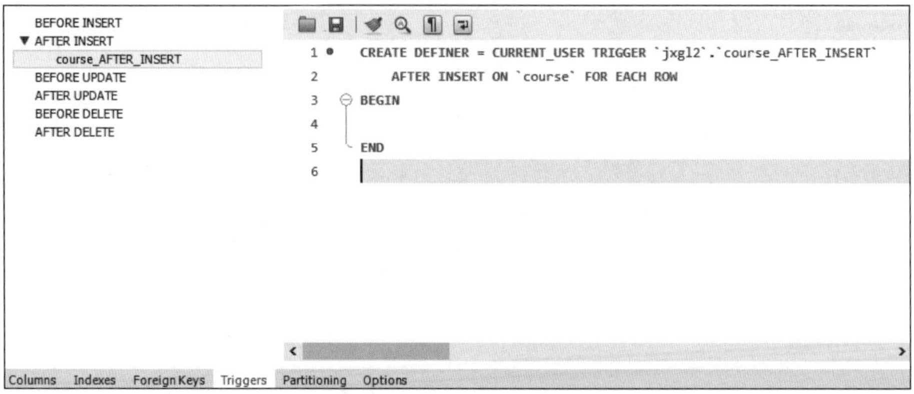

图 9.10　Triggers 选项卡

（6）在 Partitioning 选项卡中，定义数据表分区，如图 9.11 所示。

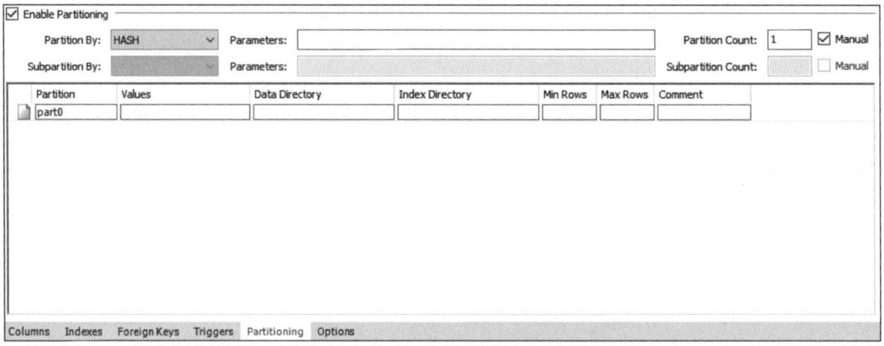

图 9.11　Partitioning 选项卡

（7）在 Options 选项卡中，定义数据表存储的一般规则，如图 9.12 所示。

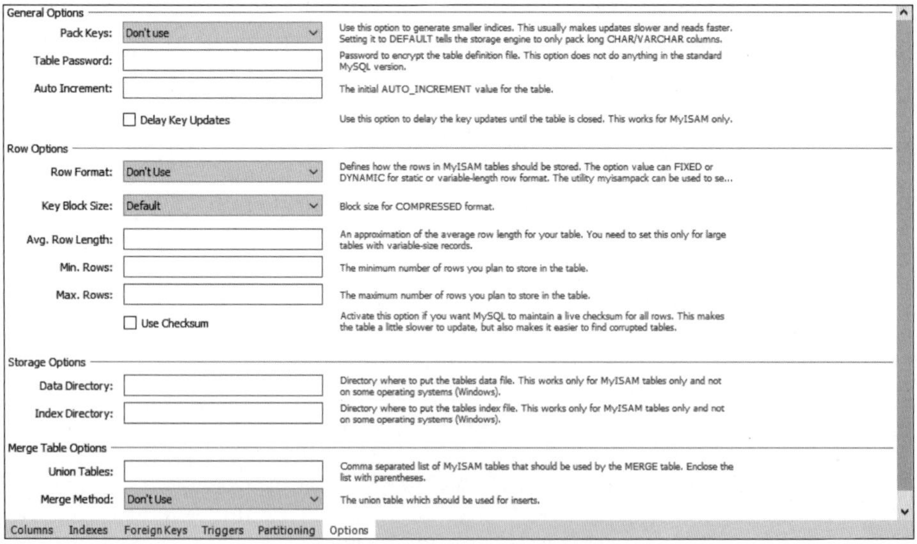

图 9.12　Options 选项卡

　　这里,用本方法来创建 course 表,填写表名、各字段名及其数据类型、表级或列级完整性等,如图 9.13 所示。

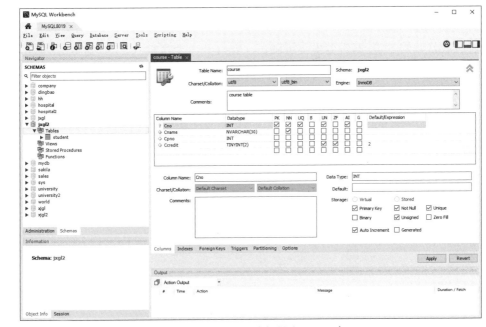

图 9.13　交互式设计与创建 course 表

　　创建完成后,单击 Apply 按钮来提交。如图 9.14 所示,显示要创建表的 CREATE TABLE 命令,再次单击 Apply 按钮提交后,完成 course 表结构的创建。

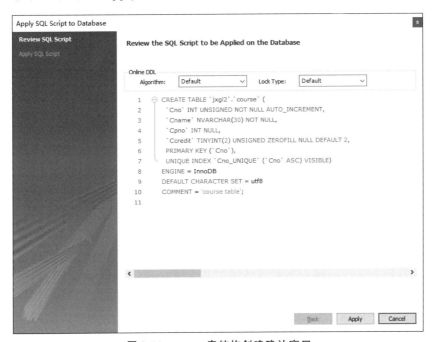

图 9.14　course 表结构创建确认窗口

3. 使用 SQL 编辑器编辑 SQL 语句来创建数据表

具体的步骤如下。

1) 打开 SQL 编辑器

若已有打开的 SQL 编辑器本步可跳过。要打开一个可输入 SQL 命令的 SQL 编辑器选项卡式子窗口,方法比较多,至少有如下几种方法。

(1) 直接单击工具条上第一个按钮![SQL按钮],如图 9.15 所示。

图 9.15　打开后的 SQL 编辑器选项卡式子窗口

(2) 选择 File→New Query Tab 命令,或者直接按 Ctrl+T 键。

(3) 在某数据库的某表上右击,在弹出的快捷菜单中选择 Select Rows - Limit 2000 命令来查询该表,在打开的 SQL 编辑器选项卡式子窗口里即可输入 CREATE TABLE 新表的创建 SQL 命令,如图 9.16 所示。

2) 在 SQL 编辑器里输入新表的创建 SQL 命令

如图 9.17 所示,输入 CREATE TABLE SC 命令。

3) 执行新表的创建命令

执行 SQL 编辑器里的 SQL 命令,一般可以有如下两种方法。

(1) 工具按钮方式。SQL 编辑器选项卡式子窗口里,第一行是 SQL 编辑器工具按钮条。按![按钮]按钮执行 SQL 编辑器选项卡式子窗口里已选中的 SQL 命令或执行全部 SQL 命令;按![按钮]按钮执行光标所在的 SQL 命令或已选中的 SQL 命令。

(2) 菜单或组合键方式。如图 9.18 所示,执行 SQL 编辑器选项卡式子窗口里的

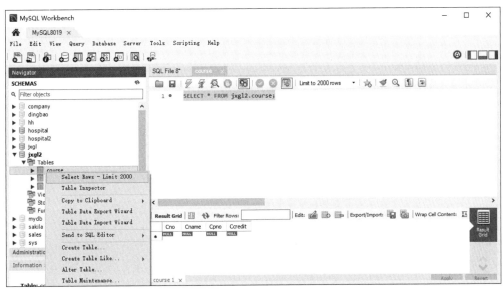

图 9.16　打开某表的 SELECT 查询 SQL 编辑器选项卡式子窗口

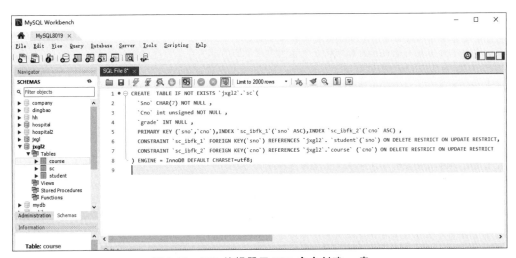

图 9.17　SQL 编辑器里 SQL 命令创建 sc 表

SQL 命令,可以选用 Query 菜单里的前 4 个命令。

具体介绍如下。

- 选择 Execute(All or Selection)命令或同时按 Ctrl＋Shift＋Enter 键,来执行全部或选中的 SQL 命令。

- 选择 Execute (All or Selection) to Text 命令,来执行全部或选中的 SQL 命令,结果以文本方式显示。

- 选择 Execute Current Statement 命令或同时按 Ctrl＋Enter 键,来执行键盘光标所在的当前 SQL 命令。

- 选择 Execute Current Statement(Vertical Text Output)命令或同时按 Ctrl＋Alt＋

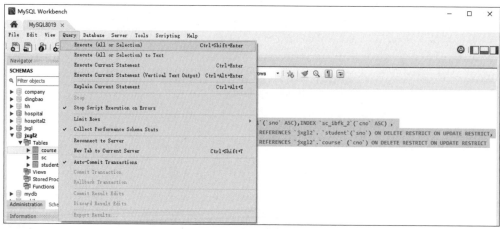

图 9.18 Query 菜单方式执行 SQL 命令

Enter 键,来执行键盘光标所在的当前 SQL 命令,结果以竖的文本方式显示。
这里,创建 course、student、sc 表的 SQL 命令如下。

```
CREATE TABLE `course` (
  `Cno` int unsigned NOT NULL AUTO_INCREMENT,
  `Cname` varchar(30) CHARACTER SET utf8 COLLATE utf8_general_ci NOT NULL,
  `Cpno` int unsigned DEFAULT NULL,
  `Ct` tinyint(2) unsigned zerofill DEFAULT '02',
  PRIMARY KEY (`Cno`),
  UNIQUE KEY `Cno_UNIQUE` (`Cno`),
  KEY `fp_cpno_idx` (`Cpno`),
  CONSTRAINT `fp_cpno` FOREIGN KEY (`Cpno`) REFERENCES `course` (`Cno`) ON
DELETE RESTRICT ON UPDATE RESTRICT
) ENGINE=InnoDB DEFAULT CHARSET=utf8 COMMENT='course table';
CREATE TABLE `student` (
  `Sno` char(7) CHARACTER SET utf8 COLLATE utf8_general_ci NOT NULL,
  `Sname` char(4) CHARACTER SET utf8 COLLATE utf8_general_ci NOT NULL,
  `Ssex` char(1) CHARACTER SET utf8 COLLATE utf8_general_ci DEFAULT '男',
  `Sage` int DEFAULT '18',
  `Sdept` char(2) CHARACTER SET latin1 COLLATE latin1_swedish_ci DEFAULT NULL,
  PRIMARY KEY (`Sno`),
  UNIQUE KEY `Sname_UNIQUE` (`Sname`)
) ENGINE=InnoDB DEFAULT CHARSET=utf8;
CREATE  TABLE IF NOT EXISTS `jxgl2`.`sc`(
  `Sno` CHAR(7) NOT NULL ,
  `Cno` int unsigned NOT NULL ,
  `grade` INT NULL ,
  PRIMARY KEY (`sno`,`cno`),INDEX `sc_ibfk_1`(`sno` ASC),INDEX `sc_ibfk_2`
(`cno` ASC) , CONSTRAINT `sc_ibfk_1` FOREIGN KEY(`sno`) REFERENCES `jxgl2`.
`student`(`sno`) ON DELETE RESTRICT ON UPDATE RESTRICT,
  CONSTRAINT `sc_ibfk_2` FOREIGN KEY(`cno`) REFERENCES `jxgl2`.`course` (`cno`) ON
DELETE RESTRICT ON UPDATE RESTRICT
) ENGINE = InnoDB DEFAULT CHARSET=utf8;
```

9.3.2　MySQL Workbench 修改表

在 MySQL Workbench 中修改表，可以采用如下两种方法。

1. 启动 Alter Table...交互界面

在某数据库的某表上右击，在弹出的快捷菜单上选择 Alter Table...命令来启动 Alter Table...交互式修改界面，如图 9.19 所示。在鼠标光标移动到某表上时，在表右边会出现瞬时的工具条（含 3 个工具按钮），单击第 2 个工具按钮，即可启动 Alter Table...交互式修改界面，如图 9.20 所示。

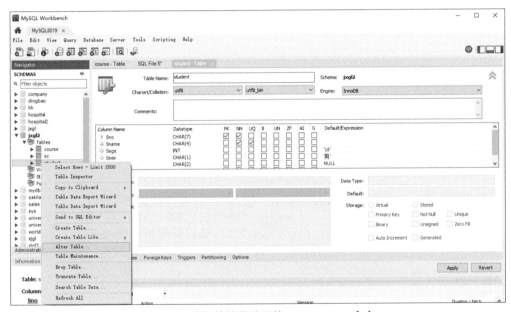

图 9.19　选择快捷菜单里的 Alter Table...命令

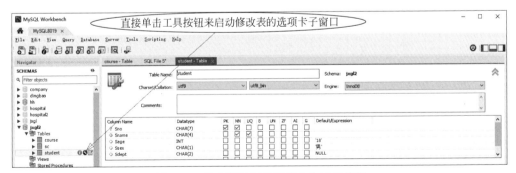

图 9.20　单击瞬时工具条第 2 个工具按钮

出现如图 9.21 所示界面后，可以对表属性等做相应修改操作，最后，单击 Apply 按钮来提交修改或单击 Revert 按钮取消全部已做的修改。

图 9.21　student-table 选项卡式子窗口交互式修改界面 1

2. 使用 SQL 编辑器编辑 Alter Table SQL 语句来修改数据表

启动 SQL 编辑器,输入 Alter Table SQL 命令,然后单击相应按钮来执行修改,过程与方法同 9.1 节创建表,如图 9.22 所示。

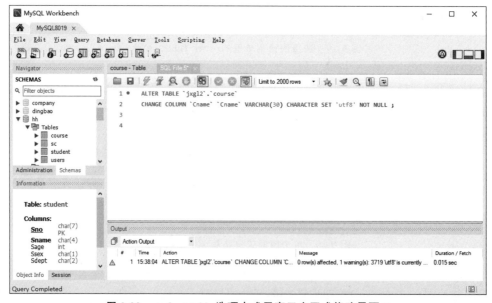

图 9.22　student-table 选项卡式子窗口交互式修改界面 2

说明：ALTER TABLE `jxgl2`.`course` CHANGE COLUMN `Cname` `Cname` VARCHAR(32) CHARACTER SET 'utf8' NOT NULL；意思为修改 Cname 字符串长度为 32(原为 30)。

9.3.3　SHOW/DESCRIBE 语句显示信息

句法：

```
SHOW TABLES [FROM db_name] [LIKE wild]
or SHOW COLUMNS FROM tbl_name [FROM db_name] [LIKE wild]
or SHOW INDEX FROM tbl_name [FROM db_name]
or SHOW TABLE STATUS [FROM db_name] [LIKE wild]
```

说明：

- SHOW TABLES 列出在一个给定的数据库中的表。也可以用 mysqlshow db_name 命令得到这些表。注意,如果一个用户没有一个表的任何权限,表将不在 SHOW TABLES 或 mysqlshow db_name 的输出中显示。
- SHOW COLUMNS 列出在一个给定表中的列,也可以用 mysqlshow db_name tbl_name 或 mysqlshow -k db_name tbl_name 列出一张表的列。
- SHOW TABLE STATUS 运行类似 SHOW STATUS,但是提供每个表的更多信息。也可以使用 mysqlshow --status db_name 命令得到这张表的信息。

SHOW INDEX 以非常相似于 ODBC 的 SQLStatistics 调用的格式返回索引信息。

例 9.1　列出 jxgl 数据库中所有表。

解：

```
mysql> use jxgl;
Database changed
mysql> show tables;
+------------------+
| Tables_in_jxgl   |
+------------------+
| course           |
| student          |
| sc               |
| ......            |
+------------------+
7 rows in set (0.02 sec)
```

或

```
C:\>mysqlshow -h localhost -u root -p jxgl
```

例 9.2　列出 jxgl 数据库中表 student 的列。

解：

```
mysql> use jxgl;
Database changed
```

```
mysql> show columns from student;
```

或

```
mysql> show columns from jxgl.student;
```

或

```
C:\>mysqlshow -h localhost -u root -p jxgl student
```

例 9.3 列出 jxgl 数据库中表的详细信息。

解：

```
mysql> use jxgl;
Database changed
mysql> show table status;
```

或

```
C:\>mysqlshow --status -h localhost -u root -p jxgl
```

例 9.4 列出 jxgl 数据库中表 sc 的索引。

解：

```
mysql> use jxgl;
Database changed
mysql> show index from sc;
```

或

```
mysql> show index from jxgl.sc;
```

9.3.4 MySQL Workbench 删除表

在 MySQL Workbench 中删除表，可以采用如下两种方法。

1. 启动 Drop Table...交互操作

在某数据库的某表上右击，在弹出的快捷菜单上选择 Drop Table...命令，来启动 Drop Table...交互式操作进程，如图 9.23 所示。

出现如图 9.24 所示确认对话框，选择→Drop Now 后立即执行 Drop Table 删除命令；选择→Review SQL 则出现如图 9.25 所示的删除命令浏览窗口，再单击 Execute 按钮执行 Drop Table 删除命令或单击 Cancel 按钮取消执行；在图 9.24 所示对话框，单击"取消"按钮则不执行删除操作。

2. 使用 SQL 编辑器编辑 SQL 语句删除数据表

在 SQL 编辑器输入删除表的 SQL 语句，如删除 sc 表的 SQL 语句："DROP TABLE sc;"或"DROP TABLE `sc`;"或"DROP TABLE jxgl2. sc;"或"DROP TABLE `jxgl2`. `sc`;"。

然后单击相应按钮来执行删除，过程与方法同前面创建表的操作过程，这里略。

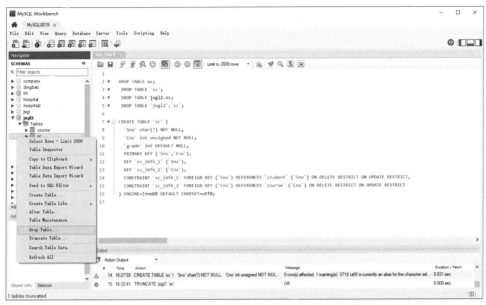

图 9.23　选择快捷菜单里的 Drop Table...命令

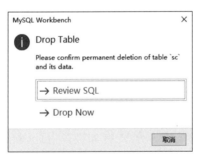

图 9.24　确认对话框

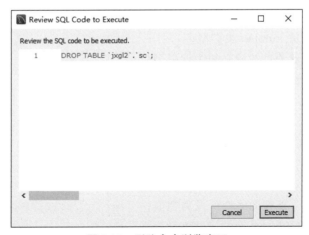

图 9.25　删除命令浏览窗口

9.3.5　SQL 语句管理表

1. 使用 SQL 语句创建表

其语法如下。

```
CREATE TABLE <table name>
(   <attribute name 1> <data type> [<(not) null>][<default value>],
    <attribute name 2> <data type> [<(not) null>][<default value>],
    ……
    <attribute name n> <data type> [<(not) null>][<default value>],
    PRIMARY KEY(<attribute name>),
    UNIQUE(<attribute name>),
    FOREIGN KEY(<attribute name>) REFERENCES <table name(attribute name)>,
    FOREIGN KEY(<attribute name>) REFERENCES <table name(attribute name)>
                                ON DELETE…/ON UPDATE…,
    Constraints constraints_name CHECK(conditions)
) ENGINE = MyISAM/InnoDB;
```

（1）若无 ENGINE＝MyISAM/InnoDB，则默认为 MyISAM 表类型。

（2）可以同时定义多个 CHECK 完整性约束，中间用逗号分隔。但是，在目前的 MySQL 的版本中，CHECK 完整性约束会被当成注释，在输入数据时，不会进行 CHECK 检查。验证结果为"不检查"。

（3）MySQL 参照完整性通常通过外键(foreign key)的使用而随之广泛被应用。一直以来，流行工具 MySQL 由于支持外键将会降低 RDBMS 的速度和性能，所以并没有真正支持外键。然而，由于很多用户对 MySQL 参照完整性的优点较有兴趣，最近 MySQL 的不同版本都通过新 InnoDB 存储引擎支持外键。由此，在数据库组成的列表中保持参照完整性将变得非常简单，对于非 InnoDB 表，FOREIGN KEY 语句将被忽略。本书建表使用 InnoDB 存储引擎，因此验证结果是 FOREIGN KEY 语句未被忽略。

为了建立两个 MySQL 表之间的一个外键关系，必须满足以下 3 种情况。

① 两个表必须是 InnoDB 表类型；

② 两个使用外键关系的域必须为索引型(Index)；

③ 两个使用外键关系的域的数据类型必须相似。

（4）设定外键，当发生违反完整性限制时，ON DELETE 和 ON UPDATE 的处理工作有以下几种。

① NO ACTION：对外键的属性值不会有任何动作；

② RESTRICT：DBMS 不让操作执行；

③ CASCADE：级联更新或级联删除；

④ SET NULL：外键的属性值设为空值；

⑤ SET DEFAULT：外键的属性值设为默认值。

例 9.5　使用 SQL 语句创建示例数据库(jxgl)。其中，学生表要求学号为主键，性别默认为男，取值必须为男或女，年龄取值在 15 到 45 之间。

课程表(course)要求主键为课程编号,外键为先修课号,参照课程表的主键(cno)。

选修表(sc)要求主键为(学号,课程编号),学号为外键,参照学生表中的学号,课程编号为外键,参照课程表中的课程编号;成绩不为空时必须在 0 到 100 之间。

解:

```
Create Table Student
(   Sno CHAR(7) NOT NULL ,
    Sname VARCHAR(16),
    Ssex CHAR(2) DEFAULT '男' CHECK (Ssex='男' OR Ssex='女'),
    Sage SMALLINT CHECK(Sage>=15 AND Sage<=45),
    Sdept CHAR(2),
    PRIMARY KEY(Sno)
)   ENGINE = InnoDB;
Create Table COURSE
(   Cno CHAR(2) NOT NULL ,
    Cname VARCHAR(20),
    Cpno CHAR(2),
    Ct SMALLINT,
    PRIMARY KEY(Cno),
    foreign key(cpno) references course(cno)
) ENGINE = InnoDB;
Create table sc
(   sno char(7) not null,
    cno char(2) not null,
    grade smallint null check(grade is null or (grade between 0 and 100)),
    Primary key(sno,cno),
    Foreign key(sno) references student(sno),
    Foreign key(cno) references course(cno)
)   ENGINE = InnoDB;
```

2. 使用 SQL 语句修改表

使用 ALTER TABLE 变更表格中某属性的定义和限制,包括增加属性、删除属性、修改属性定义等。

```
ALTER TABLE <表格名> ADD/DROP/ALTER
```

最重要的几种用法如下。

1)新增属性

```
ALTER TABLE <表格名> ADD <属性名> <数据类型> [<(not) null> <默认值>]
```

例 9.6　在表 student 中增加属性生日(birthday)。

解: `ALTER TABLE student ADD birthday datetime;`

2)删除属性

```
ALTER TABLE <表格名> DROP <属性名>
```

例 9.7　删除例 9.6 中增加的属性生日(birthday)。

解：ALTER TABLE student DROP birthday;

3) 修改属性

ALTER TABLE <表格名> CHANGE COLUMN <属性名> <新属性名> <新数据类型> [<(not) null> <默认值>]

例 9.8　修改课程名属性的字符串长度为 32(原为 30)。

解：ALTER TABLE `jxgl2`.`course` CHANGE COLUMN `Cname` `Cname` VARCHAR(32) CHARACTER SET 'utf8' NOT NULL;

4) 新增主键、唯一键、外键

ALTER TABLE <表格名> ADD PRIMARY KEY (<属性名>);
ALTER TABLE <表格名> ADD UNIQUE (<属性名>);
ALTER TABLE <表格名> ADD FOREIGN KEY <属性名> REFERENCES <被参考表格名> (<属性名>)

例 9.9　在表 student 中属性 sname 上建立索引(sn)。

解：alter table student add unique sn(sname);

3. 使用 SQL 语句删除表

删除表的 SQL 语句如下。

DROP TABLE <表格名>;

例 9.10　删除表 sc。

解：DROP TABLE sc;

注：有外键的表在删除时,先删除参照表,再删除被参照表。

9.3.6　MySQL Workbench 管理索引

索引是加速表内容访问的主要手段,特别对涉及多个表的连接的查询更是如此。本节介绍如何使用 WorkBench 管理(创建、修改和删除)索引。

在 MySQL Workbench 中管理索引,可以采用如下 3 种方法。

1. 在创建或修改表时,在 Indexes 选项卡里管理索引

在创建或修改表时,在 Indexes 选项卡里可以创建、修改或删除索引,如图 9.26 所示。其中,Index Name 为索引名称;Type 为索引类型,包括普通索引(INDEX)、唯一索引(UNIQUE)、全文索引(FULLTEXT)、空间索引(SPATIAL)和主键索引(PRIMARY)。

(1) 普通索引:是最基本的索引,它没有任何限制。

(2) 唯一索引:在唯一索引中,所有的值必须互不相同。如果索引中的一个列允许包含 NULL 值,则此列可以包含多个 NULL 值。但是,在 BDB(Berkeley DB,伯克利数据库)中,带索引的列只允许一个单一 NULL。

(3) 全文索引:使用全文索引便于全文搜索。只有 MyISAM 表类型支持全文索引。全文索引只可以从 CHAR,VARCHAR 和 TEXT 列中创建。

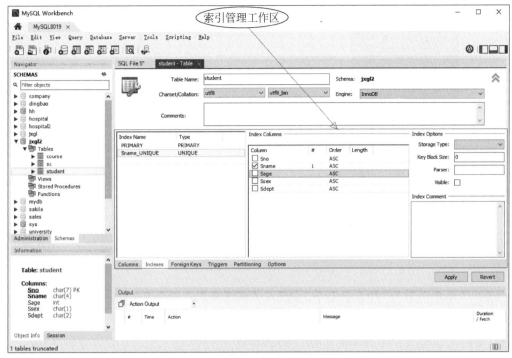

图 9.26 管理索引

（4）空间索引：为空间列类型创建空间索引。只有 MyISAM 表支持空间类型，已编索引的列必须声明为 NOT NULL。

（5）主键索引：所有的关键字列必须定义为 NOT NULL。如果这些列没有被明确地定义为 NOT NULL，MySQL 应隐含地定义这些列。一个表只有一个 PRIMARY KEY。

Index Columns 为索引所基于的属性列。

Storage Type 为存储类型，包括 B 树，R 树和 HASH 表。

Key Block Size：默认是 8KB。如果设置太大会浪费内存空间，而且页不会经常被压缩。如果设置太小，插入或更新操作会很耗时地重复压缩，而且 B-Tree 结点会经常被分裂，导致使数据文件变大和索引效率变低。

创建索引：在索引管理工作区左边区域的 Index Name 与 Type 表的第 1 空行单击，输入新建的索引名与选择索引类型，同时在索引管理区域的中间，即 Index Columns 区域选择索引基于的属性列等，包括指定其他的索引选项。

修改索引：在索引管理工作区左边区域，Index Name 与 Type 表里选择某行代表的某索引，同时在 Index Columns 区域修改索引基于的属性列等，包括修改、指定其他的索引选项。

删除索引：在索引管理工作区左边区域，Index Name 与 Type 表里选择某行代表的某索引，再右击，在弹出的快捷菜单里选择 Delete Selected 命令来删除索引。

要使创建、修改或删除索引所做的操作真正生效，需在图 9.27 所示确认对话框中单击 Apply 按钮真正执行对索引管理的 SQL 命令。

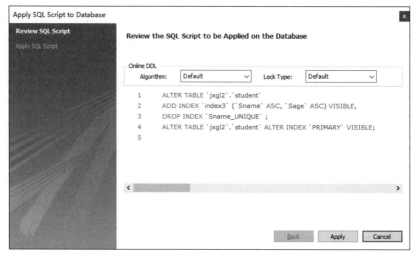

图 9.27　确认索引管理的相应 SQL 命令

2. 在数据库表维护的 Indexes 选项卡里管理索引

如图 9.28 所示,在某表上右击在出现的快捷菜单中选择 Table Maintenance 命令,出现如图 9.29 所示对数据库表的维护选项卡子窗口,选择其 Indexes 子选项卡,如图 9.29 所示。

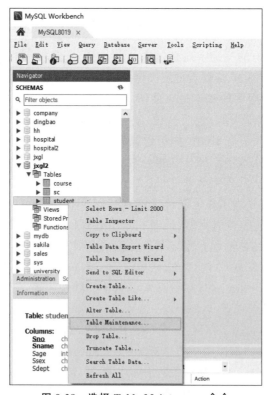

图 9.28　选择 Table Maintenance 命令

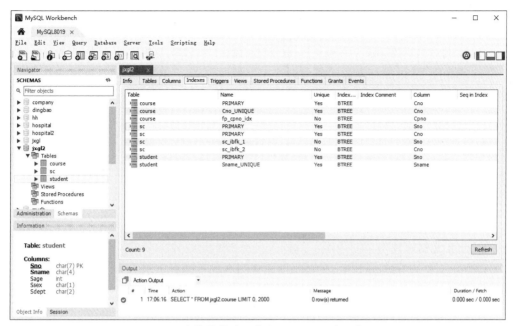

图 9.29　表的维护选项卡之 Indexes 子选项卡(1)

如图 9.29 所示,列举了某数据库所有的索引,双击某行上的某索引,即出现如图 9.30
所示的某表索引的维护子选项卡。这里,可以选中某索引后单击 Drop Index 按钮来删除
某索引;或选中表里的一个或若干属性后,单击 Create Index for Selected Column...按钮
来创建新索引。具体创建或删除索引的操作略。

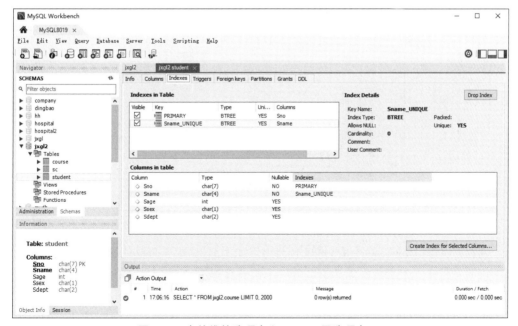

图 9.30　表的维护选项卡之 Indexes 子选项卡(2)

3. 使用 SQL 编辑器编辑 Alter Table SQL 语句来维护数据表的索引

启动 SQL 编辑器,输入 Alter Table SQL 命令,然后单击相应按钮来实现索引的创建、修改或删除等,过程与方法同前面创建表。参照图 9.27 里的 Alter Table SQL 命令,直接输入命令来实现对数据表索引的维护,具体操作略。

9.3.7　创建和使用视图

View(视图)十分有用,它允许用户像单个表那样访问一组关系(表)。视图还能限制对行和列(特定表的子集)的访问。

1. 创建视图

1) 交互式创建视图

在 MySQL Workbench 中,交互式创建视图有如下两种方法。

(1) Create View…交互方式创建视图。

启动视图创建如图 9.31 所示。

图 9.31　Create View…启动视图创建

选择 Create View…命令后,窗口右部出现如图 9.32 所示的设计界面。

说明:也可以直接单击工具条上第 6 个工具按钮 来运行设计界面。

在如图 9.32 所示界面,可以直接输入创建视图的 SQL 命令,如图 9.33 所示。

单击 Apply 按钮后,出现如图 9.34 所示确认对话框,再单击 Apply 按钮,完成视图的创建,创建后界面如图 9.35 所示,sncgrade 视图已出现在数据库的 Views 目录里。

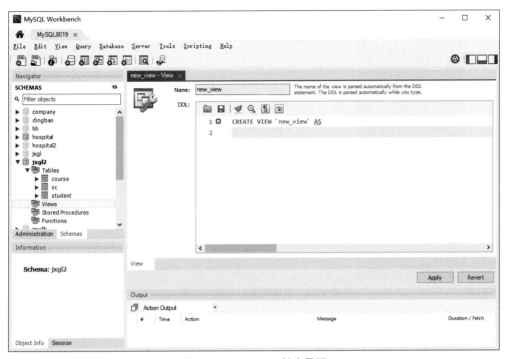

图 9.32　New View 创建界面

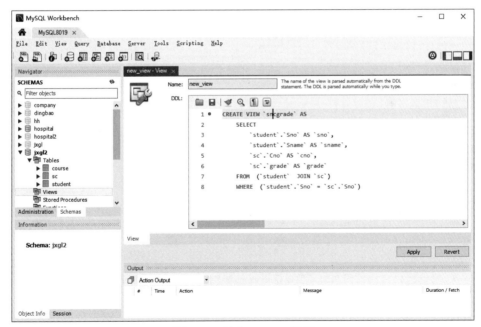

图 9.33　创建 sncgrade 视图

（2）在表维护 Views 选项卡里以交互方式创建视图。

如图 9.36 所示，在数据库表维护选项卡上，选择 Views 子选项卡，在某视图上或空白界面上右击，在弹出的快捷菜单中选择 Create View...命令后，窗口右部出现如图 9.32 所

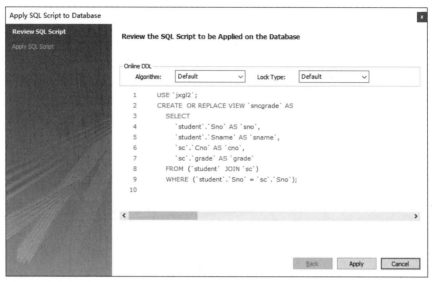

图 9.34　创建视图命令确认对话框

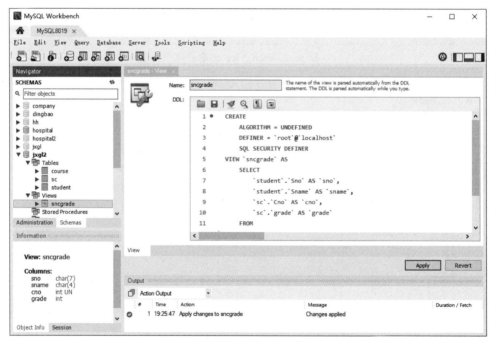

图 9.35　创建视图后视图名出现在 Views 里

示的设计界面。在某视图的快捷菜单中选择 Alter View...命令可以修改视图;单击 Drop View...命令可以删除视图。具体举例操作略。

2) 以 SQL 语句创建视图

在 SQL 编辑器输入创建表的 SQL 语句,单击"工具栏"中的"执行"按钮。

(1) 创建句法如下。

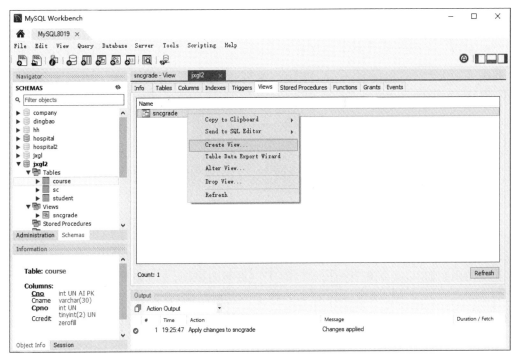

图 9.36　表维护 Views 选项卡里交互方式创建视图

```
CREATE [OR REPLACE] [ALGORITHM = {UNDEFINED | MERGE | TEMPTABLE}]
  VIEW view_name [(column_list)]
  AS select_statement [WITH [CASCADED | LOCAL] CHECK OPTION]
```

注释：

OR REPLACE：如果给定了 OR REPLACE 子句，该语句能替换已有的视图。

select_statement：是一种 SELECT 语句，它给出了视图的定义。该语句可从基表或其他视图进行选择。SELECT 语句检索的列可以是对表列的简单引用，也可以是使用函数、常量值、操作符等的表达式。

该语句要求具有针对视图的 CREATE VIEW 权限，以及针对由 SELECT 语句选择的每一列上的某些权限。对于在 SELECT 语句中其他地方使用的列，必须具有 SELECT 权限。如果还有 OR REPLACE 子句，必须在视图上具有 DROP 权限。

表和视图共享数据库中相同的名称空间，因此，数据库不能包含具有相同名称的表和视图。

可选的 ALGORITHM 子句是对标准 SQL 的 MySQL 扩展。ALGORITHM 可取 3 个值：MERGE、TEMPTABLE 或 UNDEFINED。如果没有 ALGORITHM 子句，默认算法是 UNDEFINED(未定义的)。算法会影响 MySQL 处理视图的方式。对于 MERGE，会将引用视图的语句的文本与视图定义合并起来，使得视图定义的某一部分取代语句的对应部分。MERGE 算法要求视图中的行和基表中的行具有一对一的关系。如果不具有该关系，必须使用临时表取而代之。对于 TEMPTABLE，视图的结果将被置于临时表中，然后使用它执行语句。对于 UNDEFINED，MySQL 将选择所要使用的算法。如果可能,它倾向于 MERGE 而不是 TEMPTABLE,这是因为 MERGE 通常更有效,而且如果使用了临时表,视图是不可更新的。

例 9.11 在数据库 jxgl 中创建视图 vscg,查询学生姓名、课程名及其所学课程的成绩。

解:

```
mysql>use jxgl   --先选择 jxgl 数据库为当前数据库
Database changed
mysql> create view vscg(sname,cname, grade) as
->        select sname,cname,grade
->        from student, course, sc
->        where student.sno=sc.sno and sc.cno=course.cno;
```

(2) 视图的可更新性。

某些视图是可更新的。也就是说,可以在诸如 UPDATE、DELETE 或 INSERT 等语句中使用它们,以更新基表的内容。对于可更新的视图,在视图中的行和基表中的行之间必须具有一对一的关系。还有一些特定的其他结构,这类结构会使得视图不可更新。更具体地讲,如果视图包含下述结构中的任何一种,那么它就是不可更新的。

① 聚合函数(SUM(),MIN(),MAX(),COUNT()等);

② DISTINCT;

③ GROUP BY;

④ HAVING;

⑤ UNION 或 UNION ALL;

⑥ 位于选择列表中的子查询;

⑦ Join;

⑧ FROM 子句中的不可更新视图;

⑨ WHERE 子句中的子查询,引用 FROM 子句中的表;

⑩ 仅引用文字值(在该情况下,没有要更新的基本表);

⑪ ALGORITHM=TEMPTABLE(使用临时表总会使视图成为不可更新的)。

关于可插入性(可用 INSERT 语句更新),如果它满足关于视图列的下述额外要求,可更新的视图也是可插入的。

① 不得有重复的视图列名称;

② 视图必须包含没有默认值的基表中的所有列;

③ 视图列必须是简单的列引用而不是导出列。导出列不是简单的列引用,而是从表达式导出的。

(3) 变更视图。

句法:

```
ALTER [ALGORITHM = {UNDEFINED | MERGE | TEMPTABLE}]
   VIEW view_name [(column_list)]
AS select_statement [WITH [CASCADED | LOCAL] CHECK OPTION]
```

该语句用于更改已有视图的定义。其语法与 CREATE VIEW 类似。该语句需要具有针对视图的 CREATE VIEW 和 DROP 权限,也需要针对 SELECT 语句中引用的每一列的某些权限。

2. SHOW CREATE VIEW 语法

句法:

```
SHOW CREATE VIEW view_name
```

该语句给出了给定视图的 CREATE VIEW 语句。

例 9.12　显示数据库 jxgl 中视图 vscg 创建的信息。

解: `mysql> SHOW CREATE VIEW vscg;`

9.4　实验内容

实验内容可扫描下方二维码获取。

第 10 章

SQL 语言——SELECT 查询操作

10.1 实验目的

掌握表数据的各种查询与统计 SQL 命令操作,具体如下。

(1) 了解查询的概念和方法。

(2) 掌握单表查询、多表查询和复杂查询。

10.2 背景知识

SQL 是一种被称为结构化查询语言的通用数据库操作语言。Select 语句是 SQL 中最重要的一条命令,是从数据库中获取信息的一个基本语句。有了这个语句,就可以实现从数据库的一个或多个表中查询信息。

简单查询包括 SELECT 语句的使用方式,WHERE 子句的用法,GROUP BY 与 HAVING 的使用,用 ORDER BY 子句为结果进行排序。

复杂查询包括多表查询和广义笛卡儿积查询,使用 UNION 关键字实现多表连接,表格别名的用法,使用统计函数,使用嵌套查询。

10.3 实验示例

SELECT 语句的用途,即帮助取出数据。SELECT 大概是 SQL 语言中最常用的语句,而且怎样使用它最为讲究;用它来选择记录可能相当复杂,可能会涉及许多表中列之间的比较。在 MySQL 中,可以使用 7.3 节中介绍的 MySQL GUI Tools 工具套件中的 MySQL Query Browser 或 MySQL Workbench 的 SQL Editor 来进行交互式查询。

使用的数据库为第 9 章建立的 jxgl 数据库。

10.3.1 SELECT 语句的语法

```
SELECT selection_list        --选择哪些列
FROM table_list              --从何处选择行
```

```
WHERE primary_constraint        --行必须满足什么条件
GROUP BY grouping_columns       --怎样对结果分组
HAVING secondary_constraint     --分组须满足的条件
ORDER BY sorting_columns        --怎样对结果排序
LIMIT count                     --结果限定
```

注意：

（1）所有使用的关键词必须精确地以上面的顺序给出。例如，一个 HAVING 子句必须跟在 GROUP BY 子句之后和 ORDER BY 子句之前。

（2）除了词 SELECT 和说明希望检索什么的 column_list（或 selection_list）部分外，语法中的每样东西都是可选的。有的数据库必须需要 FROM 子句，MySQL 则有所不同，它允许对表达式求值而不引用任何表。

（3）字符串模式匹配。MySQL 提供标准的 SQL 模式匹配，以及一种基于像 UNIX 实用程序，如 vi、grep 和 sed 的扩展正则表达式模式匹配的格式。

① 标准的 SQL 模式匹配。SQL 的模式匹配允许你使用"_"匹配任何单个字符，而"％"匹配任意数目字符（包括零个字符）。在 MySQL 中，SQL 的模式默认是忽略大小写的。

② 扩展正则表达式模式匹配。由 MySQL 提供的模式匹配的其他类型是使用扩展正则表达式。当你对这类模式进行匹配测试时，使用 REGEXP 和 NOT REGEXP 操作符（或 RLIKE 和 NOT RLIKE，它们是同义词）。扩展正则表达式的一些字符如下。a."."匹配任何单个的字符。b.一个字符类"[...]"匹配在方括号内的任何字符。例如，[abc]匹配 a、b 或 c。为了命名字符的一个范围，使用一个"-"。[a-z]匹配任何小写字母，而[0-9]匹配任何数字。c.＊匹配零个或多个在它前面的东西。例如，x＊匹配任何数量的 x 字符，[0-9]＊匹配任何数量的数字，而.＊匹配任何数量的任何东西。

正则表达式是区分大小写的，但是如果希望能使用一个字符来匹配两种写法。例如，[aA]匹配小写或大写的 a 而[a-zA-Z]匹配两种写法的任何字母。为了定位一个模式以便它必须匹配被测试值的开始或结尾，在模式开处使用^或在模式的结尾用$。

10.3.2　查询示例

例 10.1　查询考试成绩大于或等于 90 的学生学号。

解：

```
SELECT DISTINCT SNO
FROM SC
WHERE GRADE>=90;
```

例 10.2　查年龄大于 18，并且不是信息系（IS）与数学系（MA）的学生姓名和性别。

解：

```
SELECT SNAME, SSEX
FROM STUDENT WHERE SAGE>18 AND SDEPT NOT IN ('IS', 'MA');
```

例 10.3　查以"MIS_"开头,且倒数第二个汉字为"导"的课程的详细信息。

解:

```
SELECT * FROM COURSE WHERE CNAME LIKE 'MIS#_%导_' ESCAPE '#';
```

例 10.4　查询计算机系(CS)选修了 2 门及以上课程的学生学号。

解:

```
SELECT STUDENT.SNO
FROM STUDENT, SC
WHERE SDEPT='CS' AND STUDENT.SNO=SC.SNO
GROUP BY STUDENT.SNO HAVING COUNT(*)>=2;
```

例 10.5　查询 STUDENT 表与 SC 表的广义笛卡儿积。

解:

```
SELECT STUDENT.*, SC.*
FROM STUDENT CROSS JOIN SC;
```

或

```
SELECT *
FROM STUDENT, SC
```

例 10.6　查询 STUDENT 表与 SC 表基于学号 SNO 的等值连接。

解:

```
SELECT STUDENT.*, SC.*
FROM STUDENT, SC
WHERE STUDENT.SNO=SC.SNO;
```

例 10.7　查询 STUDENT 表与 SC 表基于学号 SNO 的自然连接。

解:

```
SELECT STUDENT.*, SC.CNO, SC.GRADE
FROM STUDENT, SC
WHERE STUDENT.SNO=SC.SNO;
```

例 10.8　查询课程号的间接先修课程号。

解:

```
SELECT FIRST.CNO, SECOND.CNO
FROM COURSE FIRST, COURSE SECOND
WHERE FIRST.CPNO=SECOND.CNO;
```

例 10.9　查询学生及其课程、成绩等情况(不管是否选课,均需列出学生信息)。

解:

```
SELECT STUDENT.SNO, SNAME, SSEX, SAGE, SDEPT, CNO, GRADE
FROM STUDENT LEFT OUTER JOIN SC ON STUDENT.SNO=SC.SNO;
```

例 10.10　查询学生及其课程成绩与课程及其学生选修成绩的明细情况(要求学生与课程均全部列出)。

解：

```
SELECT STUDENT.SNO, SNAME, SSEX, SAGE, SDEPT,
COURSE.CNO, GRADE, CNAME, CPNO, CT
FROM STUDENT LEFT OUTER JOIN SC
ON STUDENT.SNO=SC.SNO FULL OUTER JOIN COURSE ON SC.CNO=COURSE.CNO;
```

说明：因为 MySQL 不支持 FULL OUTER JOIN，为此，以上命令运行会出错。可以把 FULL OUTER JOIN 用"…LEFT OUTER JOIN … UNION …"RIGHT OUTER JOIN…来变通实现，为此，查询命令可改为

```
SELECT a.SNO, a.SNAME, a.SSEX, a.SAGE, a.SDEPT, C.CNO, b.GRADE, c.CNAME, c.
CPNO, c.CT
FROM STUDENT a LEFT OUTER JOIN SC b ON a.SNO=b.SNO LEFT OUTER JOIN COURSE c ON b.
CNO=C.CNO
UNION
SELECT a2.SNO, a2.SNAME, a2.SSEX, a2.SAGE, a2.SDEPT, c2.CNO, b2.GRADE, c2.
CNAME, c2.CPNO, c2.CT
FROM STUDENT a2 LEFT OUTER JOIN SC b2 ON a2.SNO=b2.SNO RIGHT OUTER JOIN COURSE c2
ON b2.CNO=C2.CNO;
```

例 10.11　查询性别为男、课程成绩为及格的学生信息及课程号、成绩。

解：

```
SELECT STUDENT.* , CNO, GRADE
FROM STUDENT INNER JOIN SC ON STUDENT.SNO=SC.SNO
WHERE SSEX='男' AND GRADE>=60;
```

例 10.12　查询与"钱横"在同一系学习的学生信息。

解：

```
SELECT * FROM STUDENT
WHERE SDEPT IN (SELECT SDEPT FROM STUDENT WHERE SNAME='钱横');
```

例 10.13　找出同系、同年龄、同性别的学生。

解：

```
SELECT T.* FROM STUDENT AS T
WHERE (T.sdept, T.SAGE, T.SSEX) IN
          ( SELECT SDEPT, SAGE, SSEX
            FROM STUDENT AS S
            WHERE S.SNO<>T.SNO);
```

例 10.14　查询选修了课程名为"数据库系统"的学生学号、姓名和所在系。

解：

```
SELECT SNO, SNAME, SDEPT FROM STUDENT
WHERE SNO IN
(   SELECT SNO FROM SC
    WHERE CNO IN (SELECT CNO FROM COURSE WHERE CNAME='数据库系统'));
```

或

```
SELECT STUDENT.SNO, SNAME, SDEPT
FROM STUDENT INNER JOIN SC ON STUDENT.SNO=SC.SNO
INNER JOIN COURSE ON SC.CNO=COURSE.CNO
WHERE CNAME='数据库系统';
```

或

```
SELECT STUDENT.SNO, SNAME, SDEPT
FROM STUDENT, SC, COURSE
WHERE STUDENT.SNO=SC.SNO AND SC.CNO=COURSE.CNO
AND CNAME='数据库系统';
```

例 10.15　检索至少不学课程 2 和 4 的学生学号和姓名。

解:

```
SELECT SNO, SNAME FROM STUDENT
WHERE SNO NOT IN (SELECT SNO FROM SC WHERE CNO IN ('2', '4'));
```

例 10.16　查询其他系中比信息系 IS 所有学生年龄大的学生名单,并排序输出。

解:

```
SELECT SNAME FROM STUDENT
WHERE SAGE>ALL(SELECT SAGE FROM STUDENT WHERE SDEPT='IS') AND SDEPT<>'IS'
ORDER BY SNAME;
```

例 10.17　查询选修了全部课程的学生姓名(为了有查询结果,自己可以调整表的内容)。

解:

```
SELECT SNAME FROM STUDENT
WHERE NOT EXISTS
    ( SELECT * FROM COURSE
      WHERE NOT EXISTS
          ( SELECT * FROM SC WHERE SNO=STUDENT.SNO AND CNO=COURSE.CNO));
```

例 10.18　查询至少选修了学生 2005001 选修的全部课程的学生号码。

解:

```
SELECT SNO FROM STUDENT SX
WHERE NOT EXISTS
(  SELECT * FROM SC SCY
WHERE SCY.SNO='2005001' AND NOT EXISTS
   (  SELECT * FROM SC SCZ
      WHERE SCZ.SNO=SX.SNO AND SCZ.CNO=SCY.CNO));
```

例 10.19　查询平均成绩大于 85 分的学生的学号、姓名和平均成绩。

解:

```
SELECT STUDENT.SNO, SNAME, AVG(GRADE)
```

```
FROM STUDENT, SC
WHERE STUDENT.SNO=SC.SNO
GROUP BY STUDENT.SNO, SNAME HAVING AVG(GRADE)>85;
```

10.4　实　验　内　容

实验内容可扫描下方二维码获取。

第 11 章

SQL 语言——数据更新操作

11.1 实验目的

（1）掌握使用 MySQL Workbench 输入、修改和删除数据；
（2）掌握使用 SQL 语句进行添加、修改和删除数据。

11.2 背景知识

实现良好的管理需要经常对表格中数据进行添加、删除和修改。数据操纵指通过 DBMS 提供的数据操纵语言（DML），实现对数据库中表数据的更新操作，如添加、删除和修改。使用 SQL 语句操作数据的主要内容如下。

如何向表中一行行地添加数据；如何把一个表中的多行数据添加到另外一个表中；如何更新表中的一行或多行数据；如何删除表中的一行或多行数据；如何清空表中的数据等。

在添加数据时，根据数据量的大小和数据源的位置可以使用不同的 SQL 语句。

11.3 实验示例

使用 MySQL Workbench 已经完成在 jxgl 数据库中创建 student、course 和 sc 三表；接下来，需要向表中添加、修改和删除数据。

11.3.1 MySQL Workbench 维护数据

在 MySQL Workbench 中，维护数据至少有如下两种方法。

1. 交互式数据添加、修改与删除操作

如图 11.1 所示，在某表上右击，在快捷菜单中选择 Select Rows - Limit 2000 命令来查询数据。

在出现的如图 11.2 所示交互式界面上，可以直观地添加（一行）、修改（某行某些列的值）或删除（某行）表记录数据。如图 11.3 所示，还可以通过快捷菜单来快捷删除表记录行、复制表记录行或列的值等操作。

图 11.1　通过快捷菜单来查询数据

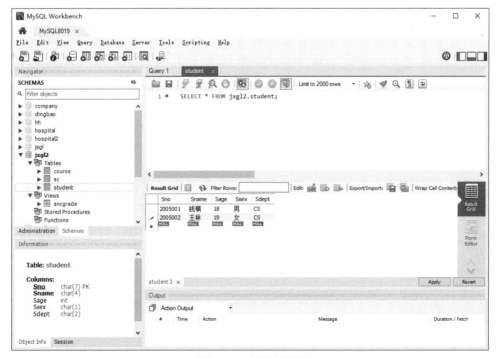

图 11.2　交互式界面

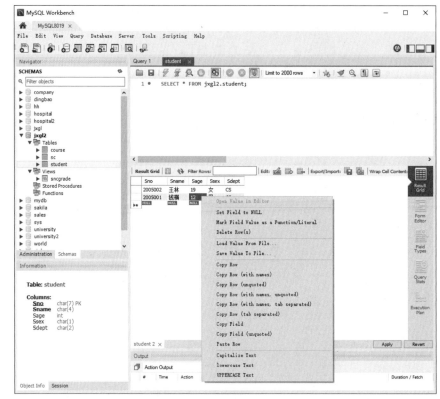

图 11.3　通过快捷菜单操作

　　最后,完成对表数据的维护操作后,单击 Apply 按钮,出现如图 11.4 所示的改变相应数据的 SQL 命令确认对话框,再次单击 Apply 按钮,真正执行 SQL 命令,若执行成功的话,会出现如图 11.5 所示的表数据成功维护后的确认对话框;若执行不成功的话,则会出现如图 11.6 所示的更新 SQL 命令执行不成功后的对话框,查看到出错命令后,只能单击 Cancel 按钮,取消所有 SQL 命令的执行,返回到如图 11.2 所示的数据维护界面,修改完善数据后再尝试提交。

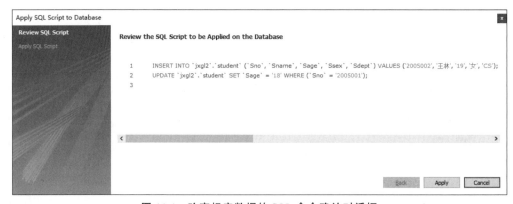

图 11.4　改变相应数据的 SQL 命令确认对话框

图 11.5　表数据成功维护后的确认对话框

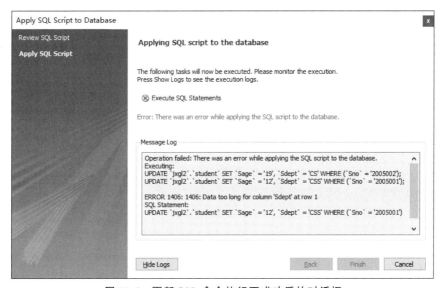

图 11.6　更新 SQL 命令执行不成功后的对话框

2. SQL 命令方式数据添加、修改与删除操作

打开"SQL 编辑器",在"SQL 编辑器"界面输入维护表数据的 SQL 语句,然后单击相应按钮来执行实现对表数据添加、修改或删除的功能。具体操作略,常用的表数据维护 SQL 命令下一节作介绍。

11.3.2　SQL 命令添加数据

1. 使用 INSERT 语句添加数据

其语法如下:

```
INSERT [INTO] tbl_name [(col_name,...)] VALUES (pression,...),…
INSERT [INTO] tbl_name SET col_name=expression, ...
```

这是一条 SQL 语句,需要为它指定希望添加数据行的表或将值按行放入的表。INSERT 语句具有以下几种形式。

1) 可指定所有列的值

例 11.1 向 jxgl 数据库中表 student 添加数据 ('2005007','李涛','男',19,'IS')。

解:

```
mysql> use jxgl;
mysql> INSERT INTO student values ('2005007','李涛','男',19,'IS');
```

或

```
mysql>INSERT INTO student set sno='2005007',
>sname='李涛',ssex='男',sage=19,sdept='IS';
```

2) 使用多个值表,可以一次提供多行数据

例 11.2 向 jxgl 数据库中的 student 表添加数据('2005008','陈高','女',21,'AT'),('2005009','张杰','男',17,'AT')。

解:

```
mysql> INSERT INTO student values ('2005008','陈高','女',21,'AT'),('2005009',
'张杰','男',17,'AT');
```

2. 使用 Insert…Select 语句添加数据

功能:添加从其他表选择的行,目的表要求存在,从其他表中向目的表添加数据。

INSERT INTO … SELECT 语句满足下列条件。

(1) SELECT 查询语句不能包含一个 ORDER BY 子句。

(2) INSERT 语句的目的表不能出现在 SELECT 查询部分的 FROM 子句中,因为这在 ANSI SQL 中被禁止(问题是 SELECT 将可能发现在同一个运行期间内先前被添加的记录。当使用子选择子句时,情况可能很容易混淆)。

例 11.3 在数据库中先创建表 tbl_name1(sn,sex,dept),再从 student 表把数据转入 tbl_name1。

解:

```
mysql>CREATE TABLE tbl_name1(sn,sex,dept) SELECT sname sn,ssex sex,sdept dept
FROM student WHERE 1=2;    --先创建表 tbl_name1;
mysql>INSERT INTO tbl_name1(sn,sex,dept) SELECT sname,ssex,sdept FROM student;
```

3. 使用 REPLACE、REPLACE…SELECT 语句添加数据

REPLACE 功能与 INSERT 基本一样。如果在表中有一条老记录,其在一个唯一索引上与新记录有相同的值,在添加新记录之前,老记录被删除。对于这种情况,INSERT 语句的表现是产生一个错误。

REPLACE 语句也可以与 SELECT 相配合,因此,11.2.1 节和 11.2.2 节的内容完全

适合 REPALCE。

应该注意的是，由于 REPLACE 语句可能改变原有的记录，因此使用时要小心。另外，在建有外键约束的几个表中，能使用 REPLACE 添加参考表格，但是不能使用 REPLACE 将数据添加至被参考表格，如 jxgl 中的 student 和 course 表。

例 11.4　向 jxgl 数据库中表 sc 添加数据('2005001','5',80)。

解：mysql>REPLACE sc values ('2005001','5',80);

说明：执行以上命令之前要保证 student 表中有一条 sno 为 2005001 的记录，course 表中有一条 cno 为 5 的记录，否则会报错。

4. 使用 LOAD 语句批量输入数据

前面已讨论如何使用 SQL 向一个表中添加数据。但是，如果需要向一个表中添加许多条记录，使用 SQL 语句输入数据很不方便。幸运的是，MySQL 提供了一些方法用于批量录入数据，使得向表中添加数据变得容易。本节介绍 SQL 语言的解决方法。

1）基本语法

其语法如下：

```
LOAD DATA [LOCAL] INFILE 'file_name.txt' [REPLACE | IGNORE] INTO TABLE tbl_name
```

LOAD DATA INFILE 语句从一个文本文件（file_name.txt 文件）中以很高的速度读取数据插入一个 tbl_name 表中。如果指定 LOCAL 关键词，从客户主机读文件。如果 LOCAL 没指定，文件必须位于服务器上。为了安全，当读取位于服务器上的文本文件时，文件必须处于数据库目录或可被所有人读取。另外，为了对服务器上文件使用 LOAD DATA INFILE，在服务器主机上必须有 file 的权限。

REPLACE 和 IGNORE 关键词控制对现有的唯一键记录的重复处理。如果指定 REPLACE，新行将代替有相同的唯一键值的现有行。如果指定 IGNORE，跳过有唯一键的现有行的重复行的输入。

2）文件的搜寻原则

当在服务器主机上搜寻文件时，服务器使用下列规则。

（1）如果给出一个绝对路径名，服务器使用该路径名。

（2）如果给出一个又一个或多个前置部件的相对路径名，服务器相对服务器的数据目录搜寻文件。

（3）如果给出一个没有前置部件的文件名，服务器在当前数据库的数据库目录寻找文件。

注意：这些规则意味着一个像"./myfile.txt"这样给出的文件是从服务器的数据目录读取，而作为"myfile.txt"给出的一个文件是从当前数据库的数据库目录下读取。注意，对于下列语句，对 db1 数据库，文件是从 db1 数据库目录读取的，而不是从 db2 数据库目录读取的。

```
mysql> USE db1;
mysql> LOAD DATA INFILE "./data.txt" INTO TABLE db2.my_table;
```

11.3.3　SQL 命令修改数据

其语法如下：

UPDATE tbl_name SET 要更改的列=给列的新值 WHERE 要更新记录的条件

这里的 WHERE 子句是可选的，如果不指定的话，表中的每个记录都将被更新。

例 11.5　在 student 表中，陈高的性别值没有指定，用 UPDATE 命令修改性别为女。

解：mysql> UPDATE student SET ssex='女' WHERE sname='陈高';

11.3.4　SQL 命令删除数据

DELETE 语句有如下格式：

DELETE FROM tbl_name WHERE 要删除记录的条件

WHERE 子句指定哪些记录应该删除。它是可选的，但是如果不选的话，将会删除所有的记录。这意味着最简单的 DELETE 语句也是最危险的。这个查询将清除表中的所有内容。一定要谨慎使用。

为了删除特定的记录，可用 WHERE 子句来选择所要删除的记录。这类似于 SELECT 语句中的 WHERE 子句。

例 11.6　在 sc 表中，删除"陈高"的选修课程信息。

解：mysql> DELETE FROM sc WHERE sno=(SELECT sno FROM student WHERE sname='陈高');

例 11.7　删除所有学生选课记录。

解：mysql> DELETE FROM sc;

11.4　实 验 内 容

实验内容可扫描下方二维码获取。

第 12 章

嵌入式 SQL 应用

12.1 实 验 目 的

掌握第三代高级语言如 C 语言中嵌入式 SQL 的数据库数据操作方法,能清晰地领略到 SQL 命令在第三代高级语言中操作数据库数据的方式方法,这种方式方法在今后各种数据库应用系统开发中将被广泛采用。

掌握嵌入了 SQL 语句的 C 语言程序的上机过程,包括编辑、预编译、编译、连接、修改、调试与运行等内容。

12.2 背 景 知 识

国际标准数据库语言 SQL 应用广泛。目前,各商用数据库系统均支持它,各开发工具与开发语言均以各种方式支持 SQL 语言。涉及数据库的各类操作如添加、删除、修改与查询(含统计)等主要是通过 SQL 语句来完成的。广义来讲,各类开发工具或开发语言,其通过 SQL 来实现的数据库操作均为嵌入式 SQL 应用。

MySQL 针对不同的编程语言创建了相应的类库,可以使用这些类库连接 MySQL 数据库,并在此基础上发布 SQL 语句。因此,MySQL 可以作为应用程序或网站的后台,并且将 SQL 语句隐藏在特定的域和友好界面后面。

MySQL 提供了一套 C API 函数,它由一组函数以及一组用于函数的数据类型组成,这些函数与 MySQL 服务器进行通信并访问数据库,可以直接操控数据库,因而显著地提高了操控效能。

C API 数据类型包括 MYSQL(数据库连接句柄)、MYSQL_RES(查询返回结果集)、MYSQL_ROW(行集)、MYSQL_FIELD(字段信息)、MYSQL_FIELD_OFFSET(字段表的偏移量)、my_ulonglong(自定义的无符号整型数)等;C API 提供的函数包括 mysql_close()、mysql_connect()、mysql_query()、mysql_store_result()、mysql_init()等,其中 mysql_query()最为重要,能完成绝大部分的数据库操控。

本实验主要以 C 为例,在 C 中嵌入了 SQL 命令实现的简易数据库应用系统——"简易学生学习管理系统"来展开的。

12.3 实验示例

MySQL 提供的 C API 的详细说明和相应的示例请参阅 MySQL 网站的帮助资料(网址：https://dev. mysql. com/doc/refman/8.0/en/或 http://dev. mysql. com/doc/refman/5.7/en/)。这里只是示范性介绍对数据库数据进行添加、删除、修改、查询、统计等的基本操作的具体实现,通过功能的示范与介绍体现出用嵌入式 C 实现一个简单系统的概况。

12.3.1 应用系统运行环境

应用系统开发环境是采用 MySQL 及其支持的 C,具体内容如下。

(1) 开发语言：C。

(2) 编译与连接工具：VC++ .NET、VC++ 2010 或 VC++ 6.0 等。

(3) 子语言：MySQL 嵌入式 SQL。

(4) 数据库管理系统：MySQL。

(5) 源程序编辑环境：VS .NET、VC++ 2010、文本文件编辑器等。

(6) 运行环境：控制台窗口,如 Windows 命令窗口或 MS DOS 子窗口。

12.3.2 系统的需求与总体功能要求

为简单起见,假设该简易学生学习管理系统要处理的信息只涉及学生、课程与学生选课方面的信息。为此,系统的需求分析是比较简单明了的。本系统只涉及学生信息、课程信息及学生选修课程信息等。

本系统功能需求如下。

(1) 在 MySQL 中,建立各关系模式对应的表并初始化各表,确定各表的主键、索引、参照完整性、用户自定义完整性等。

(2) 能对各表提供输入、修改、删除、添加、查询、打印或显示等基本操作。

(3) 能明确实现如下各类明细查询。①能查询学生基本情况、学生选课情况及各课考试成绩情况；②能查询课程基本情况、课程学生选修情况、课程成绩情况。

(4) 能实现如下各类统计查询。①能统计学生选课情况及学生的成绩单(包括总成绩、平均成绩、不及格门数等)情况；②能统计课程综合情况、课程选修综合情况,如课程的选课人数,最高、最低、平均成绩等,能统计课程专业使用状况。

(5) 用户管理功能,包括用户登录、注册新用户、更改用户密码等功能。

(6) 所设计系统采用 Windows 命令窗口操作界面,按字符实现子功能切换操作。

系统的总体功能安排如以下系统功能菜单所示。

```
0-exit.
1-创建学生表      6-添加成绩记录  b-删除课程记录    h-学生课程成绩表
2-创建课程表      7-修改学生记录  c-删除成绩记录    j-学生成绩统计表
```

3- 创建成绩表　　8- 修改课程记录　　e- 显示学生记录　　k- 课程成绩统计表

4- 添加学生记录　　9- 修改成绩记录　　f- 显示课程记录　　m- 数据库表名

5- 添加课程记录　　a- 删除学生记录　　g- 显示成绩记录

12.3.3　系统概念结构设计与逻辑结构设计

1. 数据库概念结构设计

本简易系统的 E-R 图(不包括登录用户实体)如图 12.1 所示。

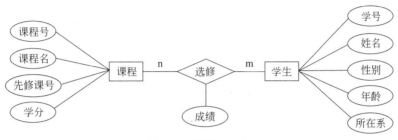

图 12.1　系统 E-R 图

2. 数据库逻辑结构设计

1) 数据库关系模式

按照实体-联系图转化为关系模式的规则,本系统的 E-R 图可转化为如下 3 个关系模式。

(1) 学生(学号、姓名、性别、年龄、所在系);

(2) 课程(课程号、课程名、先修课号、学分);

(3) 选修(学号、课程号、成绩)。

另需辅助表:

(4) 用户表(用户编号、用户名、口令、等级)。

表名与属性名对应由英文表示,则关系模式如下。

(1) student(sno、sname、ssex、sage、sdept);

(2) course(cno、cname、cpno、ct);

(3) sc(sno、cno、grade);

(4) users(uno、uname、upassword、uclass)。

2) 数据库及表结构的创建

设本系统使用的数据库名为 xxgl,根据已设计出的关系模式及各模式的完整性的要求,现在就可以在 MySQL 数据库系统中实现这些逻辑结构。下面是创建表结构的 SQL 命令。

```
CREATE TABLE student ( sno char(5) NOT null primary key, sname char(6) null ,
ssex char(2) null ,sage int null , sdept char(2) null) ENGINE = MyISAM/InnoDB;
--MyISAM/InnoDB 选其一
CREATE TABLE course (cno char(1) NOT null primary key,cname char(10) null ,cpno
```

```
char(1) null ,ct int null) ENGINE = MyISAM/InnoDB;
CREATE TABLE sc (sno char (5) NOT null, cno char (1) NOT null, grade int null,
primary key(sno, cno), foreign key(sno) references student(sno), foreign key
(cno) references course(cno)) ENGINE = MyISAM/InnoDB;
CREATE TABLE users(uno char(6) NOT NULL PRIMARY KEY, uname VARCHAR(10) NOT NULL,
upassword VARCHAR(10) NULL, uclass char(1) DEFAULT 'A') ENGINE = MyISAM/InnoDB;
```

12.3.4　典型功能模块介绍

1. 数据库的连接

数据库的连接(CONNECTION)在 main( )主程序中(篇幅所限,可能忽略程序格式)
源代码如下:

```
#include <stdio.h>
#include <stdlib.h>
#include <winsock.h>
#include "C:\\Program Files\\MySQL\\MySQL Server 8.0\\include\\mysql.h" //
mysql 头文件
MYSQL mysql;
//……… 省略
int main(int argc, char** argv, char** envp)
{ int num= 0; char fu[2];
  mysql_init(&mysql);
  //如下 mysql_real_connect()函数连接到 MySQL 数据库服务器,其中 localhost 为服务器
  //机器名, root 为连接用户名, 123456 为密码, xxgl 为数据库名, 3306 为连接端口号。运行
  //前请根据实际情况做相应修改。
  if(mysql_real_connect(&mysql, "localhost", "root", "123456", "xxgl", 3306, 0, 0))
  { if (check_username_password()== 0)
    { for(;;){
        printf("Sample Embedded SQL for C application\n");
        printf("Please select one function to execute:\n\n");
        printf("  0--exit.\n");
   printf(" 1--创建学生表　6--添加成绩记录　b--删除课程记录　h--学生课程成绩表\n");
   printf(" 2--创建课程表　7--修改学生记录　c--删除成绩记录　j--学生成绩统计表\n");
   printf(" 3--创建成绩表　8--修改课程记录　e--显示学生记录　k--课程成绩统计表\n");
   printf(" 4--添加学生记录 9--修改成绩记录　f--显示课程记录　m--数据库表名\n");
   printf(" 5--添加课程记录 a--删除学生记录　g--显示成绩记录\n");
        printf("\n");
        fu[0]= '0';
        scanf("%s", fu);
        if (fu[0]== '0') exit(0);
        if (fu[0]== '1') create_student_table();
        //……… 省略
        if (fu[0]== 'm') using_cursor_to_list_table_names();
        pause();
```

```
    }}
    else
    {printf("Your name or password is error,you can not be logined in the
system!");}}
  else { printf("数据库不存在!"); }
  mysql_close(&mysql);
  return 0;
}
```

本系统运行主界面图如图 12.2 所示。

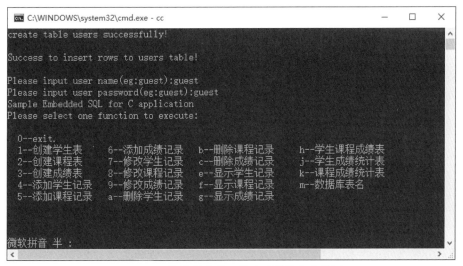

图 12.2　简易学生学习管理系统运行菜单图

2. 表的初始创建

　　系统能在第一次运行前,初始化 3 个用户表。程序在初始化前,先判断系统库中是否已存在学生表? 若存在则询问是否要替换它? 得到肯定回答后,便可以替换(DROP)已有表,CREATE TABLE 创建 student 表,批量添加若干记录数据进行表的初始化工作。

　　函数程序见如下二维码:

3. 表记录的添加

　　表记录的添加(INSERT)程序功能比较简单,主要通过循环结构,可反复输入学生记录的字段值,用 INSERT INTO…命令完成添加工作。直到不再添加退出循环为止。该程序可进一步完善,使程序能在添加前,先判断输入学号的学生记录是否已存在? 并据此作相应的处理(请自己完善)。

函数程序见如下二维码:

4. 表记录的修改

表记录的修改(UPDATE)程序。首先要求输入学生所在系名(**代表全部系),然后逐个列出该系的每个学生,询问是否要修改?若要修改则再要求输入该学生的各字段值,逐个字段值输入完毕用 UPDATE 命令完成修改操作。询问是否修改时也可输入 0 来结束该批修改处理而直接退出。

函数程序见如下二维码:

5. 表记录的删除

表记录的删除(DELETE)程序。首先要求输入学生所在系名(**代表全部系),然后逐个列出该系的每个学生,询问是否要删除?若要删除则调用 DELETE 命令完成该操作。询问是否删除时也可输入 0 直接结束该批删除处理,退出程序。

函数程序见如下二维码:

6. 表记录的查询

表记录的查询(SELECT)程序,先根据 SELECT 进行查询,查询结果放入结果集中,再通过循环逐条取出记录并显示出来。所有有效的 SELECT 语句均可通过本程序模式查询并显示。

函数程序见如下二维码:

7. 实现统计功能

表记录的统计程序（TOTAL SELECT）与表记录的查询程序如出一辙，只是 SELECT 查询语句带有分组子句 GROUP BY，并用 SELECT 子句中使用统计函数。

函数程序见如下二维码：

完整的系统程序请参见如下二维码：

12.3.5　系统运行及配置

"简易学生学习管理系统"的运行可以利用 VC++ 6.0、VC++ 2010 或 VC++ .NET（如 VS2019）集成开发环境，或直接在 Windows 命令窗口中编译、连接与运行。根据系统程序要求，需要先建立一个名为 xxgl（说明：可以新建或选用其他名称的数据库，这些程序里的数据库名称需相应修改）的数据库。可以在 MySQL Workbench 中交互建立或通过命令 CREATE DATABASE xxgl 来创建。

下面作简单介绍。

1. VC++ 2010 环境配置与运行

本节内容可扫描下方左侧二维码获取，完整系统程序可扫描下方右侧二维码获取。

2. VC++ .NET（VS2019）环境配置与运行

VC++ .NET 集成环境下的配置与运行情况基本类似，下面以在 Visual Studio 2019 平台为例来简单说明。

（1）打开 Visual Studio 2019，新建一个 C++ 控制台空项目，如图 12.3 所示。

单击"下一步"按钮；如图 12.4 所示，输入项目名称 Project_CAPI 等后，单击"创建"按钮。

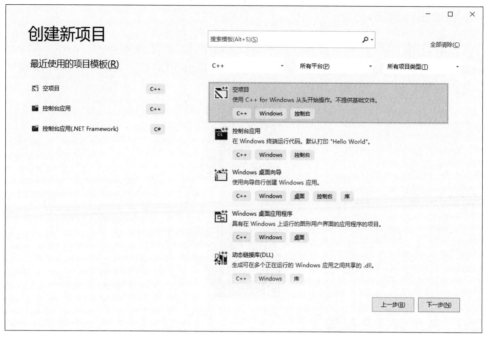

图 12.3　新建一个 C++ 控制台空项目

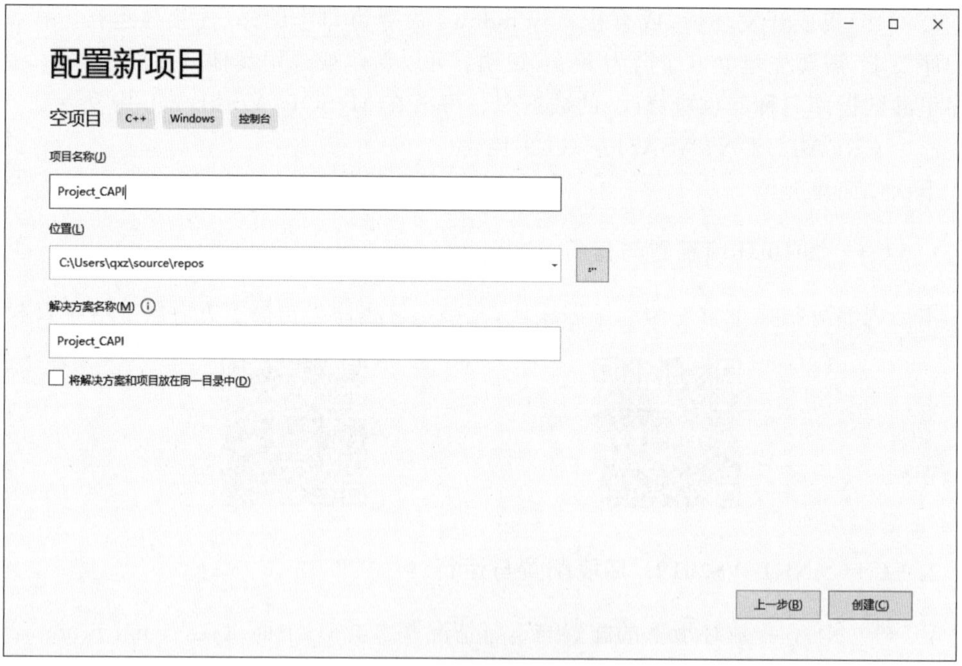

图 12.4　配置新项目

出现如图 12.5 所示的 VS2019 .NET 主界面。

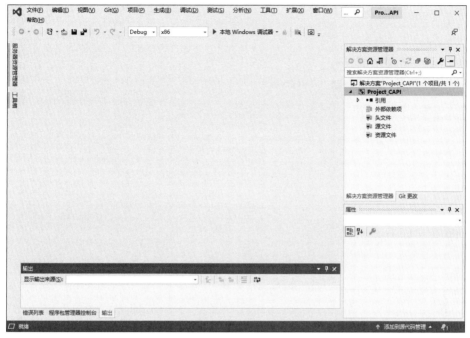

图 12.5　新建项目后的 VS2019 .NET 主界面

（2）在"源文件"夹上右击，在弹出的快捷菜单中选择"添加"→"新建项"命令，如图 12.6 所示。

图 12.6　新建源程序到项目源文件夹的菜单操作

在出现如图 12.7 所示的添加新项界面上，选定文件类型，确定源程序文件名称与文件所在位置等信息，这里文件名称指定为 main.c。在源程序文件中输入或复制粘贴程序代码后，如图 12.8 所示。

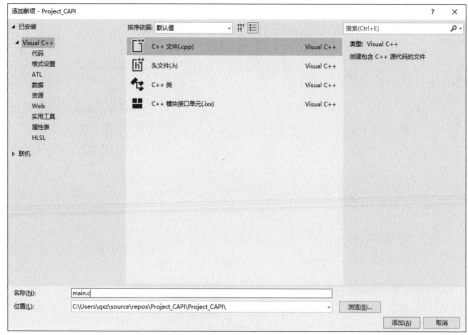

图 12.7　添加新项界面

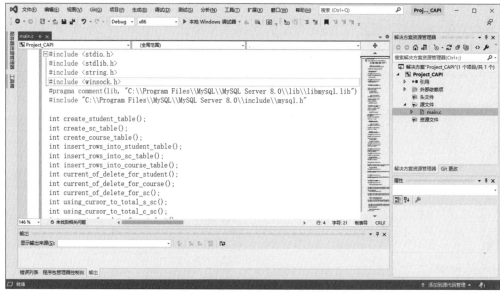

图 12.8　新建源程序后的项目状况

（3）要运行项目程序，需要做好如下解决方案与项目的属性设置。

① 选中"解决方案资源管理器"里的"解决方案'Project_CAPI'"，右击，在弹出的快捷菜单中选择"属性"命令，如图 12.9 所示，设置所有配置对应的平台为 x64。

② 选中工程项目 Project_CAPI，右击，在弹出的快捷菜单中选择"属性"命令，如图 12.10 所示，在左边选择 C/C++ →"常规"→"附加包含目录"，在右边"附加包含目录"

填上 MySQL\include 目录,本书 MySQL 的安装路径为 C:\Program Files\MySQL\,其
include 路径为 C:\Program Files\MySQL\MySQL Server 8.0\include。再设置"SDL 检
查"项为"否(/sdl-)",如图 12.10 所示。

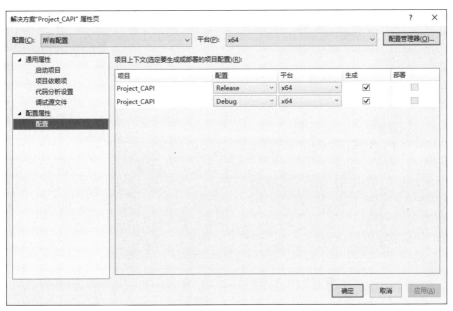

图 12.9 设置解决方案对应的平台(x64)

图 12.10 设置附加包含目录

(4) 保存项目后,按 F5 键首次运行项目。图 12.11 显示无法找到组件 libmysql.dll。
需要把 libmysql.dll 文件(在 MySQL 安装目录中能找到)添加到项目文件夹中的

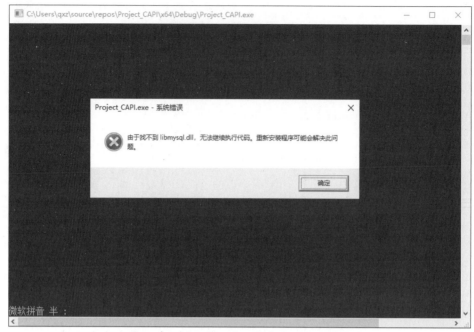

图 12.11　首次运行提示少 libmysql.dll 文件

Debug 子目录中,如图 12.12 所示。

图 12.12　libmysql.dll 复制到项目目录 Debug 子目录

(5) 再次按 F5 键运行项目。在程序中连接 MySQL 数据库服务器参数设置正确的情况上,系统能正常运行,如图 12.13 所示。

说明:需在源程序开头添加如下两个编译器指令(根据 MySQL 安装目录的不同应做相应修改)。

```
# pragma comment(lib, "C:\\Program Files\\MySQL\\MySQL Server 8.0\\lib\\
libmysql.lib")
# include "C:\\Program Files\\MySQL\\MySQL Server 8.0\\include\\mysql.h"
```

图 12.13 项目系统运行情况

完整系统程序可扫描下方二维码获取。

3. Windows 命令窗口中编译、连接与运行

本节内容可扫描下方左侧二维码获取,完整系统程序可扫描下方右侧二维码获取。

4. Windows 命令窗口中编译、连接与运行

利用 MS VC++ 14 C 编译器(若选用其他 VS .NET 版本的 MS VC++ C 编译器,参考本节做相应修改后,也可实施运行操作)直接在 Windows 命令窗口或 MS DOS 窗口中编

译、连接与运行,也是简单便捷的方法。设 MS VC++ 14 C 编译器相关文件(如\BIN 含可执行程序,\INCLUDE 含头文件,\LIB 含库文件)放在其安装的默认目录中。可以把 C 语言源程序(如 CC8.C)放在某目录中,如 C:\esqlc-mysql-VC14。

(1) 启动"Windows 命令窗口"(Windows 运行 cmd 命令打开 Windows 命令窗口),执行如下命令,使当前盘为 C,当前目录为 esqlc-mysql-VC14。

```
C:
cd\esqlc-mysql-VC14
```

(2) 设置系统环境变量值,执行如下批处理命令:

```
setenv-mysql8
```

(3) 编译、连接嵌入 SQL 的 C 语言程序(如 CC8.C),执行如下批处理命令(有语法语义错时可修改后重新运行):

```
run-mysql8 CC8
```

(4) 运行生成的应用程序(CC8.exe),输入程序名即可(见图 12.14)。

```
CC8
```

说明:

① 嵌入 SQL 的 C 语言程序的可用任意文本编辑器进行编辑修改(如记事本、Word 等)。

② 数据库中应有 student、sc、course 等所需的表(或通过嵌入 SQL C 语言运行时执行创建功能)。

③ 需要有 MS VC++ 14 的 C 程序编译器 cl.exe 及相关的动态链接库与库文件(成功安装 VS .NET 版本后自带)等。

④ setenv-mysql8.bat 文件内容(**根据 MS VC++ 14 安装目录及 MySQL 安装目录,读者需做相应修改**)。

```
@echo off
echo Use SETENV to set up the appropriate environment for
echo building Embedded SQL for C programs
set path="C:\Program Files\MySQL\MySQL Server 8.0\bin";"F:\Program Files (x86)
\Microsoft Visual Studio\2019\Community\VC\Tools\MSVC\14.29.30133\bin\Hostx64
\x64"
set INCLUDE=C:\Program Files\MySQL\MySQL Server 8.0\Include;F:\Program Files
(x86)\Microsoft Visual Studio\2019\Community\VC\Tools\MSVC\14.29.30133\
include;C:\Program Files (x86)\Windows Kits\10\Include\10.0.14393.0\ucrt;C:\
Program Files (x86)\Windows Kits\10\Include\10.0.14393.0\um;C:\Program Files
(x86)\Windows Kits\10\Include\10.0.14393.0\winrt;C:\Program Files (x86)\
Windows Kits\10\Include\10.0.14393.0\shared;%include%
set LIB="C:\Program Files\MySQL\MySQL Server 8.0\lib";F:\Program Files (x86)\
Microsoft Visual Studio\2019\Community\VC\Tools\MSVC\14.29.30133\lib\x64;C:\
Program Files (x86)\Windows Kits\10\Lib\10.0.14393.0\ucrt\x64;C:\Program Files
(x86)\Windows Kits\10\Lib\10.0.14393.0\um\x64;%lib%
```

图 12.14 (1)到(4)步的运行情况

⑤ 嵌入 SQL 的 C 语言程序编译环境要求说明(即 setenv-mysql8.bat 文件内容)。

从上面 setenv-mysql8.bat 文件内容来看,需要使用到 MS VC++14 安装目录下的 \bin、\include 与 \lib 3 个子目录;还需要使用到 MySQL 安装后的 \bin、\include 与 \lib 3 个子目录。为此,setenv-mysql8.bat 文件中的目录情况应按照读者 MS VC++14 安装的实际目录与 MySQL 安装后的实际目录情况来做调整。

⑥ run-mysql8.bat 文件内容为

```
cl  /D"_DEBUG" /EHsc %1.c  /link libmysql.lib
```

说明:%1.c 代表 C 源程序,连接中用到的库文件在 MS VC++14 安装子目录及 MySQL 安装子目录中能找到。

⑦ 以上实验的运行环境为 Windows 10+ MySQL 8.0.19+ MS VC++14,在其他环境下批处理文件内容应有变动,编译、连接、运行中可能要用到动态链接库文件,如 libcrypto-1_1-x64.dll、libssl-1_1-x64.dll、libmysql.dll(在 MySQL 8.x 的相应安装目录能找到)等(需要时复制它们到编译、运行环境中去)。

要说明的是,解决汉字显示问题,C 源程序中与如下命令相关的。

```
mysql_query(&mysql,"SET NAMES latin1;");   //支持处理汉字 SET NAMES GBK|Gb2312
|utf8;
```

可根据具体要求选择不同字符集以支持汉字的显示。

完整系统程序可扫描下方二维码获取。

12.4　实验内容（选做）

参阅以上典型的程序，可选用嵌入式 SQL 技术来设计其他简易管理系统，以此来作为数据库课程设计任务。用嵌入式 SQL 技术实践数据库课程设计，能更清晰地体现 SQL 命令操作数据库数据的真谛。

第 13 章

存储过程的基本操作

13.1 实 验 目 的

学习与实践创建、修改、使用和删除存储过程的基本操作。

13.2 背 景 知 识

MySQL 中提供了将固定操作集合在一起由数据库管理系统来执行,从而实现某个任务的功能——存储过程。存储过程的主体是标准的 SQL 命令和扩展 SQL(见附录 A):变量、常量、运算符、表达式、函数、流程控制语句和游标等。使用存储过程可以提高数据库系统的整体运行性能。

在 MySQL 中有多种可以使用的存储过程,主要有系统存储过程、用户自定义存储过程。本实验主要介绍用户自定义的存储过程。

13.3 实 验 示 例

实验示例(含实验内容(选做))可扫描下方二维码获取。

第 14 章

触发器的基本操作

14.1 实 验 目 的

学习与实现创建、使用、修改和删除触发器的基本操作。

14.2 背 景 知 识

触发器是一种特殊的存储过程。触发器主要通过事件触发从而执行,而存储过程可以通过存储过程名称来直接调用执行。

14.3 实 验 示 例

实验示例(含实验内容(选做))可扫描下方二维码获取。

第 15 章

数据库安全性

15.1 实验目的

熟悉不同数据库的保护措施——安全性控制,重点实践 MySQL 的安全性机制,掌握 MySQL 中有关用户、角色以及操作权限等的管理方法。

15.2 背景知识

数据库的安全性是指保护数据库以防止不合法的使用造成的数据丢失、破坏。由于一般数据库都存有大量的数据,而且是多个用户共享数据库,所以安全性问题更为突出。一般数据库的安全性控制措施是分级设置的,用户需要利用用户名和口令登录,经系统核实后,由 DBMS 分配其存取控制权限。对同一对象,不同的用户会有不同的许可。

MySQL 管理员有责任保证数据库内容的安全性,使得这些数据记录只能被那些正确授权的用户访问,这涉及数据库系统的内部安全性和外部安全性。

背景知识其他内容可扫描下方二维码获取。

15.3 实验示例

实验示例(含实验内容)可扫描下方二维码获取。

第 16 章

数据库完整性

16.1 实验目的

熟悉数据库的保护措施——完整性控制；选择若干典型的数据库管理系统产品，了解它们所提供的数据库完整性控制的多种方式和方法，上机实践并加以比较。重点实践 MySQL 的数据库完整性控制。

16.2 背景知识

数据库完整性指数据的正确性和可靠性。它是为了防止数据库中存在不符合语义规定的数据和防止因为错误信息的输入输出造成无效操作或错误信息而提出的。数据库完整性分为 4 类：实体完整性、域完整性、参照完整性和用户定义的完整性。MySQL 对数据库的完整性的实现根据创建表时选择的存储引擎而不同。

MySQL 8.0 提供了一些工具来帮助用户实现数据完整性，主要实现了实体完整性，参照完整性（InnoDB/BDB 能实现，而 MyISAM 未能实现）和部分用户自定义完整性（实现了默认值、约束和触发器）。

16.3 实验示例

实验示例（含实验内容）可扫描下方二维码获取。

第17章

数据库并发控制

17.1 实 验 目 的

了解并掌握数据库的保护措施——并发控制机制，重点以 MySQL 为平台加以操作实践，要求认识典型的并发问题并掌握解决方法。

17.2 背 景 知 识

数据库系统提供了多用户并发访问数据的能力。这是一大优点，但是并发操作对数据库一致性、完整性形成了巨大的挑战，如果不对并发事务进行必要的控制，那么即使程序没有任何错误也会破坏数据库的完整性。在当前网络信息化时代，大多数的应用系统都面临着并发控制问题，该技术使用的好坏，将极大地影响系统的开发与应用的成败。数据库系统为了保障数据一致性、完整性，均提供了强弱不等的并发控制功能，不同的应用开发工具往往也提供了实现数据库并发控制的命令。

背景知识其他内容可扫描下方二维码获取。

17.3 实 验 示 例

实验示例（含实验内容）可扫描下方二维码获取。

第 18 章

数据库备份与恢复

18.1 实 验 目 的

熟悉数据库的保护措施——数据库备份与恢复。通过本次实验使读者在掌握备份和恢复的基本概念的基础上,掌握在 MySQL 中进行的各种备份和恢复的基本方式和方法。

18.2 背 景 知 识

数据库的备份和还原是维护数据库安全性和完整性的重要组成部分。通过备份数据库,可以防止因为各种原因而造成数据破坏和丢失。还原是指在造成数据丢失以后使用备份来恢复数据的操作。造成数据丢失的原因有程序错误、人为操作失误、运算错误、灾难、盗窃和破坏等。

数据备份可以分为物理备份和逻辑备份。物理备份是对数据库系统的物理文件(如数据文件、日志文件等)的备份,这种类型的备份适用于在出现问题的时候需要快速恢复的大型重要数据库。逻辑备份是对数据库逻辑组件的备份。从数据库的备份策略角度来看,备份又可分为完全备份、差异备份和增量备份。

18.3 实 验 示 例

实验示例(含实验内容)可扫描下方二维码获取。

第19章

数据库应用系统设计与开发

19.1 实验目的

掌握数据库设计的基本方法;了解 C/S 与 B/S 结构应用系统的特点与适用场合;了解 C/S 与 B/S 结构应用系统的不同开发设计环境与开发设计方法;综合运用前面实验掌握的数据库知识与技术设计开发出小型数据库应用系统。

19.2 背景知识

"数据库原理及应用"课程的学习,其主要的目标是能利用课程中学习到的数据库知识与技术较好地开发设计出数据库应用系统,去解决各行各业信息化处理的要求。本实验主要在于巩固学生对数据库基本原理和基础理论的理解,掌握数据库应用系统设计开发的基本方法,进一步提高学生综合运用所学知识的能力。

数据库应用设计是指对于一个给定的应用环境,构造最优的数据库模式,建立数据库及其应用系统,有效存储数据,满足用户信息要求和处理要求。

为了使数据库应用系统开发设计合理、规范、有序、正确、高效进行,现在广泛采用的是工程化 6 阶段开发设计过程与方法,它们是系统需求分析阶段、概念结构设计阶段、逻辑结构设计阶段、物理结构设计阶段、数据库实施阶段、数据库系统运行与维护阶段。以下实验示例的介绍,就是力求按照 6 阶段开发设计过程展开的,以求给读者一个开发设计数据库应用系统的样例。

本实验除了要求读者较好地掌握数据库知识与技术外,还要求读者熟练掌握某种 Web 开发语言和开发框架。这里,分别采用 Java、JavaScript、JSP、Spring、SpringMVC、MyBatis 来实现一个简单的应用系统。

如果读者对本实验给出系统所采用的开发工具不熟悉,也无妨。因为实验示例重点是罗列出开发设计过程及如何利用嵌入的 SQL 命令操作数据库数据的技能,利用其他工具或语言开发设计系统的过程及操作数据库的技术是相同的,完全可以利用已掌握的工具或语言来实现相应类似系统的开发。

19.3　实 验 示 例

本实验示例(含实验内容(选做))具体内容、基于 Java 实现的 Web 系统的参考程序及 Python 实现系统的参考程序可扫描二维码获取。

示例内容

Java 实现

Python 实现

附录 A

MySQL 编程简介

常用函数与操作符

C API

附录 D

MySQL 命令与帮助

参 考 文 献

[1] 王珊,萨师煊. 数据库系统概论[M]. 5 版. 北京:高等教育出版社,2014.

[2] 施伯乐,丁宝康,汪卫. 数据库系统教程[M]. 3 版. 北京:高等教育出版社,2008.

[3] 徐洁磐. 现代数据库系统教程[M]. 北京:北京希望电子出版社,2003.

[4] 钱雪忠,王月海,等. 数据库原理及应用[M]. 4 版. 北京:北京邮电大学出版社,2015.

[5] 钱雪忠,陈国俊,周頔,等. 数据库原理及应用实验指导[M]. 3 版. 北京:北京邮电大学出版社,2015.

[6] 钱雪忠,王燕玲,林挺. 数据库原理及技术[M]. 北京:清华大学出版社,2011.

[7] 钱雪忠,李京. 数据库原理及应用[M]. 3 版. 北京:北京邮电大学出版社,2010.

[8] 钱雪忠,陈国俊. 数据库原理及应用实验指导[M]. 2 版. 北京:北京邮电大学出版社,2010.

[9] 钱雪忠,罗海驰,陈国俊. 数据库原理及技术课程设计[M]. 北京:清华大学出版社,2009.

[10] 钱雪忠,黄建华. 数据库原理及应用[M]. 2 版. 北京:北京邮电大学出版社,2007.

[11] 钱雪忠,罗海驰,程建敏. SQL Server 2005 实用技术及案例系统开发[M]. 北京:清华大学出版社,2007.

[12] 钱雪忠,罗海驰,钱鹏江. 数据库系统原理学习辅导[M]. 北京:清华大学出版社,2004.

[13] 钱雪忠,周黎,钱瑛,等. 新编 Visual Basic 程序设计实用教程.[M]. 北京:机械工业出版社,2004.

[14] Silberschatz A,Korth H F,Sudarshan S. 数据库系统概念[M]. 杨冬青,李红燕,唐世渭,等译,6 版. 北京:机械工业出版社,2019.

[15] Elmasri R,Navathe S B. 数据库系统基础 初级篇(英文注释版)[M]. 4 版. 北京:人民邮电出版社,2008.

[16] 贝尔. 深入理解 MySQL[M]. 杨涛,等译,北京:人民邮电出版社,2010.

[17] 简朝阳. MySQL 性能调优与架构设计[M]. 北京:电子工业出版社,2009.

[18] 唐汉明,等. 深入浅出 MySQL 数据库开发、优化与管理维护[M]. 北京:人民邮电出版社,2008.

[19] MySQL 相关 PDF 文档下载:https://docs. oracle. com/cd/E17952_01/index. html.

[20] MySQL 8. 0 帮助文档:https://dev. mysql. com/doc/refman/8. 0/en/index. html.

图书资源支持

感谢您一直以来对清华版图书的支持和爱护。为了配合本书的使用，本书提供配套的资源，有需求的读者请扫描下方的"书圈"微信公众号二维码，在图书专区下载，也可以拨打电话或发送电子邮件咨询。

如果您在使用本书的过程中遇到了什么问题，或者有相关图书出版计划，也请您发邮件告诉我们，以便我们更好地为您服务。

我们的联系方式：

清华大学出版社计算机与信息分社网站：https://www.shuimushuhui.com/

地　　址：北京市海淀区双清路学研大厦 A 座 714

邮　　编：100084

电　　话：010-83470236　010-83470237

客服邮箱：2301891038@qq.com

QQ：2301891038（请写明您的单位和姓名）

资源下载：关注公众号"书圈"下载配套资源。

资源下载、样书申请

书圈

图书案例

清华计算机学堂

观看课程直播